数控编程 100 例丛书

# 数控车床编程 100 例

第 2 版

陈伟强　刘鹏玉　王林强　编著

机 械 工 业 出 版 社

本书注重实用性，强调理论联系实际，内容丰富，详简得当。全书共分3章，第1章为数控车床编程基础，第2、3章通过具体实例，由浅入深、图文并茂地讲解了FANUC和SIEMENS数控系统车削加工编程方法。

本书既可作为数控技术应用专业的教材，也可作为机电一体化技术、机械制造等专业的实训教学用书，还可作为数控技术培训机构的培训用书。

**图书在版编目（CIP）数据**

数控车床编程100例/陈伟强，刘鹏玉，王林强编著. —2版. —北京：机械工业出版社，2018.8（2025.2重印）
（数控编程100例丛书）
ISBN 978-7-111-60359-7

Ⅰ.①数… Ⅱ.①陈…②刘…③王… Ⅲ.①数控机床-车床-程序设计 Ⅳ.①TG519.1

中国版本图书馆CIP数据核字（2018）第146481号

机械工业出版社（北京市百万庄大街22号 邮政编码100037）
策划编辑：周国萍 责任编辑：周国萍 王春雨
责任校对：陈 越 封面设计：马精明
责任印制：单爱军
北京虎彩文化传播有限公司印刷
2025年2月第2版第8次印刷
169mm×239mm · 16.25印张 · 315千字
标准书号：ISBN 978-7-111-60359-7
定价：45.00元

# 前　　言

数控机床是实现装备制造业现代化的基础装备，以其高速、高效、高精度、高可靠性以及柔性化、网络化、智能化的卓越性能开创了机械产品向机电一体化发展的先河，成为先进制造技术中的一项核心技术。

随着数控机床的飞速发展，对数控人才的需求越来越大，教育部已将数控技术应用人才确定为国家技能型紧缺人才。数控编程是数控技术的核心，是充分发挥数控机床效率的关键，是连接数控机床与数控加工工艺的纽带，同时也是利用CAD/CAM软件进行自动编程加工的基础。学好数控编程技术对充分利用数控机床的功能与效率起着举足轻重的作用。

为满足广大读者自学与提高数控编程能力的迫切需求，根据教育部、国防科工委、中国机械工业联合会联合制定的数控技术应用专业人才培养方案的要求，并结合编者在数控加工工艺和数控编程方面的教学经验与工作经验编写了本书，希望读者能在最短的时间里掌握数控编程技术。

本书共分3章，通过具体实例，由浅入深、图文并茂地讲解了FANUC和SIEMENS数控系统车削加工编程方法。本书既可作为数控技术应用专业的教材，也可作为机电一体化技术、机械制造等专业的实训教学用书，还可作为数控技术培训机构的培训用书。本书注重实用性，强调理论联系实际，内容丰富，详简得当。

本书在第1版的基础上主要由陈伟强、刘鹏玉、王林强进行了修订。因编者水平和经验有限，书中难免存在错误和不妥之处，恳请读者批评指正。

编著者

# 目　录

# 第1章　数控车床编程基础

## 1.1　数控车床加工概述

数控机床作为现代制造装备的代表，是衡量一个国家工业现代化程度的重要标志。数控机床的研发与应用关系到国家战略地位，体现国家综合国力水平。进入21世纪以后，我国制造业在世界上所占的比重越来越大，数控机床的使用率也随之逐步上升。

数控车床在数控加工中占据了重要地位，它适用于加工精度高、中小批量、形状复杂的零件，是机械加工中常用的数控机床。数控车床主要用于轴类或盘类零件的内外圆柱面、任意角度的内外圆锥面、复杂回转内外曲面和圆柱、圆锥螺纹等的切削加工，并能进行切槽、钻孔、扩孔、铰孔及镗孔等，特别适合加工形状复杂的零件。

随着数控技术的飞速发展，数控车床的功能也越来越强。一般来说，数控车床都具有以下主要功能：

（1）直线插补　直线轨迹插补方式，是数控加工应具备的最基本功能之一。

（2）圆弧插补　圆弧轨迹插补方式，是数控加工应具备的最基本功能之一。

（3）固定循环　用于特定加工过程的固定子程序，在具体加工过程中只要改变参数就可以适应不同的加工要求，实现循环加工。使用固定循环可以有效简化程序，主要用于实现一些需要多次重复的加工动作，如粗车加工、螺纹车削加工等。

（4）刀具补偿　将刀具路径从工件加工边界上按指定方向偏移一定的距离。指定刀具补偿号后，系统会自动计算刀具轨迹。刀具补偿包括刀具半径补偿、刀具长度补偿、刀具空间位置补偿等。

（5）自动加减速控制　当数控机床在起动、停止，以及加工过程中改变进给速度时，为了运行平稳、平滑过渡，需要进行自动加减速控制，自动调整进给速度，保持稳定的加工状态，以尽量避免刀具变形、工件表面受损、加工过程速度不稳等情形。

（6）数据输入输出功能及DNC功能　数控机床一般通过RS232C接口、以太网口或存储卡等方式进行数据的输入输出。当执行的加工程序超过存储空间时，采用DNC加工，即外部计算机直接控制机床进行加工。

（7）子程序功能　为简化编程，对于需要多次重复的加工动作或加工区域，可以将其编成子程序，在主程序需要的时候调用，子程序可以实现多级嵌套。

（8）自诊断功能　数控系统的自诊断在开机时就开始进行，只有当全部项目都被确认无误以后，才能进入正常运行状态。自诊断功能对数控机床的维修具有举足轻重的作用。

## 1.2　数控车床编程基础

### 1.2.1　数控车床坐标系

**1. 数控车床坐标轴**

数控车床坐标轴的指定方法已标准化，ISO和我国都拟定了相应命名标准。

（1）坐标轴和运动方向的命名原则。

1）标准的坐标系采用笛卡儿坐标系。

2）永远假定刀具相对于静止的工件而运动，即刀具运动、工件静止。

3）机床直角坐标运动的正方向是增大工件和刀具之间距离的方向。

4）机床旋转坐标运动的正方向是按照右旋螺纹旋入工件的方向。

（2）数控车床坐标轴的指定

1）Z轴。Z轴是首先要指定的坐标轴。数控车床主轴为Z轴，由它提供切削功率，传递切削动力。刀具远离工件的方向为正向。

2）X轴。主轴法兰盘的外水平面为X轴，X轴是水平轴，它垂直于Z轴，刀具远离工件的方向为正向。

**2. 机床坐标系**

机床坐标系是机床上固有的坐标系，并设有坐标原点，该原点称为机床原点。机床原点是机床上一个固定不变的点，在机床出厂时就已经确定下来，它一般为各个坐标轴移动的极限位置。数控机床开机后，一般首先执行原点回归操作，让机床回到机床坐标系原点。

**3. 工件坐标系**

工件坐标系又称为编程坐标系，是编程人员根据工件图样及其加工工艺而在工件上建立的坐标系。它用于确定工件几何图形上各个几何要素（点、直线、圆弧）的位置。工件坐标系在编程时使用，是为了编程方便而针对具体工件建立的，建立工件坐标系时不必考虑机床坐标系以及工件在机床上的实际装夹位置。

### 1.2.2　数控加工编程流程

采用数控机床加工零件，首先根据零件图样与工艺方案要求，将零件加工的工艺过程、工艺参数、刀位轨迹数据（运动方向和坐标值）以及其他辅助功能（如主轴起停、正反转、冷却泵开闭、换刀等），根据执行顺序和所用数控系统规定的指令代码及程序格式编制数控加工程序，并输入数控系统，通过执行该程序来控制数控机床运动，从而实现零件的加工。

数控加工程序编制流程主要包括以下几个方面，如图1-1所示。

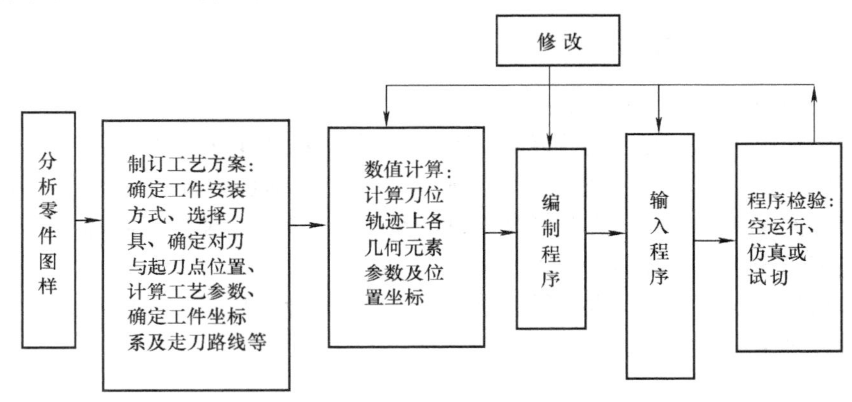


图1-1　数控加工程序编制流程

**1. 分析零件图样**

对零件图样进行分析，明确零件的材料、加工精度、形状、尺寸以及热处理等要求，确定加工方案。

**2. 制订工艺方案**

根据零件图样信息，确定零件的加工方法、定位夹紧方法、刀具和夹具、走刀路线等工艺过程。

**3. 数值计算**

在确定了工艺方案后，就可以根据零件形状和走刀路线确定工件坐标系，计算出零件轮廓上各几何元素的坐标值。

**4. 编制程序**

在制订工艺方案并完成数值计算后，即可编写零件的加工程序。根据计算出的运动轨迹坐标和已确定的运动顺序、刀具、切削参数等信息，使用所用数控系统规定的指令代码及程序格式，进行加工程序的编制。

**5. 输入程序**

在完成程序编制后，将程序输入数控系统中。

**6. 程序检验**

编制好的数控程序在首次加工之前，一般都需要通过一定的方法进行检验。否则，如果编写的程序不合理或者有明显的错误，将会造成加工零件的报废，甚至出现安全事故。通常可采用机床空运行的方式来检查机床动作和运动轨迹是否正确。在具有图形模拟显示功能的数控机床上，可通过显示走刀轨迹或模拟刀具切削工件的过程来对程序进行检验。这些方法只能检验走刀轨迹的正确性，而不能检查加工误差。一般用试切法进行实际切削检验，这样不仅能检查出程序错误，还可以检验出零件加工精度。

### 1.2.3　数控加工程序的格式与组成

**1. 数控加工程序的一般结构**

目前在国际上主要有两种标准：ISO（国际标准化组织）标准和EIA（美国电子工业协会）标准，我国也制定了相应标准。目前国内外各种数控系统所使用的标准尚未完全统一，有关指令代码及其含义也不完全相同，编程时务必严格遵守具体机床使用说明书中的相关规定。

数控加工程序由若干程序段组成，程序段由若干字组成，每个字又由一系列字符与数字组成。

一般的程序结构如下：

```
%                                  //程序开始符
O1000;                             //程序名
N10 T0101;                         ┐
N20 G00 X100 Z100 S800 M03;        ├//程序体
N30 …,                             ┘
⋮
N180 M30;                          //程序结束指令
%                                  //程序结束符
```

（1）程序开始符、结束符　程序开始符、结束符是同一个字母，ISO代码中是“%”，EIA代码中是“ER”，书写时一般单列一段。

（2）程序名　程序名的书写一般有两种格式，一种由英文字母O和1～4位正整数组成；另一种由英文字母开头，字母、数字混合组成。书写时一般要求单列一段。

（3）程序体　程序体由若干程序段组成，程序段又由若干字组成。每个程序段一般占一行。

（4）程序结束指令　程序结束指令为M02（程序结束）或M30（程序结束，并返回程序头）。虽然M02与M30允许与其他程序字合用一个程序段，但是一般要求单列一段，或者只与程序段号共用一个程序段。

**2. 格式**

程序段格式主要有三种：固定顺序程序段格式、使用分隔符的程序段格式和字地址程序段格式。现代数控系统大多采用的是字地址程序段格式。

字地址程序段格式由语句号字、数据字和程序段结束字组成，每个字之前都标有地址码以识别地址。一个程序段是由一组开头是英文字母、后面是数字组成的信息单元“字”，每个字根据字母来确定其意义。

字地址程序段的基本格式为：N_ G_ X_ Y_ Z_ F_ S_ T_ M_ ;

程序段中不需要的字可以省略，而且可按任意顺序排列。但为了编程以及阅读程序的方便，通常按上述顺序排列。

**3. 字符代码**

字地址程序段中各字含义如下：

（1）程序段号字　用来标明程序段的编号，用地址码 N 和后面的若干位数字来表示。例如，N100 表示该程序段的段号为 100。

（2）准备功能字（G 指令）　准备功能字是使数控机床做好某种操作准备的指令，用地址 G 和两位数字来表示，例如 G01 表示直线插补指令。

（3）坐标值字　坐标值字由地址码和带有符号的数值构成。坐标值的地址码有 X、Y、Z、U、V、W、P、Q、R、A、B、C、I、J、K 等，例如 X20。

（4）进给功能字　它表示刀具运动时的进给速度，由地址码 F 和后面若干位数字组成。数字表示的含义取决于每个数控系统采用的进给速度的指定方法，例如 F50。

（5）主轴转速字　由地址码 S 和后面的若干位数字组成，单位为 r/min，例如 S1000。

（6）刀具功能字　由地址码 T 和后面的若干位数字组成，刀具功能字的数字是指刀具号，数字的位数由所用数控系统决定，例如 T02。

（7）辅助功能字（M 指令）　辅助功能字表示机床辅助动作的指令，用地址码 M 和后面两位数字表示，例如 M08。

（8）程序段结束符　写在每一程序段之后，表示该程序段结束。用 ISO 标准代码时为“NL”或“LF”，用 EIA 标准代码时为“CR”；有的系统用“;”或“*”表示，还有的直接回车即可。

ISO 代码中的地址字符及其含义见表 1-1。

**表 1-1　ISO 代码中的地址字符及其含义**

| 字符 | 含义 | 字符 | 含义 |
|---|---|---|---|
| A | 绕 X 坐标轴的角度尺寸，有时指牙型角 | F | 第一进给速度功能 |
| B | 绕 Y 坐标轴的角度尺寸 | G | 准备功能 |
| C | 绕 Z 坐标轴的角度尺寸 | H | 偏置号 |
| D | 第二刀具功能，也有的称为偏置号 | I | 平行于 X 坐标轴的插补参数或螺纹螺距 |
| E | 第二进给速度功能 | J | 平行于 Y 坐标轴的插补参数或螺纹螺距 |

（续）

| 字符 | 含义 |
| --- | --- |
| K | 平行于Z坐标轴的插补参数或螺纹螺距 |
| L | 固定循环和子程序的执行次数 |
| M | 辅助功能 |
| N | 程序号 |
| O | 不用，有的为程序编号 |
| P | 平行于X坐标轴的第三坐标，固定循环参数或暂停时间 |
| Q | 平行于Y坐标轴的第三坐标，固定循环参数 |
| R | 平行于Z坐标轴的第三坐标，或圆弧插补的圆弧半径 |
| S | 主轴转速功能 |
| T | 第一刀具功能 |
| U | 平行于X坐标轴的第二坐标 |
| V | 平行于Y坐标轴的第二坐标 |
| W | 平行于Z坐标轴的第二坐标 |
| X | X方向的主运动 |
| Y | Y方向的主运动 |
| Z | Z方向的主运动 |

## 1.2.4 数控车床常用功能指令

**1. 指令分组**

指令分组就是将系统中不能同时执行的指令分为一组，并以编号区别。同组指令具有相互取代作用，在一个程序段中只能有一个生效。当在同一程序段内出现两个或两个以上的同组指令时，一般以最后一个输入的指令为准。

**2. 模态与非模态指令**

模态指令又称为续效指令，它一经指定便一直保持有效，直到后续程序段中出现同组其他指令时才失效。非模态指令又称为非续效指令，它只在所出现的程序段中有效，下一个程序段需要时，必须重新写出。

**3. 准备功能指令**（G指令）

准备功能字的地址符是G，所以又称为G指令。它的作用是建立数控机床工作方式，为数控系统的插补运算、刀补运算、固定循环等做准备。

G指令中的数字一般是从00到99。但随着数控系统功能的增加，G00～G99已不够使用，所以有些数控系统的G功能字中的后续数字已采用三位数。根据代码功能范围的不同，G代码可以分为模态和非模态两种。

我国现有的中、高档数控系统大部分是从日本、德国、美国等国家进口的，它们的G指令字功能相差很大。即使是国内生产的数控系统，G指令字功能也不完全统一。

**4. 辅助功能指令**（M指令）

辅助功能指令主要用于对机床在加工过程中的一些辅助动作进行控制，控制对象通常为开关量，如主轴的正反转、切削液的开关等。辅助功能字由地址符M和其后的两位数字组成，从M00到M99共100种。

## 1.2.5　数控车床常用刀具

车刀是一种单刃刀具，其种类很多，按用途可分为外圆车刀、端面车刀、镗刀、切断刀等，如图 1-2 所示。

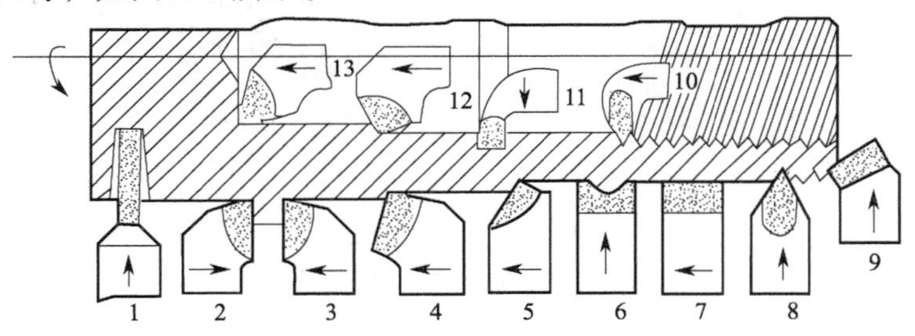


图 1-2　常用车刀的种类、形状和用途

1—切断刀　2—90°左偏刀　3—90°右偏刀　4—弯头车刀　5—直头车刀
6—成形车刀　7—宽刃精车刀　8—外螺纹车刀　9—端面车刀
10—内螺纹车刀　11—内槽车刀　12—通孔车刀　13—盲孔车刀

车刀按结构形式分为以下几种：

**1. 整体式车刀**

整体式车刀的切削部分与夹持部分材料相同，用于在小型车床上加工零件或加工有色金属及非金属，高速工具钢刀具即属于此类，如图 1-3 所示。

**2. 焊接式车刀**

焊接式车刀的切削部分与夹持部分材料完全不同。切削部分材料多以刀片形式焊接在刀杆上，常用的硬质合金车刀即属于此类。适用于各类车刀，特别是较小的刀具，如图 1-4 所示。

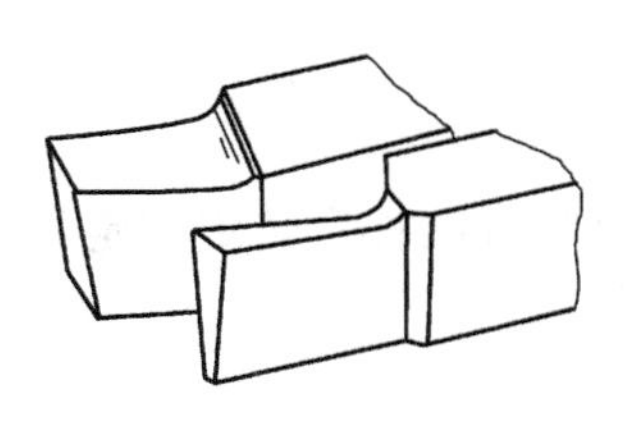

图 1-3　整体式车刀

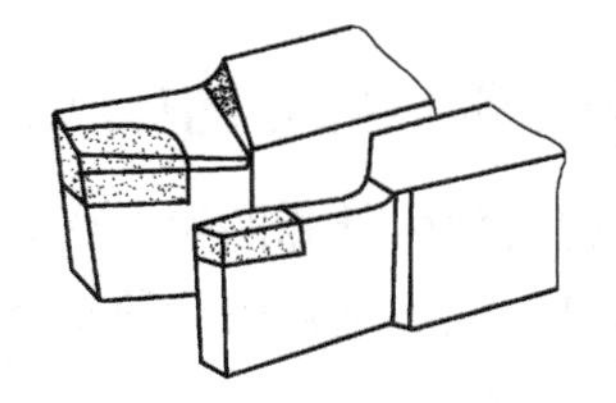

图 1-4　焊接式车刀

**3. 机夹式车刀**

机夹式车刀分为机夹重磨式和不重磨式，前者用钝可集中重磨，后者切削刃用钝后可快速转位再用，也称为机夹可转位式刀具，特别适用于自动生产线和数控车床。机夹式车刀避免了刀片因焊接产生的应力、变形等缺陷，刀杆利用率高，如图 1-5 所示。

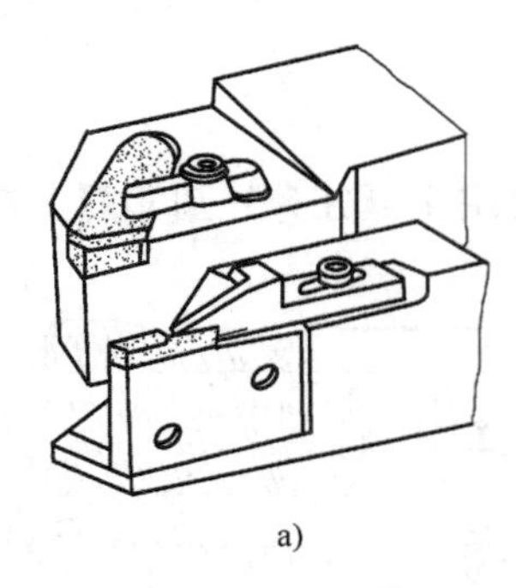

a)

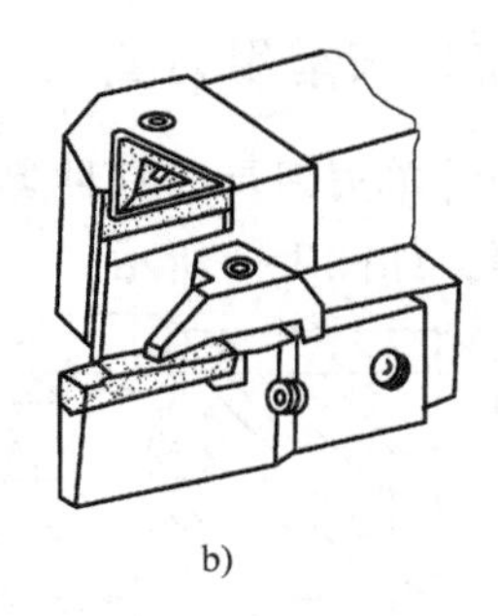

b)

图1-5　机夹式车刀
a）机夹重磨式车刀　b）机夹不重磨式车刀

粗车时，要选强度高、寿命长的刀具，以便满足粗车时大背吃刀量、大进给量的要求。精车时，要选精度高、寿命长的刀具，以保证加工精度的要求。为减少换刀时间和方便对刀，应尽量采用机夹刀和机夹刀片。

### 1.2.6　数控车床夹具

数控车床夹具主要有两类：一类是安装在主轴上，随着主轴旋转，常用的有自定心卡盘、单动卡盘、顶尖等通用夹具，以及心轴等专用夹具；另一类是安装在床身或者滑板上的夹具，主要用来加工一些尺寸大、形状不规则零件。夹具选择应遵循以下三原则：

1）尽量选用通用夹具装夹工件，避免采用专用夹具。

2）零件定位基准重合，以减少定位误差。

3）减少装夹次数，尽量做到在一次安装中能把零件上所有要加工的表面都加工出来。

### 1.2.7　数控编程中的数值计算

数控编程时数值计算的主要内容是根据零件图样和选定的走刀路线、编程误差等计算出以直线和圆弧组合所描述的刀具轨迹。

**1. 基点计算**

零件轮廓曲线一般由许多不同的几何元素组成，如直线、圆弧、二次曲线、自由曲线等，各几何元素之间的连接点称为基点。如直线与直线之间的交点、直线与圆弧的交点或切点、圆弧与圆弧之间的交点与切点等。基点坐标是进行数控编程时所必需的重要数据。

对于由直线与圆弧组成的零件轮廓，基点的计算较简单，一般可通过联立方程的方法或三角函数法求解。对于形状复杂的零件，如含有自由曲线的零件，可借助CAD/CAM软件来完成基点的计算，或直接利用软件来完成程序的编制。

**2. 节点计算**

一般的数控系统都只具备直线和圆弧插补功能，当加工非圆曲线时，常用直线或圆弧线段去逼近曲线，则逼近线段的交点或切点称为节点。

节点的计算比较复杂，手工计算很难完成，一般需要借助 CAD/CAM 软件来完成。求得各节点坐标后，就可按相邻两节点间的直线来编写加工程序。

用直线或圆弧段逼近非圆曲线时，节点的数目决定了程序段的数目。节点数目越多，由直线或圆弧逼近非圆曲线时的逼近误差越小，精度越高，程序的长度也会越长。因此，节点数目的多少，决定了加工的精度和程序的长度。

# 第2章　FANUC数控车床编程实例

日本FANUC公司是国际知名的数控系统生产商之一，自1956年开始生产数控系统以来，陆续开发了40多个系列的数控系统。2004年4月FANUC公司在中国大陆市场推出0i Mate－C系统，该系统是基于16i/18i－B的技术设计的，是高可靠性、高性价比、高集成度的小型化系统，使用了高速串行伺服总线（用光缆连接）和串行I/O数据口，配有以太网口，在目前常用的CNC中是非常先进的。本章所有实例均根据FANUC 0i Mate－TC数控系统编写，零件材料无特殊说明外均为45钢。

## 2.1　阶梯轴类零件加工编程

**例1**　阶梯轴零件1如图2-1所示，试编写数控加工程序（无须切断）。

**1. 零件分析**

该工件的毛坯选用$\phi$40mm的圆柱棒料，装夹时注意控制毛坯外伸量，保证装夹刚性。

**2. 工艺分析**

从右至左轴向走刀车外圆轮廓。由于阶梯轴是由大逐渐变小，所以采用G71，粗加工每次背吃刀量为2mm，粗加工进给量为100mm/min，精加工进给量为100mm/min，精加工余量为0.3mm。

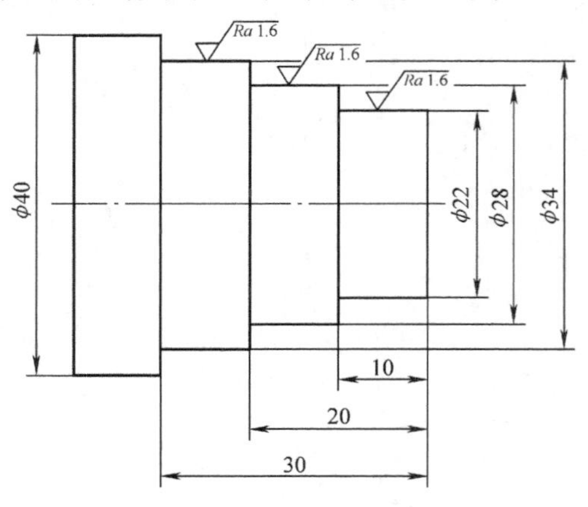

图2-1　阶梯轴零件1

【加工工序】

1）车端面。用外圆端面车刀平右端面，用试切法对刀。

2）从右端至左端粗加工外圆轮廓，留0.3mm精加工余量。

3）精加工外圆轮廓至图样要求尺寸。

**3. 参考程序**

【工件坐标系原点】工件右端面回转中心。

【刀具】T01：外圆车刀。

```
O0001;
N10 G98 G21;（定义米制输入、每分钟进给方式编程）
N20 M03 S800;（主轴正转，n = 800r/min）
N30 T0101;（换 T01 号外圆车刀，并调用 1 号刀补）
N40 G00 X45 Z3 M08;（快速点定位，切削液开）
N50 G71 U2 R1;（外径粗加工循环）
N60 G71 P70 Q130 U0.3 W0.1 F100;（外径粗加工循环）
N70 G00 X22;（精车路线 N70 ~ N130）
N80 G01 Z-10 F100;
N90 X28;
N100 Z-20;
N110 X34;
N120 Z-30;
N130 X35;
N140 T0101 M03 S1200;
N150 G00 X45 Z3;
N160 G70 P70 Q120;（用 G70 循环指令进行精加工）
N170 G00 X100;（退刀）
N180 Z150.;（快速返回换刀点）
N190 M30;（程序结束返回程序头）
```

**例2**　阶梯轴零件2如图2-2所示，试编写数控加工程序。

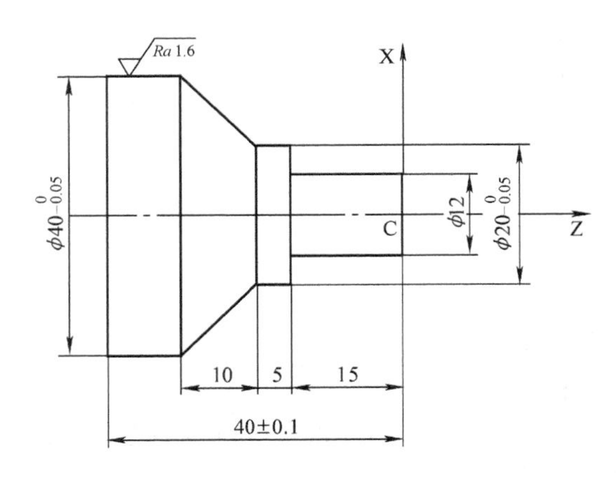


图2-2　阶梯轴零件2

**1. 零件分析**

该工件为阶梯轴零件，其成品最大直径为40mm，由于直径较小，可以采用

$\phi$45mm 的圆柱棒料加工后切断即可，这样可以节省装夹料头，并保证各加工表面间具有较高的相对位置精度。装夹时注意控制毛坯外伸量，保证装夹刚性。毛坯为 $\phi$45mm×1m 的圆钢棒料。

**2. 工艺分析**

以 $\phi$45mm 外圆为定位基准，用自定心卡盘装夹。在 XOZ 平面内确定以工件中心为工件原点，Z 方向以工件表面为工件原点，建立工件坐标系，采用手动对刀方法，把右端面点 C 作为对刀点。

【加工工序】

1）车外圆轮廓并保证尺寸精度。

2）切断并保证长度精度。

3）去毛刺，检测工件各项尺寸要求。

**3. 参考程序**

【工件坐标系原点】工件右端面回转中心。

【刀具】T01：外圆车刀；T02：外切槽刀，刀宽 4mm。

O0001；

N10 G99 G21；（定义米制输入、每转进给方式编程）

N20 M03 S800 T0101；（主轴正转，$n$=800r/min，换 1 号外圆车刀，导入该刀刀补）

N30 G00 X47. Z2. M08；（快速点定位，切削液开）

N40 G71 U2 R1；（外径粗加工循环）

N50 G71 P60 Q120 U0.4 W0.1 F0.3；（外径粗加工循环）

N60 G00 X12；（精车路线 N60～N120）

N70 G01 Z－15 F0.2；

N80 X20.；

N90 W－5.；

N100 X40 Z－30；

N110 Z－45；

N120 X41；

N130 T0101 M03 S1200；

N140 G00 X47 Z2；

N150 G70 P60 Q120；（用 G70 循环指令进行精加工）

N160 G00 X100. Z150.；（快速返回换刀点）

N170 T0202；（换 2 号 4mm 切槽刀，左刀尖对刀）

N180 X42 Z－44；（快速定位到切断起始位置）

N190 G01 X0. F0.08；（切断）

N200 G00 X100；（退刀）

N210 Z150.；（快速返回换刀点）

N220 M30；（程序结束返回程序头）

**例3** 阶梯轴零件3如图2-3所示，试编写数控加工程序。

**1. 零件分析**

该工件最大直径为28mm，毛坯可以采用$\phi$30mm的圆柱棒料，装夹时注意控制毛坯外伸量，保证装夹刚性。

**2. 工艺分析**

从右至左轴向走刀车外圆轮廓，最后切断。由于阶梯轴是由大逐渐变小，所以采用G71，粗加工每次背吃刀量为2mm，粗加工进给量为100mm/min，精加工进给量为100mm/min，精加工余量为0.3mm。

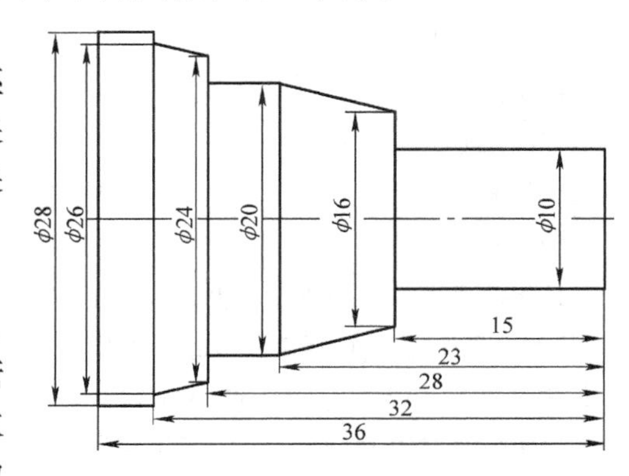


图2-3 阶梯轴零件3

【加工工序】

1）车端面。用外圆端面车刀平右端面，用试切法对刀。

2）从右端至左端粗加工外圆轮廓，留0.3mm精加工余量。

3）精加工外圆轮廓至图样要求尺寸。

4）切断，保证总长尺寸要求。

5）去毛刺，检测工件各项尺寸要求。

**3. 参考程序**

【工件坐标系原点】工件右端面回转中心。

【刀具】T01：外圆车刀（粗车）；T02：外圆车刀（精车）；T03：外切槽刀，刀宽4mm。

O0001；

N10 G98 G21；（定义米制输入、每分钟进给方式编程）

N20 M03 S600；（主轴正转，$n$=600r/min）

N30 T0101；（换T01号外圆车刀，并调用1号刀补）

N40 G00 X32 Z5 M08；（快速点定位，切削液开）

N50 G71 U2 R1；（外径粗加工循环）

N60 G71 P70 Q170 U0.3 W0.1 F100；（外径粗加工循环）

N70 G42 G00 X0；（精车路线N70～N170）

N80 G01 Z0 F100；

```
N90 X10;
N100 Z-15;
N110 X16;
N120 X20 Z-23;
N130 Z-28;
N140 X24;
N150 X26 Z-32;
N160 X28;
N170 Z-36;
N180 G00 X100 Z100;（快速返回换刀点）
N190 T0202;（换T02号4mm精车刀，并调用2号刀补）
N200 G00 X32 Z5;（快速点定位）
N210 G70 P70 Q170;（用G70循环指令进行精加工）
N220 G00 X100;（退刀）
N230 Z100;（退刀）
N240 T0303;（换T03号4mm切槽刀，并调用3号刀补）
N250 M03 S500;（主轴正转，n=500r/min）
N260 G00 X30. Z-40.;（快速定位到切断起始位置）
N270 G01 X-1. F100;（切断）
N280 G00 X32;（退刀）
N290 G00 X100. Z100.;（快速返回换刀点）
N300 M30;（程序结束返回程序头）
```

## 2.2　圆弧成形面零件加工编程

**例1**　圆弧成形面零件1如图2-4所示，试编写数控加工程序。

**1. 零件分析**

该工件最大直径为45mm，毛坯可以采用$\phi$50mm的棒料，加工后切断即可，这样可以节省装夹料头，并保证各加工表面间具有较高的相对位置精度。装夹时注意控制毛坯外伸量，保证装夹刚性。

**2. 工艺分析**

由于该圆弧成形面零件径向尺寸变化较大，注意恒线速度切削功能的应用，以提高加工质量和生产效率。依次从右端至左端轴向走刀车外圆轮廓，最后切断。粗加工每次背吃刀量为1mm，精加工余量为0.5mm。

【加工工序】

1）车端面。将毛坯校正，夹紧，用外圆端面车刀平右端面，并用试切法对刀。

2）从右端至左端粗加工外圆轮廓，留 0.5mm 精加工余量。

3）精加工外圆轮廓至图样要求尺寸。

4）切断，保证总长度公差要求。

5）去毛刺，检测工件各项尺寸。

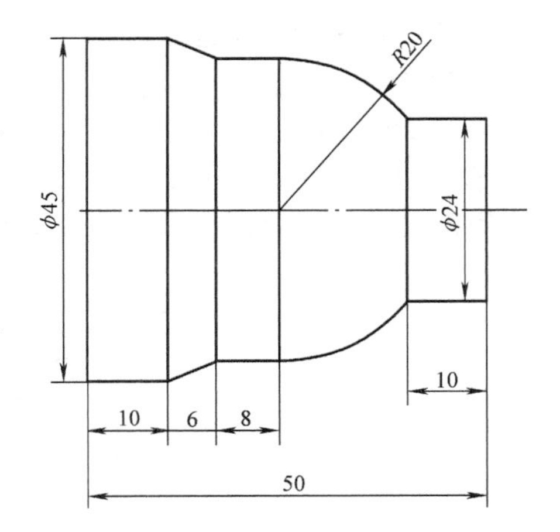


图 2-4 圆弧成形面零件 1

**3. 参考程序**

【工件坐标系原点】工件右端面回转中心。

【刀具】T01：外圆车刀（粗车）；T02：外切槽刀，刀宽 5mm。

```
O0003;
N10 G98 G21;（定义米制输入、每分钟进给方式编程）
N20 T0101 M03 S900;（换 T01 号外圆车刀，主轴正转，n=900r/min）
N30 G00 X48 Z2;（快速点定位）
N40 G71 U1 R1;（用 G71 循环指令进行粗加工）
N50 G71 P60 Q110 U0.5 W0.1 F150;（用 G71 循环指令进行粗加工）
N60 G01 X24 F100;
N70 Z-10;
N80 G03 X40 Z-26 R20;
N90 G01 Z-34;
N100 X45 Z-40;
N110 Z-55;
N120 X46;
N130 T0101 M03 S1100;
N140 G00 X48 Z2;
N150 G70 P60 Q140;（用 G70 循环指令进行精加工）
N160 G00 X100;（退刀）
N170 Z100;（退刀）
N180 T0202 S500 ;（换 T02 号 5mm 切槽刀，并调用 2 号刀补）
N190 G00 X52 Z-55;（快速点定位）
N200 G01 X-1 F150;（切断）
```

N210 G00 X100 ；（退刀）

N220 Z100；（退刀）

N230 M05 M09 ；（主轴停止，切削液关）

N240 M30；（程序结束返回程序头）

**例 2**　圆弧成形面零件 2 如图 2-5 所示，试编写数控加工程序。

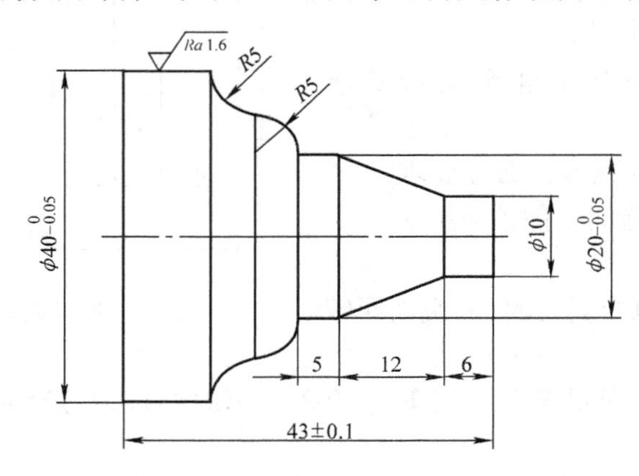


图 2-5　圆弧成形面零件 2

**1. 零件分析**

该工件为阶梯圆弧成形面零件，其成品最大直径为 40mm，由于直径较小，可以采用 $\phi$45mm 的圆柱棒料加工后切断即可，这样可以节省装夹料头，并保证各加工表面间具有较高的相对位置精度。装夹时注意控制毛坯外伸量，保证装夹刚性。毛坯为 $\phi$45mm × 1m 的圆钢棒料。

**2. 工艺分析**

以 $\phi$45mm 外圆为定位基准，用自定心卡盘装夹。注意刀尖半径补偿的应用。

【加工工序】

1）车外圆轮廓并保证尺寸精度。

2）切断并保证长度精度。

3）去毛刺，检测工件各项尺寸。

**3. 参考程序**

【工件坐标系原点】工件右端面回转中心。

【刀具】T01：外圆车刀（粗车）；T02：外切槽刀，刀宽 4mm；T03：外螺纹车刀。

O0002；

N10 G99 G21；（定义米制输入、每转进给方式编程）

N20 T0101；（换 1 号外圆车刀）

N30 M08；（切削液开）

N40 M03 S800；（主轴正转，$n$=800r/min）
N50 G42 G00 X43. Z2.；（快速点定位，建立刀尖半径右补偿）
N60 G71 U1.5 R1；（外径粗加工循环）
N70 G71 P80 Q150 U0.3 W0.1 F0.25；（外径粗加工循环）
N80 G00 X10；（精车路线N80～N150）
N90 G01 Z-6 F0.15；
N100 X20 W-12；
N110 W-5；
N120 G03 X30 W-5 R5.；
N130 G02 X40 W-5 R5.；
N140 G01 Z-48；
N150 X41；
N160 T0101 M03 S1200；（主轴正转，$n$=1200r/min）
N170 G70 P80 Q150；（用G70循环指令进行精加工）
N180 G00 G40 X100. Z150.；（快速返回换刀点，取消刀补）
N190 T0202；（换2号4mm切槽刀，左刀尖对刀）
N200 X42 Z-47；（快速定位到切断起始位置）
N210 G01 X0. F0.08；（切断）
N220 G00 X100；（退刀）
N230 Z150.；（快速返回换刀点）
N240 M30；（程序结束返回程序头）

**例3** 圆弧成形面零件3如图2-6所示，试编写数控加工程序。

**1. 零件分析**

该工件最大直径为45mm，毛坯可以采用$\phi$50mm的棒料，加工后切断即可，这样可以节省装夹料头，并保证各加工表面间具有较高的相对位置精度。装夹时注意控制毛坯外伸量，保证装夹刚性。

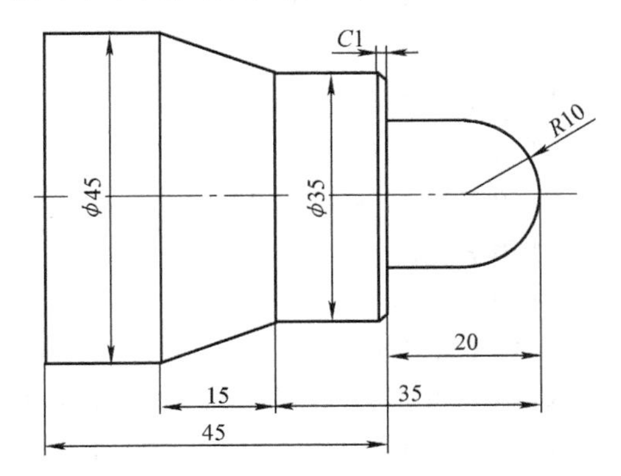

图2-6 圆弧成形面零件3

**2. 工艺分析**

由于阶梯轴零件径向尺寸变化较大，注意恒线速度切削功能的应用，以提高加工质量和生产效率。从右端至左端轴向走刀车外圆轮廓，粗加工每次背吃刀量为1.2mm，粗加工进给量为0.3mm/r，精加工进给量为0.1mm/r。

【加工工序】

1）车端面。将毛坯校正、夹紧，用外圆端面车刀平右端面，用试切法对刀。

2）从右端至左端粗加工外圆轮廓，留0.5mm精加工余量。

3）精加工外圆轮廓至图样要求尺寸。

4）去毛刺，检测工件各项尺寸。

**3. 参考程序**

【工件坐标系原点】工件右端面回转中心。

【刀具】T01：外圆车刀（粗车）；T02：外圆车刀（精车）。

O0001；

N10 G99 G21；（定义米制输入、每转进给方式编程）

N20 M03 S600；（主轴正转，$n=600$r/min）

N25 T0101；（换T01号外圆车刀，并调用1号刀补）

N30 G50 S1500；（最大主轴转速1500r/min）

N40 G96 S180；（恒表面速度切削）

N50 G00 X52.0 Z2.0；（快速点定位）

N60 G71 U1.2 R0.5；（用G71循环指令进行粗加工）

N70 G71 P80 Q170 U0.5 W0.05 F0.3；（用G71循环指令进行粗加工）

N80 G00 X0；（精车路线N80～N170）

N90 G01 Z0 F0.1；

N100 G03 X20.0 Z-10.0 R10.0；

N110 G01 Z-20.0；

N115 X33.0.；

N120 X35.0 W-1.0；

N130 Z-35.0；

N140 X45.0 W-15.0；

N150 Z-65.0；

N160 X50.0；

N170 G40 X52.0；

N180 S1500 M03；（主轴正转，$n=1500$r/min）

N190 G70 P80 Q170；（用G70循环指令进行精加工）

N200 G00 X100.0 Z100.0；（快速返回换刀点）

N210 M30；（程序结束返回程序头）

**例4**　圆弧成形面零件4如图2-7所示，试编写数控加工程序。

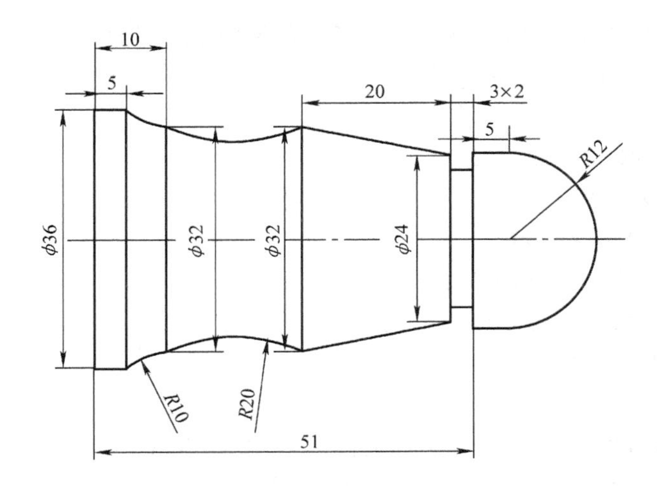


图 2-7 圆弧成形面零件 4

**1. 零件分析**

该工件最大直径为 36mm，毛坯可以采用 $\phi$40mm 的圆柱棒料，加工后切断即可，这样可以节省装夹料头，并保证各加工表面间具有较高的相对位置精度。装夹时注意控制毛坯外伸量，保证装夹刚性。

**2. 工艺分析**

由于阶梯轴零件径向尺寸变化较大，注意恒线速度切削功能的应用，以提高加工质量和生产效率。从右端至左端轴向走刀车外圆轮廓，粗加工每次背吃刀量为 1mm，精加工余量为 0.5mm。

【加工工序】

1）车端面。将毛坯校正，夹紧，用外圆端面车刀平右端面，并用试切法对刀。

2）从右至左粗加工外圆轮廓，留 0.5mm 精加工余量。

3）精加工外圆轮廓至图样要求尺寸。

4）切断，保证总长度公差要求。

5）去毛刺，检测工件各项尺寸。

**3. 参考程序**

【工件坐标系原点】工件右端面回转中心。

【刀具】T01：外圆车刀（粗车）；T02：外切槽刀，刀宽 3mm。

O0001；

N10 G99 G21；（定义米制输入、每转进给方式编程）

N20 T0101 M03 S700；（换 T01 号外圆车刀，主轴正转，$n$ = 700r/min）

N30 G00 X42 Z2；（快速点定位）

N40 G71 U1 R1；（外径粗加工循环）

N50 G71 P60 Q140 U0.5 W0.2 F0.3；（外径粗加工循环）
N60 G01 X0 F0.1；（精车路线 N60～N140）
N70 Z0；
N80 G03 X24 Z－12 R12；
N90 G01 Z－20；
N100 G01 X32 Z－40；
N110 G02 X32 Z－58 R20；
N120 G02 X36 Z－63 R10 ；
N130 G01 Z－71；
N140 X37；
N150 T0101 M03 S1000；（主轴正转，$n=1000$r/min）
N160 G70 P60 Q140；（用 G70 循环指令进行精加工）
N170 G00 X100 Z100；（快速返回换刀点）
N180 T0202 M03 S500；（换 T02 号外切槽刀，主轴正转，$n=500$r/min）
N190 G00 X42 Z－20；（快速点定位）
N200 G01 X20 F0.15；（切槽）
N210 G04 X3；（暂停 3s）
N220 G01 X47；
N230 G00 X100 Z100；（快速返回换刀点）
N240 T0202 S500；（主轴正转，$n=500$r/min）
N250 G00 X45 Z－71；（快速点定位）
N260 G01 X－1 F0.1；（切断）
N270 G00 X100 Z100；（快速返回换刀点）
N280 M30；（程序结束返回程序头）

**例 5**　圆弧成形面零件 5 如图 2-8 所示，试编写数控加工程序。

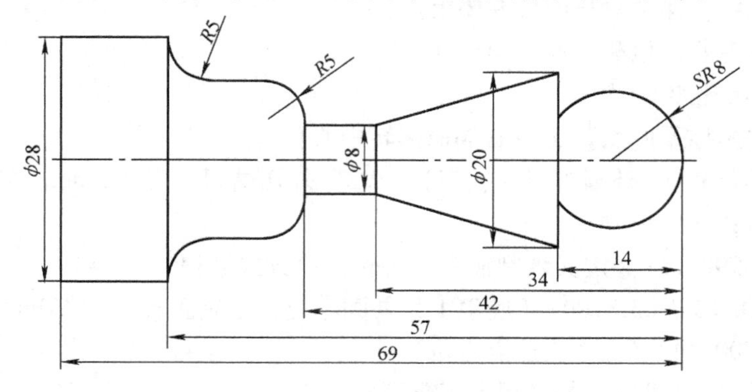


图 2-8　圆弧成形面零件 5

**1. 零件分析**

该工件最大直径为28mm，毛坯采用$\phi$30mm的圆柱棒料。

**2. 工艺分析**

1）车端面。用外圆端面车刀平右端面，并用试切法对刀。

2）从右至左粗加工外圆轮廓，留0.3mm精加工余量。

3）精加工外圆轮廓至图样要求尺寸。

4）切断，保证总长度尺寸要求。

5）去毛刺，检测工件各项尺寸。

**3. 参考程序**

【工件坐标系原点】工件右端面回转中心。

【刀具】T01：外圆车刀（粗车）；T02：外圆车刀（精车）；T03：外切槽刀，刀宽4mm。

```
O0001;
N10 G98 G21 G40;（程序初始化）
N20 M03 S600;（主轴正转，n=600r/min）
N30 T0101;（换T01号外圆车刀，并调用1号刀补）
N40 G00 X32 Z5 M08;（切削液开）
N50 G73 U12 R15;（外轮廓粗加工循环）
N60 G73 P70 Q160 U0.3 W0 F100;（外轮廓粗加工循环）
N70 G42 G00 X0 ;（精车路线N70～N160）
N80 G01 Z0 F100;
N90 G03 X10.583 Z-14 R8;
N100 G01 X20;
N110 X8 Z-34;
N120 Z-42;
N130 G03 X18 Z-47 R5;
N140 G01 Z-52;
N150 G02 X28 Z-57 R5;
N160 G01 Z-69;
N170 X29;
N180 G00 X100 Z100;（快速返回换刀点）
N190 T0202 M03 S1200;（换T02号精车刀，并调用2号刀补）
N200 G00 X32 Z5;（快速点定位）
N210 G70 P70 Q160;（用G70循环指令进行精加工）
N220 G00 X100;（退刀）
```

N230 Z100；（退刀）
N240 T0303；（换 T03 号 4mm 切槽刀，并调用 3 号刀补）
N250 M03 S500；（主轴正转，$n=500$r/min）
N260 G00 X 30. Z -73. ；（快速定位到切断起始位置）
N270 G01 X -1. F100；（切断）
N280 G00 X32；（退刀）
N290 G00 X100. Z100. ；（快速返回换刀点）
N300 M30；（程序结束）

## 2.3 槽类零件加工编程

**例 1** 槽类零件 1 如图 2-9 所示，试编写滑块槽的数控加工程序。

**1. 零件分析**

该工件为一个离合器零件，其成品最大直径为 60mm，可以采用 ϕ62mm 的圆柱棒料加工。

**2. 工艺分析**

为保证槽的尺寸精度和表面质量，采用 G75 指令粗车，然后再用切槽刀走槽底轮廓来完成精车的加工方式。精加工余量为 0.1mm。

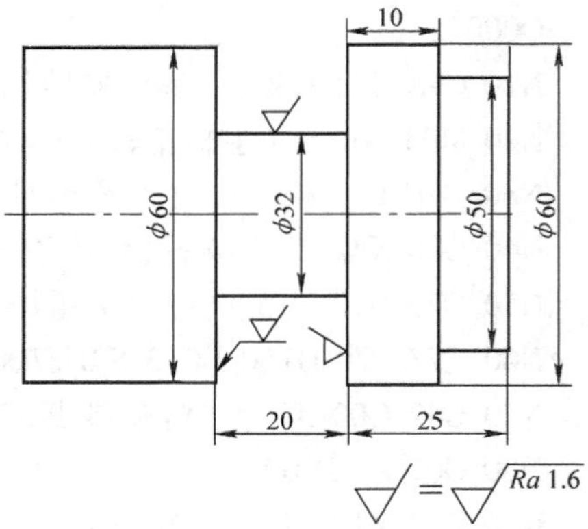

图 2-9 槽类零件 1

**3. 参考程序**

【工件坐标系原点】工件右端面回转中心。

【刀具】T01：外切槽刀，刀宽 4mm。

O0005；
N10 G99 G21；（定义米制输入、每转进给方式编程）
N20 M03 S600；
N25 T0101；（换 T01 号外切槽刀，并调用 1 号刀补）
N30 G50 S1500；（最大主轴转速 1500r/min）
N40 G96 S180；（恒表面速度切削）
N50 G00 X62 Z -29；
N60 G75 R1.0；（用 G75 指令加工槽）
N70 G75 X32.2 Z -44.9 P3000 Q3500 R 0 F0.1；（用 G75 指令加工槽）
N80 G01 X62 Z -29 F0.3；

N90 X32 F0.05;
N100 Z-45;
N110 X62;
N115 G00 X100.;(X 向快速退刀)
N120 Z100;(Z 向快速退刀)
N130 M30;(程序结束返回程序头)

**例 2**　槽类零件 2 如图 2-10 所示，试编写数控加工程序。

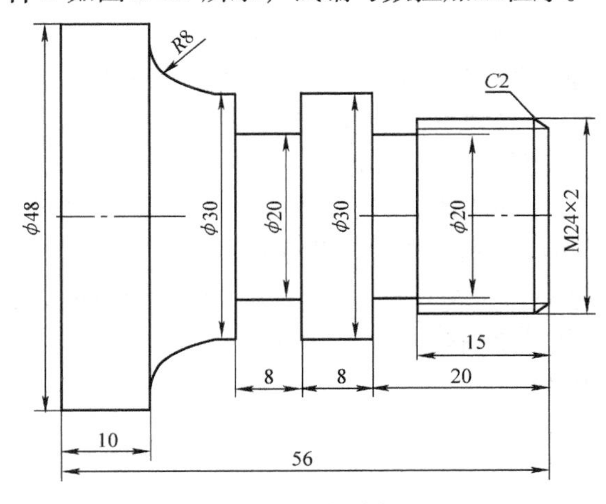


图 2-10　槽类零件 2

**1. 零件分析**

该工件最大直径为 48mm，毛坯可以采用 φ50mm 的圆柱棒料，加工后切断即可，这样可以节省装夹料头，并保证各加工表面间具有较高的相对位置精度。装夹时注意控制毛坯外伸量，保证装夹刚性。

**2. 工艺分析**

由于阶梯轴零件径向尺寸变化较大，注意恒线速度切削功能的应用，以提高加工质量和生产效率。从右至左轴向走刀车外圆轮廓，切螺纹退刀槽，车螺纹，最后切断。粗加工每次背吃刀量为 1.5mm，粗加工进给量为 0.2mm/r，精加工进给量为 0.1mm/r，精加工余量为 0.5mm。

【加工工序】

1）车端面。用外圆端面车刀平右端面，用试切法对刀。

2）从右至左粗加工外圆轮廓，留 0.5mm 精加工余量。

3）精加工外圆轮廓至图样要求尺寸。

4）切螺纹退刀槽。

5）加工螺纹至图样要求。

6）切断，保证总长度公差要求。

7）去毛刺，检测工件各项尺寸。

**3. 参考程序**

【工件坐标系原点】工件右端面回转中心。

【刀具】T01：外圆车刀（粗车）；T02：外切槽刀，刀宽 3mm；T03：外螺纹车刀。

O0006；

N10 G99 G21；（定义米制输入、每转进给方式编程）

N20 M03 S600；（主轴正转，$n=600$r/min）

N25 T0101；（换 T01 号外圆车刀，并调用 1 号刀补）

N30 G50 S1500；（最大主轴转速为 1500r/min）

N40 G96 S180；（恒表面速度切削）

N50 G00 X52 Z2.；（快速点定位）

N60 G71 U1.5 R1；（用 G71 循环指令进行粗加工）

N70 G71 P80 Q160 U0.5 W0.2 F0.2；（用 G71 循环指令进行粗加工）

N80 G00 X20；（精车路线 N80～N160）

N90 G01 Z0 F0.1；

N100 X24 Z-2.0；

N110 Z-20；

N115 X30；

N120 Z-38；

N130 G02 X46 W-8.0 R8.0；

N140 G01 X48；

N150 Z-56；

N160 G40 X49；

N170 T0101 M03 S1200；

N180 G70 P80 Q160；（用 G70 循环指令进行精加工）

N190 G00 X100；（退刀）

N200 Z100；（退刀）

N210 M05；（主轴停止）

N220 M00；（暂停）

N230 T0202 M03 S300；（换 T02 号切槽刀，并调用 2 号刀补，主轴正转，$n=300$r/min）

N240 G00 X32 Z-18；

N250 G75 R1；（用 G75 指令加工槽）

N260 G75 X20 Z-20 P3000 Q2800 R0 F0.06；（用 G75 指令加工槽）

N270 G00 X100 Z100；（快速返回换刀点）

N280 T0303 M03 S600；（换 T03 号螺纹车刀，并调用 3 号刀补，主轴正转，$n=600$r/min）

N290 G00 X26 Z2.0；（快速定位到螺纹切削起点）

N300 G92 X23.5 Z－16 F2；（用 G92 指令加工螺纹）

N310 X23；

N320 X22.5；

N330 X22；

N340 X21.6；

N350 X21.4；

N360 X21.4；（螺纹光整）

N370 G00 X100 Z100；（快速定位到切断起始位置）

N380 T0202 S400；（换 T02 号切槽刀，并调用 2 号刀补）

N390 G00 X65 Z－59；

N400 G01 X－0.5 F0.05；

N410 G04 X3.；（暂停 3s）

N420 G00 X100；（退刀）

N430 Z100；（退刀）

N440 M30；（程序结束返回程序头）

## 2.4　螺纹类零件加工编程

**例 1**　螺纹类零件 1 如图 2-11 所示，试编写数控加工程序。

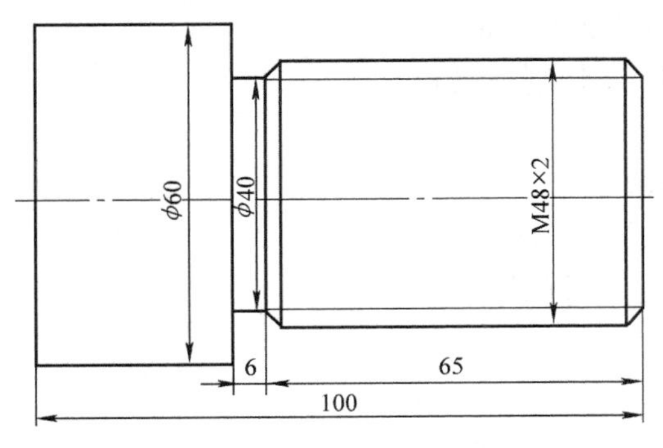


图 2-11　螺纹类零件 1

**1. 零件分析**

该零件轮廓已经加工好，只需加工 $\phi$48 处 M48mm×2mm 螺纹部分。

**2. 工艺分析**

该零件主要保证螺纹的加工质量。这里采用 G32 指令加工。螺纹进刀次数和进刀量如表 2-1 所示。

**表 2-1 常用螺纹切削的进刀次数及每次进给量** （单位：mm）

| 螺 距 | | 1.0 | 1.5 | 2.0 | 2.5 | 3.0 | 3.5 | 4.0 |
|---|---|---|---|---|---|---|---|---|
| 牙深（半径值） | | 0.649 | 0.974 | 1.299 | 1.624 | 1.949 | 2.273 | 2.598 |
| 背吃刀量及切削次数（直径值） | 1 次 | 0.7 | 0.8 | 0.9 | 1.0 | 1.2 | 1.5 | 1.5 |
| | 2 次 | 0.4 | 0.6 | 0.6 | 0.7 | 0.7 | 0.7 | 0.8 |
| | 3 次 | 0.2 | 0.4 | 0.6 | 0.6 | 0.6 | 0.6 | 0.6 |
| | 4 次 | | 0.16 | 0.4 | 0.4 | 0.4 | 0.6 | 0.6 |
| | 5 次 | | | 0.1 | 0.4 | 0.4 | 0.4 | 0.4 |
| | 6 次 | | | | 0.15 | 0.4 | 0.4 | 0.4 |
| | 7 次 | | | | | 0.2 | 0.2 | 0.4 |
| | 8 次 | | | | | | 0.15 | 0.3 |
| | 9 次 | | | | | | | 0.2 |

**3. 参考程序**

【工件坐标系原点】工件右端面回转中心。

【刀具】T01：外螺纹车刀。

```
O1001;
G99 G21;（定义米制输入、每转进给方式编程）
M03 S600;（主轴正转，n=600r/min）
T0101;（换 T01 号外圆车刀，并调用 1 号刀补）
G00 X60 Z6.;（快速点定位）
X47.1;（第一次进刀 0.9mm）
G32 Z-68 F2.0;（切削螺纹）
G00 X60;（退刀）
Z6;（返回进刀起点）
X46.5;（第二次进刀 0.6mm）
G32 Z-68 F2.0;（切削螺纹）
G00X60;
Z6;
X45.9;（第三次进刀 0.6mm）
G32 Z-68 F2.0;（切削螺纹）
G00X60;
Z6;
```

X45.5；（第四次进刀0.4mm）

G32 Z－68 F2.0；（切削螺纹）

G00 X60；

Z6；

X45.4；（第五次进刀0.1）

G32 Z－68 F2.0；（切削螺纹）

G00 X100；（X轴返回）

Z100；（Z轴返回）

M30；（程序结束）

**例2**　螺纹类零件2如图2-12所示，试编写数控加工程序。

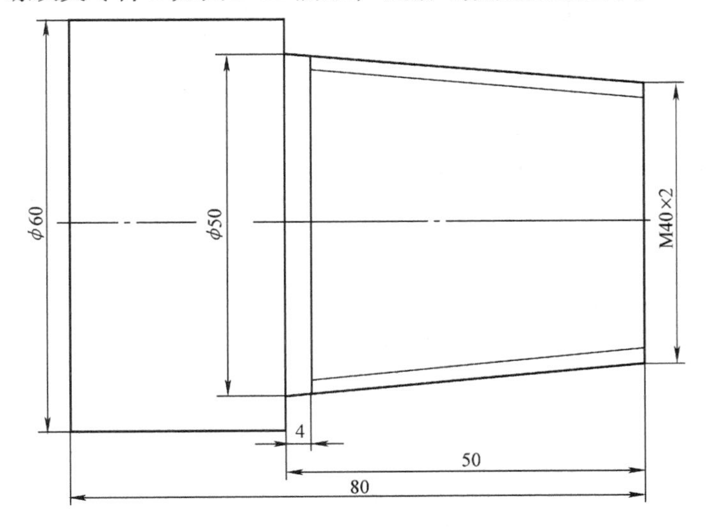


图2-12　螺纹类零件2

### 1. 零件分析

该零件轮廓已经加工好，只需加工圆锥螺纹M40mm×2mm。

### 2. 工艺分析

该零件主要保证螺纹的加工质量。这里采用G32指令加工。螺纹进刀次数等参数如表2-2所示。

**表2-2　螺纹切削参数**　　（单位：mm）

| 进刀次数 | 余量 | 小端径向尺寸 | 大端径向尺寸 |
|---|---|---|---|
| 1 | 0.9 | 40－0.9＝39.1 | 49.6－0.9＝48.7 |
| 2 | 0.6 | 39.1－0.6＝38.5 | 48.7－0.6＝48.1 |
| 3 | 0.6 | 38.5－0.6＝37.9 | 48.1－0.6＝47.5 |
| 4 | 0.4 | 37.9－0.4＝37.5 | 47.5－0.4＝47.1 |
| 5 | 0.1 | 37.5－0.1＝37.4 | 47.1－0.1＝47.0 |

**3. 参考程序**

【工件坐标系原点】工件右端面回转中心。

【刀具】T01：外螺纹车刀。

O1002；

G99 G21；（定义米制输入、每转进给方式编程）

M03 S600；（主轴正转，$n$=600r/min）

T0101；（换T01号外圆车刀，并调用1号刀补）

G00 X60 Z2；（进刀至起始点）

X39.1；（第一次进刀0.9mm）

G32 X48.7 Z-48 F2.0；（切削螺纹）

G00 X60；（退刀）

Z2；（返回进刀起点）

X38.5；（第二次进刀0.6mm）

G32 X48.1 Z-48 F2.0；（切削螺纹）

G00 X60；

Z2；

X37.9；（第三次进刀0.6mm）

G32 X47.5 Z-48 F2.0；（切削螺纹）

G00 X60；

Z2；

X37.5；（第四次进刀0.4mm）

G32 X47.1 Z-48 F2.0；（切削螺纹）

G00 X60；

Z2；

X37.4；（第五次进刀0.1）

G32 X47.0 Z-48 F2.0；（切削螺纹）

G00 X100；（X轴返回）

Z100；（Z轴返回）

M30；（程序结束）

**例3** 螺纹类零件3如图2-13所示，试编写数控加工程序。

**1. 零件分析**

该零件轮廓已经加工好，只需加工M48mm×2mm螺纹部分。

**2. 工艺分析**

该零件主要保证螺纹的加工质量。这里采用G92指令加工。螺纹进刀次数

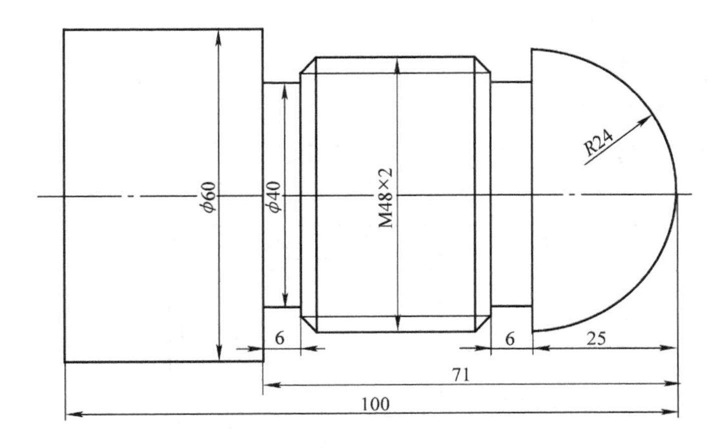


图 2-13　螺纹类零件 3

等参数如表 2-3 所示。

表 2-3　螺纹切削参数　（单位：mm）

| 进刀次数 | 余量 | 径向尺寸 |
|---|---|---|
| 1 | 0.9 | 48 - 0.9 = 47.1 |
| 2 | 0.6 | 47.1 - 0.6 = 46.5 |
| 3 | 0.6 | 46.5 - 0.6 = 45.9 |
| 4 | 0.4 | 45.9 - 0.4 = 45.5 |
| 5 | 0.1 | 45.5 - 0.1 = 45.4 |

**3. 参考程序**

【工件坐标系原点】工件右端面回转中心。

【刀具】T01：外螺纹车刀。

O1003；

G99 G21；（定义米制输入、每转进给方式编程）

M03 S600；（主轴正转，$n$ = 600r/min）

T0101；（换 T01 号螺纹车刀，并调用 1 号刀补）

G00 X58 Z - 28；（进刀至起始点）

G92 X47.1 Z - 68 F2；（利用 G92 螺纹加工循环指令，第一次进刀 0.9mm）

X46.5；（第二次进刀 0.6mm）

X45.9；（第三次进刀 0.6mm）

X45.5；（第四次进刀 0.4mm）

X45.4；（第五次进刀 0.1mm）

X45.4；（光整螺纹）

G00 X100；（X轴返回）

Z100；（Z轴返回）

M30；（程序结束）

**例4**　螺纹类零件4如图2-14所示，试编写数控加工程序。

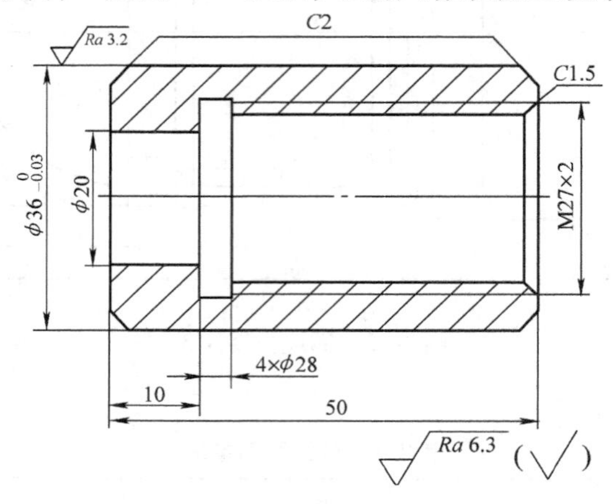


图2-14　螺纹类零件4

**1. 工艺分析**

装夹时使用自定心卡盘夹紧定位。将工件零点设在毛坯右端面的圆心。由于钻内孔的麻花钻的直径是20mm，因此，内轮廓的加工起点设在（X18，Z2）处；外轮廓的加工起点设在毛坯端面处且离开工件毛坯外轮廓2mm（X50，Z2）处，换刀点设在距工件零点X方向+80mm，Z方向+100mm处。

该零件有外圆柱面、倒角、内沟槽和内螺纹等加工表面，其中外圆和内孔加工尺寸和精度较高，分粗、精加工。加工内孔和外表面都先使用G71指令进行粗加工，然后使用G70进行精加工。内螺纹为三角形螺纹，使用G92指令进行加工。内螺纹小径：$D_1=D-2\times0.65P=(27-2\times0.65\times2)\text{mm}=24.4\text{mm}$。

【加工工序】

1）车端面；用外圆端面车刀平右端面，用试切法对刀。

2）钻中心孔；用$\phi$4mm中心钻钻中心孔。

3）钻孔；用$\phi$20mm麻花钻钻内孔。

4）粗镗内孔。

5）精镗内孔。

6）车内沟槽。

7）车内螺纹。

8）粗车外圆。

9）精车外圆。

10）切断，切槽刀刀宽 4mm。

11）调头装夹，倒角。

**2. 参考程序**

【刀具】T01：内孔镗刀；T02：内槽车刀；T03：内螺纹车刀；T04：外圆车刀。

```
O0001;
G99 G97 G40;（设定每转进给方式编程，取消恒速度，取消刀补）
T0101;（使用 T01 号内孔镗刀，并使用 1 号刀补）
M03 S1000;（主轴正转，n = 1000r/min）
G00 X18 Z2 M08;（快速定位到起刀点，并开启切削液）
G71 U1 R0.5;（外径粗加工循环）
G71 P10 Q20 U-0.5 W0.1 F0.25;（外径粗加工循环）
N10 G00 X27.4;（精车路线 N10 ~ N20）
G01 Z0 F0.06;
X24.4 Z-1.5;
Z-40;
N20 X18;
G00 Z100;（退刀）
X80 M09;（切削液关闭）
M00;（程序暂停）
T0101;（使用 T01 号内孔镗刀，并使用 1 号刀补）
M03 S1500;（主轴正转，n = 1500r/min）
G00 X18 Z2;（快速点定位）
G70 P10 Q20;（使用 G70 循环指令进行精镗内孔）
G00 Z100;（退刀）
X80;（退刀）
M00;（程序暂停）
T0202;（使用 T02 号内槽车刀，并使用 2 号刀补）
M03 S800;（主轴正转，n = 800r/min）
M08;（切削液开）
G00 X18 Z4;（快速点定位）
Z-40;
G01 X28 F0.05;
X18;
```

G00 Z4；（退刀）
X80 Z100；（快速返回换刀点）
M09；（切削液关）
M00；（程序暂停）
T0303；（使用T03号内螺纹车刀，并使用3号刀补）
M03 S1000；（主轴正转，$n=1000\text{r/min}$）
G00 X22 Z4 M08；（退刀，切削液开）
G92 X24.4 Z－38 F2；（螺纹车削第一刀）
X25.3；（螺纹车削第二刀）
X25.9；（螺纹车削第三刀）
X26.5；（螺纹车削第四刀）
X26.9；（螺纹车削第五刀）
X27；（螺纹车削第六刀）
X27；（光整一刀）
G00 Z100；（退刀）
X80；（退刀）
M09；（切削液关）
M00；（程序暂停）
T0404；（使用T04号外圆车刀，并使用4号刀补）
M03 S1000；（主轴正转，$n=1000\text{r/min}$）
G00 X40 Z2 M08；（切削液开）
G71 U2 R0.5；（外径粗加工循环）
G71 P30 Q40 U0.5 W0.1 F0.25；（外径粗加工循环）
N30 G00 X25；（精车路线N30～N40）
G01 Z0 F0.06；
X32；
X36 Z－2；
Z－54；
N40 X40；
G00 X80 Z100 M09；（退刀，切削液关）
M00；（程序暂停）
T0404；（使用T04号外圆车刀，并使用4号刀补）
M03 S1500；（主轴正转，$n=1500\text{r/min}$）
G00 X40 Z2；（快速点定位）
G70 P30 Q40；（使用G70循环指令进行精车外圆）

G00 X80 Z100；（返回换刀点）

M30；（程序结束）

**例 5**　螺纹类零件 5 如图 2-15 所示，试编写数控加工程序。

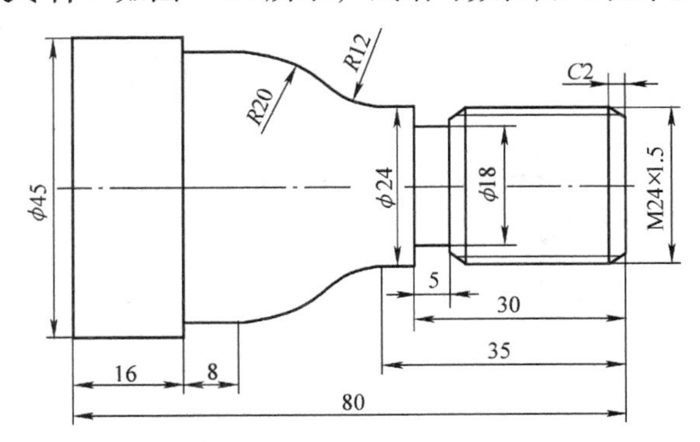


图 2-15　螺纹类零件 5

**1. 零件分析**

该零件轮廓已经加工好，只需加工螺纹 M24mm×1.5mm。

**2. 工艺分析**

该零件主要保证螺纹的加工质量。这里采用 G92 指令加工。

**3. 参考程序**

【工件坐标系原点】工件右端面回转中心。

【刀具】T01：外螺纹车刀。

O1002；

G99 G21 G40；（定义米制输入、每转进给方式编程，取消刀具半径补偿）

M03 S600；（主轴正转，$n=600$r/min）

T0101；（换 T01 号螺纹车刀，并调用 1 号刀补）

G00 X30 Z2；（进刀至起始点）

G92 X23.2 Z-33 F1.5；（利用 G92 螺纹加工循环指令，进刀 0.8mm）

X22.6；（进刀 0.6mm）

X22.2；（进刀 0.4mm）

X22.04；（进刀 0.16mm）

X22.04；

G00 X100；（X 轴返回）

Z100；（Z 轴返回）

M30；（程序结束）

**例 6**　螺纹类零件 6 如图 2-16 所示，试编写数控加工程序。

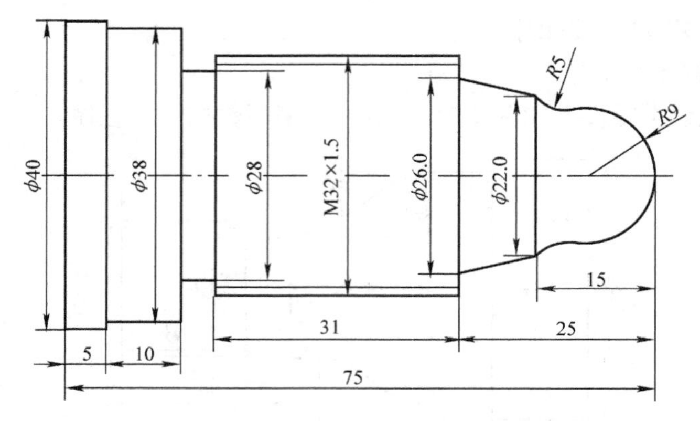


图2-16　螺纹类零件6

**1. 零件分析**

该工件最大直径为40mm，毛坯可以采用$\phi$42mm的圆柱棒料，加工后切断即可，这样可以节省装夹料头，并保证各加工表面间具有较高的相对位置精度。装夹时注意控制毛坯外伸量，保证装夹刚性。

**2. 工艺分析**

从右至左轴向走刀车外圆轮廓，切螺纹退刀槽，车螺纹，最后切断。粗加工每次背吃刀量为1.5mm，粗加工进给量为0.2mm/r，精加工进给量为0.1mm/r，精加工余量为0.5mm。

【加工工序】

1）车端面。将毛坯校正、夹紧，用外圆端面车刀平右端面，用试切法对刀。

2）从右端至左端粗加工外圆轮廓，留0.5mm精加工余量。

3）精加工外圆轮廓至图样要求尺寸。

4）切螺纹退刀槽。

5）加工螺纹至图样要求。

6）切断保证总长度公差要求。

7）去毛刺，检测工件各项尺寸。

**3. 参考程序**

【工件坐标系原点】工件右端面回转中心。

【刀具】T01：外圆车刀（粗车）；T02：外切槽刀，刀宽4mm；T03、T04：外螺纹车刀。

O0004；

N10 G99 G21；（定义米制输入、每转进给方式编程）

N20 M03 S600；（主轴正转，$n$=600r/min）

```
N25 T0101;（换 T01 号外圆车刀，并调用 1 号刀补）
N30 G50 S1500;（最大主轴转速为 1500r/min）
N40 G96 S180;（恒表面速度切削）
N50 G00 X45 Z2.;（快速点定位）
N60 G71 U1.5 R1;（用 G71 循环指令进行粗加工）
N70 G71 P80 Q190 U0.5 W0.2 F0.2;（用 G71 循环指令进行粗加工）
N80 G00 X0;
N90 G01 Z0 F0.05;
N100 G03 X17.83 Z-10.22 R9;
N110 G02 X22 Z-15 R5.0;
N115 G01 X26 Z-25;
N120 X31.8;
N130 Z-60;
N140 X38;
N150 Z-70.;
N160 X40.;
N170 Z-78;
N180 X42;
N190 G40 X44;
N200 G70 P80 Q190;（用 G70 循环指令进行精加工）
N210 G00 X100;（X 向快速退刀）
N220 Z100;（Z 向快速退刀）
N230 M03 S400 T0202;（换 2 号外切槽刀，主轴正转，n=400r/min）
N240 G00 X45 Z-60;
N250 G01 X28 F0.1;（切槽）
N260 G00 X100;（X 向快速退刀）
N270 Z100;（Z 向快速退刀）
N280 T0303 M03 S300;（换 T03 号外螺纹车刀，主轴正转，n=300r/min）
N290 G00 X32 Z24;（快速定位到螺纹起刀点）
N300 G92 X31.8 Z-56 F1.5;（用螺纹加工循环指令 G92，螺纹导程 1.5mm）
N310 X31.2;（车进 0.6mm）
N320 X30.6;（车进 0.6mm）
N330 X30.05;（车进 0.55mm）
N340 G00 X100（X 向快速退刀）
```

N350 Z100；（Z 向快速退刀）
N360 T0202 M03 S300；（换 T02 号 4mm 切槽刀，主轴正转，$n$ = 300r/min）
N370 G00 X45 Z－79；
N380 G01 X－1 F150；（切断）
N390 G00 X100；（X 向快速退刀）
N400 Z100；（Z 向快速退刀）
N410 M05 M09；（切削液关，主轴停转）
N420 M30；（程序结束返回程序头）

## 2.5　孔类零件加工编程

**例 1**　孔类零件 1 如图 2-17 所示，试编写数控加工程序。

**1. 工艺分析**

装夹时使用自定心卡盘夹紧定位。将工件零点设在毛坯右端面回转中心。由于钻内孔的麻花钻的直径是 20mm，因此，内轮廓的加工起点设在（X18，Z2）处；外轮廓的加工起点设在毛坯端面处且离开工件毛坯外轮廓 2mm（X50，Z2）处，换刀点设在距工件零点 X 方向＋80mm，Z 方向＋100mm 处。

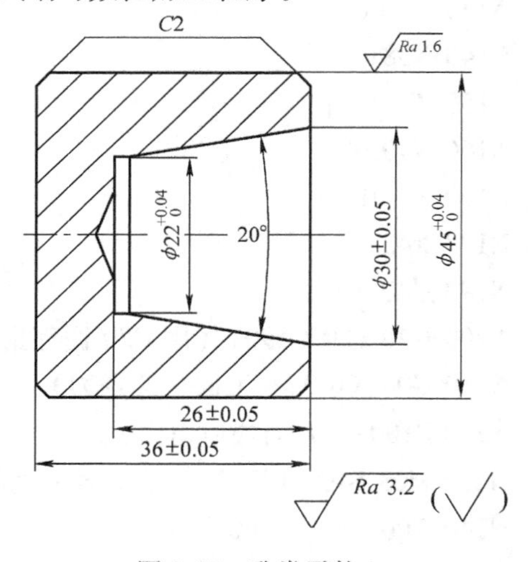


图 2-17　孔类零件 1

该零件有外圆柱面、倒角、锥面孔等加工表面，其中外圆和锥面孔加工尺寸和精度较高，分粗、精加工。加工内孔先使用 G71 指令进行粗加工，然后使用 G70 进行精加工。

【加工工序】

1）车端面；用外圆端面车刀平右端面，用试切法对刀。

2）钻中心孔；用 $\phi$4mm 中心钻钻中心孔。

3）钻孔；用 $\phi$20mm 麻花钻钻内孔。

4）粗镗内孔。

5）精镗内孔。

6）粗、精车外圆。

7）切断。

8）调头装夹，倒角。

**2. 参考程序**

【刀具】T01：内孔镗刀；T02：外圆车刀；T03：切断刀，刀宽4mm。

O0001。

G99 G97 G40；（定义每转进给方式编程，取消恒速度，取消刀补）

T0101；（使用T01号内孔镗刀，并使用1号刀补）

M03 S1000；（主轴正转，$n=1000$r/min）

G00 X18 Z2 M08；（快速定位到起刀点，切削液开）

G71 U1 R0.5；（外径粗加工循环）

G71 P10 Q20 U－0.5 W0.1 F0.25；（外径粗加工循环）

N10 G00 X30；（精车路线N10～N20）

G01 Z0 F0.06；

X22.02 Z－22.69；

Z－26；

N20 X18；

G00 Z100；（退刀）

X80 M09；（切削液关闭）

M00；（程序暂停）

T0101；（使用T01号内孔镗刀，并使用1号刀补）

M03 S1500；（主轴正转，$n=1500$r/min）

G00 X18 Z2；（快速点定位）

G70 P10 Q20；（使用G70循环指令进行精镗内孔）

G00 Z100；（退刀）

X80；（退刀）

M00；（程序暂停）

T0202；（使用T02号外圆车刀，并使用2号刀补）

M03 S1000；（主轴正转，$n=1000$r/min）

G00 X50 Z2 M08；（快速定位到起刀点，并开启切削液）

G71 U2 R0.5；（外径粗加工循环）

G71 P30 Q40 U0.5 W0.1 F0.25；（外径粗加工循环）

N30 G00 X28；（精车路线N30～N40）

G01 Z0 F0.06；

X41；

X45 Z－2；

Z－36；
N40 X50；
G00 X80 Z100 M09；（退刀，切削液关）
M00；（程序暂停）
T0202；（使用T02号外圆车刀，并使用2号刀补）
M03 S1500；（主轴正转，$n$＝1500r/min）
G00 X50 Z2；（快速点定位）
G70 P30 Q40；（使用G70循环指令进行精车外圆）
G00 X80；（退刀）
Z100；（退刀）
M00；（程序暂停）
T0303；（使用T03号4mm宽切断刀，并使用3号刀补）
M03 S800；（主轴正转，$n$＝800r/min）
G00 X48 Z－40 M08；（切削液开）
G01 X－1 F0.1；（切断）
M09；（切削液关闭）
G00 X80 Z100；（返回换刀点）
M30；（程序结束）

**例2** 孔类零件2如图2-18所示，试编写数控加工程序。

**1. 零件分析**

该工件为内表面台阶零件。其成品最大直径为60mm，外圆已经加工完成。

**2. 工艺分析**

【加工工序】

1）用卡盘装夹$\phi$60mm外圆，车右端面。

2）调头装夹$\phi$60mm外圆，车左端面并保证长度50mm。

3）用$\phi$22mm钻头钻孔。

4）用90°内孔镗刀粗车，径向留0.5mm精车余量，轴向留0.1mm精车余量，精车各孔径至图样给出尺寸。

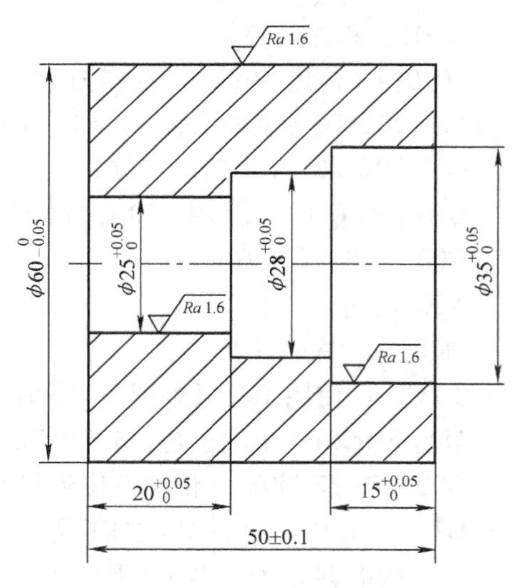


图2-18 孔类零件2

**3. 参考程序**

【工件坐标系原点】工件右端面回转中心。

【刀具】T01：90°内孔镗刀；T02：$\phi$22mm 钻头；T03：45°端面刀。

```
O0005;
N10 G99 G21 G40;（定义米制输入、每转进给方式编程，取消刀补）
N20 M03 S800 T0101;（换90°内孔镗刀，主轴正转，n=800r/min）
N30 G00 X20 Z2. M08;（快速点定位，切削液开）
N40 G71 U2. R0.5;（外径粗加工循环）
N50 G71 P60 Q110 U-0.5W0.1 F0.2;（外径粗加工循环）
N60 G00 X35;（精车路线 N60~N110）
N70 G01 Z-15 F0.15;
N80 X28;
N90 W-15;
N100 X25.;
N110 Z-52.;
N120 M03 S1000;（主轴正转，n=1000r/min）
N130 G70 P60 Q110;（用 G70 循环指令进行精加工）
N140 G00 X100. Z150.;（快速返回换刀点）
N150 M30;（程序结束返回程序头）
```

**例3**　孔类零件3如图2-19所示，试编写数控加工程序。

**1. 工艺分析**

装夹时使用自定心卡盘夹紧定位。将工件零点设在毛坯右端面的圆心。由于钻内孔的麻花钻的直径是 $\phi$20mm，因此，内轮廓的加工起点设在（X18，Z2）处；外轮廓的加工起点设在毛坯端面处且离开工件毛坯外轮廓2mm（X67，Z2）处，换刀点设在距工件零点 X 方向 +80mm，Z 方向 +100mm 处。

该零件有外圆柱面、倒角、内阶梯孔等加工表面，各表面全部分粗、精加工，镗内阶梯孔时，先使用 G71 指令进行粗加工，然后使用 G70 进行精加工，车外圆使用 G90 指令进行加工。

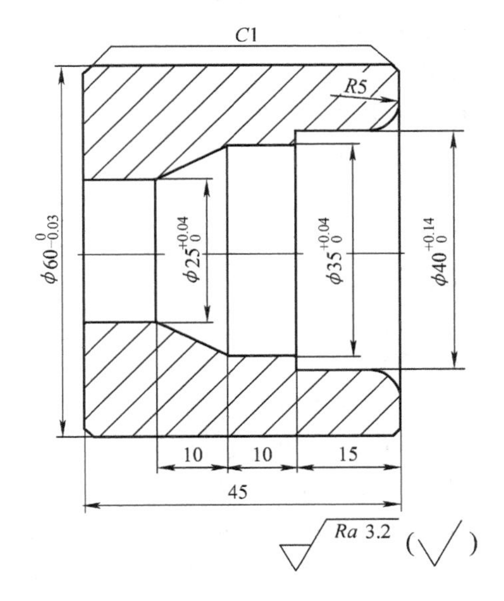


图2-19　孔类零件3

【加工工序】

1）手动车端面。
2）手动用 $\phi$4mm 中心钻钻中心孔。
3）手动用 $\phi$20mm 麻花钻钻孔。
4）粗镗内孔。
5）精镗内孔。
6）粗车外圆。
7）精车外圆。
8）切断。
9）调头装夹，手动倒角。

**2. 参考程序**

【刀具】T01：内孔镗刀；T02：外圆车刀；T03：切断刀，4mm 宽。

```
O0001;
G99 G97 G40;（定义每转进给方式编程，取消恒速度，取消刀补）
T0101;（使用 T01 号内孔镗刀，并使用 1 号刀补）
M03 S1000;（主轴正转，n=1000r/min）
G00 X18 Z2 M08;（快速定位到起刀点，并开启切削液）
G71 U1 R0.5;（外径粗加工循环）
G71 P10 Q20 U-0.5 W0.1 F0.25;（外径粗加工循环）
N10 G00 X67;（精车路线 N10~N20）
G01 Z0 F0.06;
X50;
G02 X40 Z-5 R5;
G01 Z-15;
X35;
Z-25;
X25 Z-35;
Z-46;
N20 X18;
G00 Z100;（退刀）
X80 M09;（切削液关闭）
M00;（程序暂停）
T0101;（使用 T01 号内孔镗刀，并使用 1 号刀补）
M03 S1500;（主轴正转，n=1500r/min）
G00 X18 Z2;（快速点定位）
G70 P10 Q20;（使用 G70 循环指令进行精镗内孔）
G00 Z100;（退刀）
```

X80；（退刀）
M00；（程序暂停）
T0202；（使用 T02 号外圆车刀，并使用 2 号刀补）
M03 S1000；（主轴正转，$n = 1000r/min$）
G00 X67 Z2 M08；（快速点定位，切削液开）
G01 X65；
G90 X64 Z－45 F0.25；（使用 G90 循环指令进行车外圆）
X62；
X60.2；
G00 X58；
G01 Z0 F0.06；
Z－49；
G00 X80 Z100；（退刀）
M09；（切削液关）
M00；（程序暂停）
T0303；（使用 T03 号 4mm 切断刀，并使用 3 号刀补）
M03 S800；（主轴正转，$n = 800r/min$）
G00 X62 Z－49 M08；（快速点定位，切削液开）
G01 X－1 F0.1；（切断）
M09；（切削液关闭）
G00 X80 Z100；（返回换刀点）
M30；（程序结束）

**例 4**　孔类零件 4 如图 2-20 所示，试编写数控加工程序。

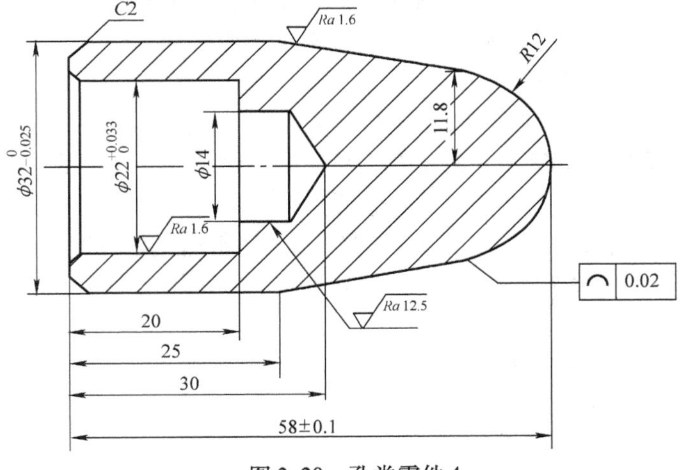


图 2-20　孔类零件 4

**1. 零件分析**

该工件最大直径为32mm，由外轮廓和内轮廓组成，毛坯可以采用$\phi$35mm的圆柱棒料，加工后切断即可。

**2. 工艺分析**

该工件圆弧与直线的光滑过渡是主要的加工要求，其外形尺寸精度要求相对较低，整体的表面粗糙度为$Ra1.6\mu m$。工件需分两次装夹完成加工。

【加工工序】

1）粗加工右端外圆，留0.2～0.5mm精加工余量。

2）精加工外圆至图样要求。

3）切断，保证总长留0.5mm余量。

4）调头装夹，粗加工左端面。

5）钻$\phi$14mm深30mm孔。

6）精加工左端面并倒角，保证长度58mm。

7）粗、精镗内孔至图样要求。

8）去毛刺，检测工件各项尺寸。

**3. 参考程序**

【工件坐标系原点】工件右端面回转中心。

【刀具】T01：外圆车刀，负责车端面及车外圆；T02：外切槽刀，刀宽4mm；T03：有断屑槽的90°内孔镗刀，负责镗内孔及内孔倒角；T04：$\phi$14mm钻头，用于钻孔。

右端加工程序（工序一）

```
O0081;
N10 G99 G21 G40;（定义米制输入、每转进给方式编程）
N20 T0101;（换1号外圆车刀，导入该刀刀补）
N30 M08;（切削液开）
N40 M03 S800;（主轴正转，n=800r/min）
N50 G42 G00 X37. Z2. ;（建立刀尖半径右补偿）
N60 G71 U1.5 R1;（外径粗加工循环）
N70 G71 P80 Q120 U0.3 W0.1 F0.25;（外径粗加工循环）
N80 G00 X0;（精车路线N80～N120）
N90 G01 Z0 F0.15;
N100 G03 X23.6 W-9.84 R12;
N110 G01 X32. Z-28;
N120 Z-63. ;
N130 M03 S1200;（主轴正转，n=1200r/min）
```

N140 G70 P80 Q120；（用G70循环指令进行精加工）
N150 G00 G40 X100. Z150.；（快速返回换刀点）
N160 T0202；（换2号4mm切槽刀，左刀尖对刀，导入该刀刀补）
N170 G00 X35. Z-60；（快速点定位）
N180 X32
N190 Z-62
N200 G01 X0. F0.08；
N210 G00 X100；
N220 Z150.；
N230 M09；
N240 M30；

左端加工程序（工序二）
O0082；
N10 G99 G21；（定义米制输入、每转进给方式编程）
N20 T0404；（换4号$\phi$14mm钻头，导入该刀刀补）
N30 M08；（切削液开）
N40 M03 S600；（主轴正转，$n$=600r/min）
N50 G00 X0. Z5.；（快速点定位）
N60 G01 Z-30. F0.1；（钻孔）
N70 G00 Z5. M09；（退刀，切削液关）
N80 G00 X100. Z150.；（快速返回换刀点）
N90 T0303；（换3号90°内孔镗刀，导入该刀刀补）
N100 M08；（切削液开）
N110 M03 S800；（主轴正转，$n$=800r/min）
N120 G41 G00 X12. Z5.；（切削液开，建立刀尖半径右补偿）
N130 G71 U1.5 R1；（外径粗加工循环）
N140 G71 P150 Q180 U-0.3 W0.1 F0.25；（外径粗加工循环）
N150 G01 X24. F0.15；（精车路线N150~N180）
N160 Z0；
N170 X22. W-1.；
N180 Z-20.；
N190 M03 S1200；（主轴正转，$n$=1200r/min）
N200 G70 P150 Q180；（用G70循环指令进行精加工）
N210 G40 G00 X100. Z150.；（取消刀补，快速返回换刀点）

N220 M09；（切削液关）

N230 M30；（程序结束返回程序头）

**例5** 孔类零件5如图2-21所示，试编写数控加工程序。

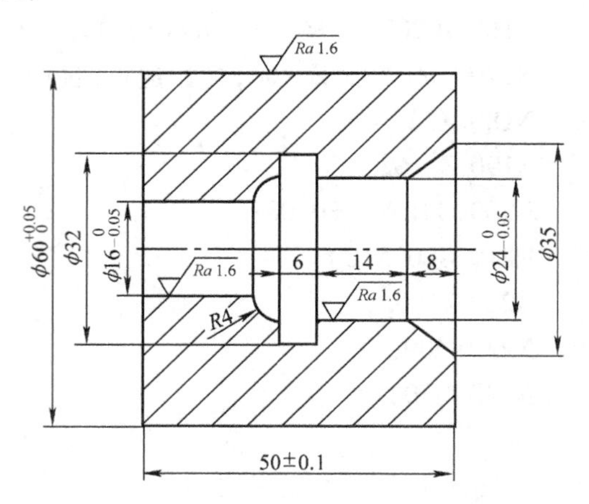


图2-21 孔类零件5

**1. 零件分析**

如图2-21所示，该工件为内表面台阶零件。其成品最大直径为60mm，外圆已经加工完成；材料为45钢。

**2. 工艺分析**

【加工工序】

1）用卡盘装夹$\phi$60mm外圆，车右端面。

2）调头装夹$\phi$60mm外圆，车左端面并保证长度50mm。

3）用$\phi$14mm钻头钻通孔。

4）用90°不通孔内镗刀粗车，径向留0.5mm精车余量，轴向留0.1mm精车余量，精车各孔径至尺寸。

5）粗、精车用同一把刀，精车各孔径至尺寸及车内沟槽。

6）去毛刺，检测工件各项尺寸。

**3. 参考程序**

【工件坐标系原点】工件右端面回转中心。

【刀具】$\phi$14mm钻头；45°端面车刀；T01为90°内孔镗刀；T02：内沟槽刀，刀宽4mm。

O0006；

N10 G99 G21 G40；（定义米制输入、每转进给方式编程）

N20 M03 S800 T0101；（主轴正转，$n$=800r/min，换1号90°内孔镗刀）

N30 G00 G42 X14 Z2. M08；（切削液开，建立刀尖半径右补偿）

N40 G71 U2. R0.5；（内径粗加工循环）

N50 G71 P60 Q110 U-0.5 W0.1 F0.2；（外径粗加工循环）

N60 G00 X35；（精车路线N60～N110）

N70 G01 Z0 F0.15；

N80 X24 W-8；

N90 W-20；

N100 G03 X16. W-4 R4；

N110 Z－52. ;
N120 M03 S1000;（主轴正转，$n=1000\mathrm{r/min}$）
N130 G70 P80 Q110;（用 G70 循环指令进行精加工）
N140 G40 G00 X100. Z150. ;（取消刀补，快速返回换刀点）
N150 M03 S500 T0202;（换 2 号 4mm 内沟槽刀）
N160 G00 X22 Z2. ;（快速点定位）
N170 G01 Z－28 F0. 3;（切槽）
N180 X31. 5 F0. 08;（切槽）
N190 G00 X22;（退刀）
N200 Z－26;（定位）
N210 G01 X32 F0. 08;（切槽）
N220 Z－28;（切槽）
N230 G00 X20;（退刀）
N240 Z100. ;（快速返回换刀点）
N250 M30;（程序结束返回程序头）

## 2.6 内/外轮廓加工循环编程

**例 1** 轮廓类零件 1 如图 2-22 所示，试编写数控加工程序。

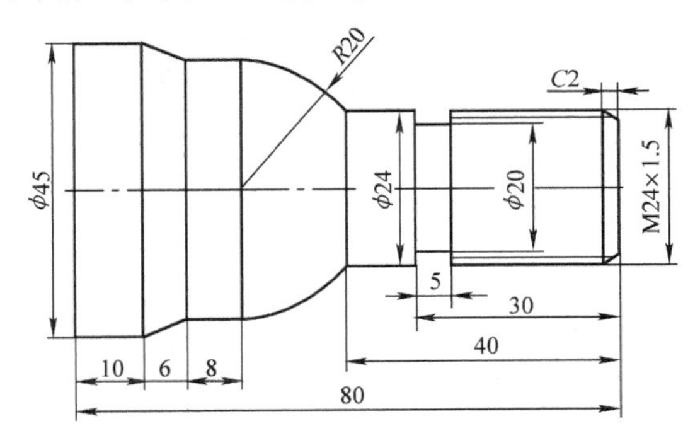


图 2-22 轮廓类零件 1

### 1. 零件分析

该工件最大直径为 45mm，毛坯可以采用 ϕ50mm 的棒料，加工后切断即可，这样可以节省装夹料头，并保证各加工表面间具有较高的相对位置精度。装夹时注意控制毛坯外伸量，保证装夹刚性。

### 2. 工艺分析

由于阶梯轴零件径向尺寸变化较大，注意恒线速度切削功能的应用，以提高加工质量和生产效率。从右端至左端轴向走刀车外圆轮廓，切螺纹退刀槽，车螺纹，最后切断。粗加工每次单边吃刀量为1mm，精加工余量为0.5mm。

【加工工序】

1）车端面。将毛坯校正，夹紧，用外圆端面车刀平右端面，并用试切法对刀。

2）从右端至左端粗加工外圆轮廓，留0.5mm精加工余量。

3）精加工外圆轮廓至图样要求尺寸。

4）切螺纹退刀槽。

5）加工螺纹至图样要求。

6）切断保证总长度公差要求。

7）去毛刺，检测工件各项尺寸。

**3. 参考程序**

【工件坐标系原点】工件右端面回转中心。

【刀具】T01：外圆车刀（粗车）；T02：外切槽刀，刀宽5mm；T03：外螺纹车刀。

```
O0001;
N10 G98 G21;（定义米制输入、每分钟进给方式编程）
N20 T0101 M03 S700;（换T01号外圆车刀，主轴正转，n=700r/min）
N30 G00 X50 Z2;（快速点定位）
N40 G71 U1 R1;（用G71循环指令进行粗加工）
N50 G71 P60 Q120 U0.5 W0.5 F150;（用G71循环指令进行粗加工）
N60 G01 X20 F100;
N70 Z0;
N80 X24 Z-2;
N90 Z-40;
N100 G03 X40 Z-56 R20;
N110 G01 X40 Z-64;
N115 X45 Z-70;
N120 Z-85;
N130 M03 S1100;
N140 G70 P60 Q120;（用G70循环指令进行精加工）
N150 G00 X100;（退刀）
N160 Z100;（退刀）
N180 T0202 S400 ;（换T02号5mm切槽刀，并调用2号刀补）
N190 G00 X52 Z-30;（快速点定位）
```

N200 G01 X20 F80；（切槽）
N210 G04 X3；（程序暂停3s）
N220 G01 X52；（退刀）
N230 G00 X100. Z100. ；（快速返回换刀点）
N240 T0303 S300；（换T03号外螺纹车刀，并调用3号刀补）
N250 G00 X28 Z2；（快速点定位到螺纹循环起点）
N260 G92 X23. 2 Z－27 F1. 5；（第一刀车进0. 8mm）
N270 X22. 6；（第二刀车进0. 6mm）
N280 X22. 2；（第三刀车进0. 4mm）
N290 X22. 04；（第四刀车进0. 16mm）
N310 G00 X100 Z100；（快速返回换刀点）
N320 M03 T0202 S500；（主轴正转，$n=500$r/min）
N330 G00 X52 Z－85；（快速点定位）
N340 G01 X－1 F150；（切断）
N350 G00 X100 ；（退刀）
N360 Z100；（退刀）
N370 M05 M09 ；（主轴停止，切削液关）
N380 M30；（程序结束返回程序头）

**例2** 轮廓类零件2如图2-23所示，试编写数控加工程序。

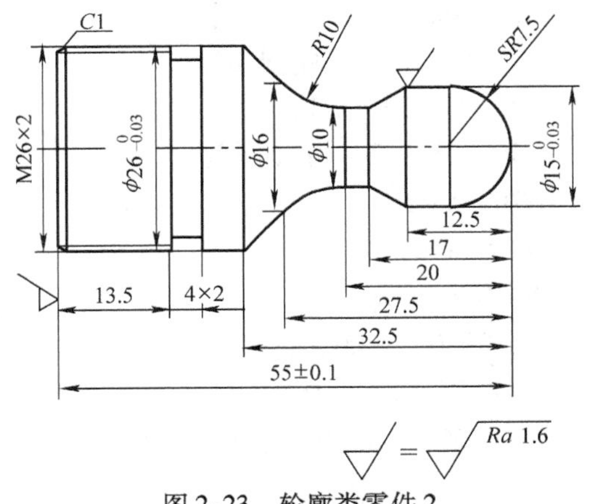

图2-23 轮廓类零件2

**1. 零件分析**

该工件最大直径为26mm，毛坯采用$\phi$30mm×58mm的圆钢。装夹时注意控制毛坯外伸量，保证装夹刚性。

**2. 工艺分析**

以$\phi$30mm外圆为定位基准，用自定心卡盘装夹，车左端面并加工外轮廓保证$\phi$26mm外圆尺寸精度。调头装夹，以$\phi$26mm外圆为定位基准，车右端面保证总长度，并加工右端外轮廓。调头装夹，再以右端$\phi$15mm外圆为定位基准，用自定心卡盘加后顶尖装夹（一夹一顶），切槽并加工左端M26螺纹。切削用量参数详见程序。

【加工工序】

1）加工左端。用外圆端面车刀平左端面，用试切法对刀。

2）用G90循环指令，粗加工外轮廓，然后精车外轮廓保证$\phi$26mm尺寸精度。

3）调头装夹，加工零件保证总长（55±0.1）mm。

4）用G73，G70循环指令，粗、精加工外轮廓并保证各轮廓尺寸。

5）调头装夹，加工螺纹退刀槽。

6）加工M26螺纹。

7）去毛刺，检测工件各项尺寸。

**3. 参考程序**

【工件坐标系原点】工件右端面回转中心。

【刀具】T01：外圆车刀；T02：外切槽刀，刀宽4mm；T03：外螺纹车刀。

加工左端程序（工序一）

```
O0001;
N10 G99 G21 G40;（定义米制输入、每转进给方式编程）
N20 M03 S800 T0101;（换T01号外圆车刀，导入该刀刀补）
N30 G00 X32. Z2;（快速点定位）
N40 G90 X29 Z-23 F0.2;（单一形状固定循环加工）
N40 X26.2;
N50 M03 S1000;（主轴正转，n=1000r/min）
N60 G00 Z2;（快速点定位）
N70 X23.8;（快速点定位）
N80 G01 Z0 F0.1;
N90 X25.8 Z-1;（倒角）
N100 Z-17;
N110 X26;
N120 Z-23;
N130 G00 X100;（退刀）
N140 Z150.;（退刀）
N150 M30;（程序结束返回程序头）
```

加工右端程序（工序二）

```
O0002;
N10 G99 G21 G40;（定义米制输入、每转进给方式编程）
N20 M03 S800 T0101;（换T01号外圆车刀，导入该刀刀补）
N30 G00 X32 Z2.;（快速点定位）
N40 G73 U6. W0.5 R4;（外轮廓粗加工循环）
```

N50 G73 P60 Q160 U0. 4 W0. 2 F0. 25；（外轮廓粗加工循环）
N60 G00 G42 X0；（精车路线 N80 ~ N160）
N70 G01 Z0 F0. 15；
N80 G03 X15 Z - 7. 5 R7. 5；
N90 G01 Z - 12. 5；
N100 X10 Z - 17；
N105 Z - 20；
N110 G02 X16 Z - 27. 5 R10；
N120 G01 X26 Z - 32. 5；
N130 W - 5；
N140 X - 25. 8 W - 4；
N150 Z - 60；
N160 G00 X30；
N170 S1000；（主轴正转，$n = 1000$r/min）
N180 G70 P60 Q160；（用 G70 循环指令进行精加工）
N190 G00 X100. Z150. ；（快速返回换刀点）
N270 M30；（程序结束返回程序头）

加工左端程序（工序三）
O0023；
N10 G99 G21 G40；（定义米制输入、每转进给方式编程）
N260 T0202；（换 T02 号 4mm 切槽刀，导入该刀刀补）
N270 M03 S500；（主轴正转，$n = 500$r/min）
N280 G00 X28. Z - 17. 5. ；（快速点定位）
N290 G01 X22. F0. 08；（切槽）
N280 G00 X28. ；（退刀）
N330 G00 X100. Z150. ；（快速返回换刀点）
N340 T0303；（换 T03 号外螺纹车刀）
N350 M03 S600；（主轴正转，$n = 600$r/min）
N360 G00 X32 Z3；（快速点定位到螺纹循环起点）
N370 G92 X25. 2 Z - 47 F2；（第一刀车进 0. 9mm）
N380 X24. 6；（第二刀车进 0. 6mm）
N390 X24. ；（第三刀车进 0. 6mm）
N400 X23. 6；（第四刀车进 0. 4mm）
N410 X23. 5；（第五刀车进 0. 1mm）

N420 G00 X100. Z150. ;（快速返回换刀点）

N430 M30;（程序结束返回程序头）

**例3**　轮廓类零件3如图2-24所示，试编写数控加工程序。

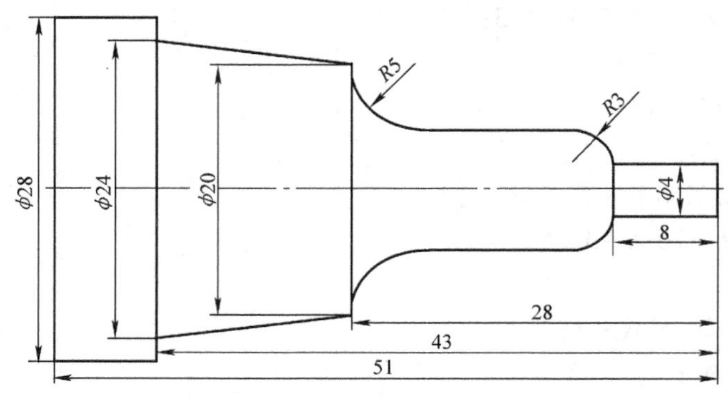


图2-24　轮廓类零件3

**1. 零件分析**

该工件最大直径为28mm，毛坯可以采用φ30mm的圆柱棒料，装夹时注意控制毛坯外伸量，保证装夹刚性。

**2. 工艺分析**

1）车右端面。用外圆端面车刀平右端面，并用试切法对刀。

2）从右至左粗加工外圆轮廓，留0.3mm精加工余量。

3）精加工外圆轮廓至图样要求尺寸。

4）切断保证总长度公差要求。

5）去毛刺，检测工件各项尺寸。

**3. 参考程序**

【工件坐标系原点】工件右端面回转中心。

【刀具】T01：外圆车刀（粗车）；T02：外圆车刀（精车）；T03：外切槽刀，刀宽4mm。

O0001;

N10 G98 G21 G40;（程序初始化）

N20 M03 S600;（主轴正转，$n=600$r/min）

N30 T0101;（换T01号外圆车刀，并调用1号刀补）

N40 G00 X32 Z5 M08;（快速点定位，切削液开）

N50 G71 U2 R1;（外径粗加工循环）

N60 G71 P70 Q160 U0.3 W0.1 F150;（外径粗加工循环）

N70 G42 G00 X0;（精车路线N70～N160）

N80 G01 Z0 F80;

```
N90 X4;
N100 Z-8;
N110 G03 X10 Z-11 R3;
N120 G01 Z-23;
N130 G02 X20 Z-28 R5;
N140 G01X24 Z-43;
N150 X28;
N160 Z-55;
N170 G00 X100 Z100;(快速返回换刀点)
N180 T0202;( 换T02号精车刀，并调用2号刀补)
N190 G00 X32 Z5;(快速点定位)
N200 G70 P70 Q160;(用G70循环指令进行精加工)
N210 G00 X100;(退刀)
N220 Z100;(退刀)
N230 T0303;(换T03号4mm切槽刀，并调用3号刀补)
N240 M03 S500;(主轴正转，n=500r/min)
N250 G00 X 30. Z-55.;(快速定位到切断起始位置)
N260 G01 X-1. F100;(切断)
N270 G00 X32;(退刀)
N280 G00 X100 Z100;(快速返回换刀点)
N290 M30;(程序结束返回程序头)
```

**例4** 轮廓类零件4如图2-25所示，试编写数控加工程序。

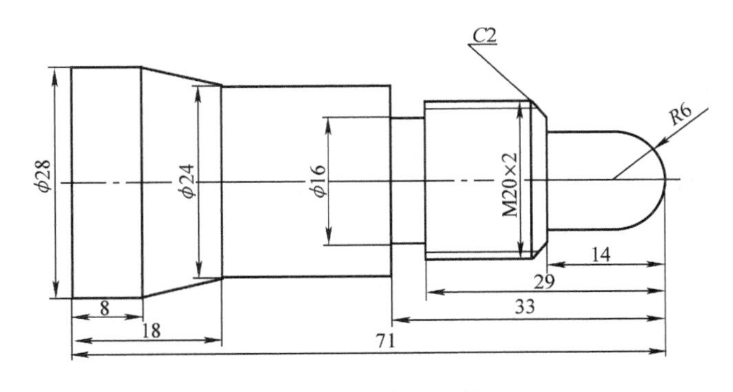


图2-25 轮廓类零件4

**1. 零件分析**

该工件最大直径为28mm，毛坯可以采用$\phi$30mm的圆柱棒料，装夹时注意控制毛坯外伸量，保证装夹刚性。

**2. 工艺分析**

1）车右端面。用外圆端面车刀平右端面，并用试切法对刀。

2）从右端至左端粗加工外圆轮廓，留0.3mm精加工余量。

3）精加工外圆轮廓至图样要求尺寸。

4）切螺纹退刀槽。

5）加工螺纹至图样要求。

6）切断保证总长尺寸要求。

7）去毛刺，检测工件各项尺寸。

**3. 参考程序**

【工件坐标系原点】工件右端面回转中心。

【刀具】T01：外圆车刀（粗车）；T02：外圆车刀（精车）；T03：外切槽刀，刀宽4mm；T04：外螺纹车刀。

```
O0001;
N10 G98 G21 G40;（程序初始化）
N20 M03 S600;（主轴正转，n=600r/min）
N30 T0101;（换T01号外圆车刀，并调用1号刀补）
N40 G00 X32 Z5 M08;（快速点定位，切削液开）
N50 G71 U2 R1;（外径粗加工循环）
N60 G71 P70 Q170 U0.3 W0.1 F150;（外径粗加工循环）
N70 G42 G00 X0;（精车路线N70~N170）
N80 G01 Z0 F80;
N90 G03 X12 Z-6 R6;
N100 G01 Z-14;
N110 X16;
N120 X20 Z-16;
N130 Z-33;
N140 X24;
N150 Z-53;
N160 X28 Z-63;
N170 Z-71;
N180 G00 X100 Z100;（快速返回换刀点）
N190 T0202;（换T02号4mm精车刀，并调用2号刀补）
N200 G00 X32 Z5;（快速点定位）
N210 G70 P70 Q170;（用G70循环指令进行精加工）
```

N220 G00 X100；（退刀）
N230 Z100；（退刀）
N250 T0303 M03 S600；（换T03号4mm切槽刀，并调用3号刀补）
N260 G00 X32 Z－33；（快速点定位）
N270 G01 X16 F50；（切槽）
N280 X32；（退刀）
N290 G00 X100 Z100；（快速返回换刀点）
N310 T0404 M03 S800；（换T04号外螺纹车刀，并调用4号刀补）
N320 G00 X22 Z－10；（快速点定位）
N330 G99 G92 X20 Z－31 F2；（G92外螺纹循环加工）
N340 X19.4；（第二刀）
N350 X18.8；（第三刀）
N360 X18.3；（第四刀）
N370 X17.8；（第五刀）
N380 X17.4；（第六刀）
N390 G00 X100 Z100；（快速返回换刀点）
N400 T0303；（换T03号4mm切断刀，并调用3号刀补）
N410 M03 S500；（主轴正转，$n$＝500r/min）
N420 G00 X 30. Z－75. ；（快速定位到切断起始位置）
N430 G01 X－1. F100；（切断）
N440 G00 X32；（退刀）
N450 G00 X100. Z100. ；（快速返回换刀点）
N460 M30；（程序结束返回程序头）

**例5** 轮廓类零件5如图2-26所示，试编写数控加工程序。

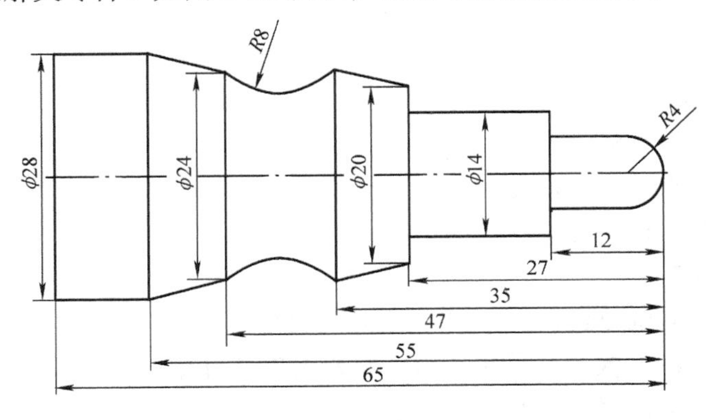


图2-26 轮廓类零件5

**1. 零件分析**

该工件最大直径为28mm，毛坯可以采用$\phi$30mm的圆柱棒料，装夹时注意控制毛坯外伸量，保证装夹刚性。

**2. 工艺分析**

1）车端面。用外圆端面车刀平右端面，并用试切法对刀。

2）从右至左粗加工外圆轮廓，留0.3mm精加工余量。

3）精加工外圆轮廓至图样要求尺寸。

4）切断，保证总长度尺寸要求。

5）去毛刺，检测工件各项尺寸。

**3. 参考程序**

【工件坐标系原点】工件右端面回转中心。

【刀具】T01：外圆车刀（粗车）；T02：外圆车刀（精车）；T03：外切槽刀，刀宽4mm。

```
O0001;
N10 G98 G21 G40;（程序初始化）
N20 M03 S600;（主轴正转，n=600r/min）
N30 T0101;（换T01号外圆车刀，并调用1号刀补）
N40 G00 X32 Z5 M08;（切削液开）
N50 G73 U12 R15;（外轮廓粗加工循环）
N60 G73 P70 Q170 U0.3 W0 F100;（外轮廓粗加工循环）
N70 G42 G00 X0 ;（精车路线N70～N170）
N80 G01 Z0 F60;
N90 G03 X8 Z-4 R4;
N100 G01 Z-12;
N110 X14;
N120 Z-27;
N130 X20;
N140 X24 Z-35;
N150 G02 X24 Z-47 R8;
N160 G01 X28 Z-55;
N170 Z-65;
N180 G00 X100 Z100 ;（快速返回换刀点）
N190 T0202;（换T02号精车刀，并调用2号刀补）
N200 G00 X32 Z5;（快速点定位）
N210 G70 P70 Q170;（用G70循环指令进行精加工）
```

N220 G00 X100；（退刀）

N230 Z100；（退刀）

N240 T0303；（换 T03 号 4mm 切槽刀，并调用 3 号刀补）

N250 M03 S500；（主轴正转，$n=500$r/min）

N260 G00 X 30. Z －69. ；（快速定位到切断起始位置）

N270 G01 X －1. F100；（切断）

N280 G00 X32；（退刀）

N290 G00 X100. Z100. ；（快速返回换刀点）

N300 M30；（程序结束）

**例 6**　轮廓类零件 6 如图 2-27 所示，试编写数控加工程序。

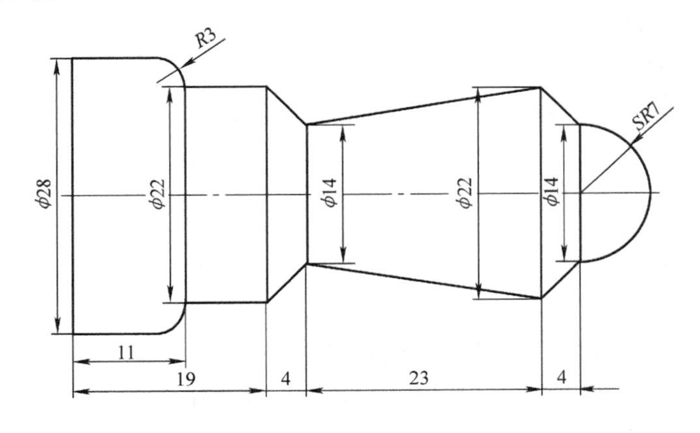


图 2-27　轮廓类零件 6

**1. 零件分析**

该工件最大直径为 28mm，毛坯采用 φ30mm 的圆柱棒料。

**2. 工艺分析**

依次从右至左轴向走刀车外圆轮廓，最后切断。由于阶梯轴不是由大逐渐变小，所以采用 G73，粗加工每次背吃刀量为 1.6mm，精加工余量为 0.3mm。

【加工工序】

1）车端面。用外圆端面车刀平右端面，并用试切法对刀。

2）从右至左粗加工外圆轮廓，留 0.3mm 精加工余量。

3）精加工外圆轮廓至图样要求尺寸。

4）切断，保证总长度公差要求。

5）去毛刺，检测工件各项尺寸。

**3. 参考程序**

【工件坐标系原点】工件右端面回转中心。

【刀具】T01：外圆车刀（粗车）；T02：外圆车刀（精车）；T03：外切槽刀，刀宽4mm。

```
O0001;
N10 G98 G21 G40;（取消刀补，定义米制输入、每分钟进给方式编程）
N20 M03 S600;（主轴正转，n=600r/min）
N30 T0101;（换T01号外圆车刀，并调用1号刀补）
N40 G00 X32 Z5 M08;（快速点定位，切削液开）
N50 G73 U9 R15;（外轮廓粗加工循环）
N60 G73 P70 Q150 U0.3 W0 F100;（外轮廓粗加工循环）
N70 G42 G00 X0;（精车路线N70~N150）
N80 G01 Z0 F60;
N90 G03 X14 Z-7 R7;
N100 G01 X22 Z-11;
N110 X14 Z-34;
N120 X22 Z-38;
N130 Z-46;
N140 G03 X28 Z-49 R3;
N150 G01 Z-57;
N160 G00 X100 Z100 ;（快速返回换刀点）
N170 T0202;（换T02号精车刀，并调用2号刀补）
N180 G00 X32 Z5;（快速点定位）
N190 G70 P70 Q150;（用G70循环指令进行精加工）
N200 G00 X100;（退刀）
N210 Z100;（退刀）
N220 T0303;（换T03号4mm切槽刀，并调用3号刀补）
N230 M03 S500;（主轴正转，n=500r/min）
N240 G00 X 30. Z-61;（快速点定位）
N250G01 X-1 F100;（切断）
N260 G00 X32;（退刀）
N270 G00 X100. Z100. ;（快速返回换刀点）
N280 M30;（程序结束）
```

**例7**　轮廓类零件7如图2-28所示，试编写数控加工程序。

**1. 零件分析**

该工件为阶梯轴零件，其成品最大直径为38mm，由于直径较小，可以采用$\phi$40mm的圆柱棒料加工后切断即可，这样可以节省装夹料头，并保证各加工表

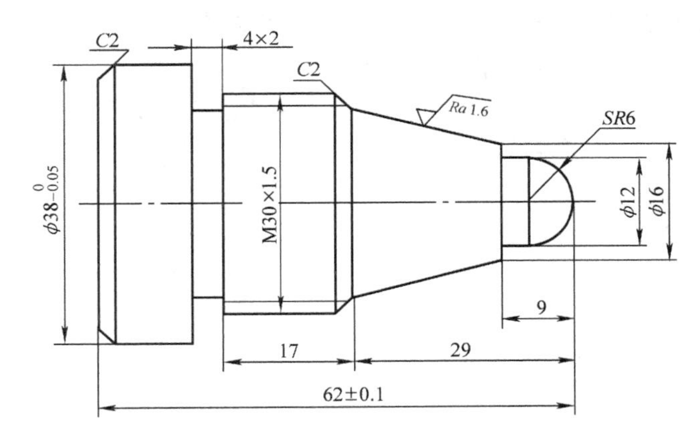


图 2-28　轮廓类零件 7

面间具有较高的相对位置精度。装夹时注意控制毛坯外伸量，保证装夹刚性。毛坯为 $\phi$40mm × 1m 的圆钢棒料。

**2. 工艺分析**

由于阶梯轴零件径向尺寸变化较大，注意恒线速度切削功能的应用，以提高加工质量和生产效率。从右端至左端轴向走刀车外圆轮廓，切螺纹退刀槽，车螺纹，最后切断。切削用量参数见程序。

【加工工序】

1）车端面。用外圆车刀平右端面，用试切法对刀。

2）从右端至左端粗加工外圆轮廓（留 0.2 ~ 0.5mm 精加工余量）。

3）精加工外圆轮廓至图样要求。

4）切螺纹退刀槽。

5）加工螺纹至图样要求。

6）切断保证总长度公差要求。

7）去毛刺，检测工件各项尺寸。

**3. 参考程序**

【工件坐标系原点】工件右端面回转中心。

【刀具】T01：外圆车刀（粗）；T2：外圆车刀（精）；T03：外切槽刀，刀宽 4mm；T04：外螺纹车刀。

O0001；

N10 G99 G21；（定义米制输入、每转进给方式编程）

N20 M03 S800 T0101；（换 1 号外圆车刀，主轴正转，$n$ = 800r/min）

N30 G50 S1500；（定义最大主轴转速 $n$ = 1500r/min）

N40 G96 S100；（恒表面速度切削）

N50 G00 X43. Z2. M08；（快速点定位，切削液开）
N60 G71 U2. R1；（外径粗加工循环）
N70 G71 P80 Q160 U0. 5 W0 F0. 15；（外径粗加工循环）
N80 G00 X0；（精车路线 N80 ~ N160）
N90 G01 Z0 F0. 1；
N100 G03 X12. W -6. R6. ；
N110 G01 Z -9；
N115 X16. ；
N120 X25. 8. Z -29. ；
N130 X29. 8 W -2；
N140 Z -50；
N150 X38. ；
N160 Z -67. ；
N170 G00 X100. Z150. ；（快速返回换刀点）
N180 T0202；（换2号精车刀，导入该刀刀补）
N190 G96 S120；（恒表面速度切削）
N200 G70 P80 Q160；（用G70循环指令进行精加工）
N210 G00 X100. Z150. ；（快速返回换刀点）
N220 T0303；（换3号4mm切槽刀，导入该刀刀补）
N230 G96 S70；（恒表面速度切削）
N240 G00 X39. Z -50. ；（快速点定位）
N250 G01 X26. F0. 08；（切槽）
N260 G00 X39. ；（退刀）
N270 X100. Z150. ；（快速返回换刀点）
N280 T0404；（换4号外螺纹车刀，导入该刀刀补）
N300 M03 S600；（主轴正转，$n$ =600r/min）
N310 G00 X32 Z -28；（快速点定位到螺纹循环起点）
N320 G92 X29. 205 Z -47 F1. 5；（第一刀车进0. 8mm）
N330 X28. 5；（第二刀车进0. 7mm）
N340 X28. 2；（第三刀车进0. 3mm）
N350 X28. 05；（第四刀车进0. 15mm）
N360 G00 X100. Z150. ；
N370 T0303；（换3号4mm切槽刀，导入该刀刀补）
N380 G00 X40. Z -63. ；（快速定位到切断起始位置）
N390 G01 X34. W -3. F0. 1；（倒角）

N400 X-1；（切断）

N410 G00 X35.；（退刀）

N420 G00 X100. Z150.；（快速返回换刀点）

N430 M30；（程序结束返回程序头）

**例8** 轮廓类零件8如图2-29所示，试编写数控加工程序。

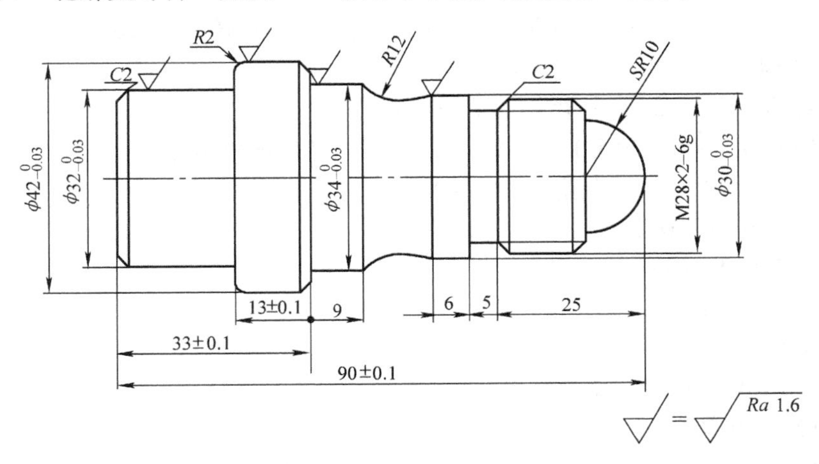


图2-29 轮廓类零件8

## 1. 零件分析

该工件最大直径为42mm，毛坯采用φ45mm×93mm的圆钢。装夹时注意控制毛坯外伸量，保证装夹刚性。

## 2. 工艺分析

以φ45mm外圆为定位基准，用自定心卡盘装夹，加工左边轮廓，再以φ42mm外圆为定位基准，用自定心卡盘装夹，保证总长度，并加工右轮廓，切螺纹退刀槽，车螺纹。切削用量参数详见程序。

【加工工序】

1）加工左端。用外圆端面车刀平左端面，用试切法对刀。

2）用G71、G70循环指令粗、精加工外轮廓。

3）调头装夹，加工保证总长（90±0.1）mm。

4）用G71、G70循环指令粗、精加工外轮廓并保证各轮廓尺寸。

5）加工螺纹退刀槽。

6）加工M28螺纹。

7）去毛刺，检测工件各项尺寸。

## 3. 参考程序

【工件坐标系原点】工件左端面回转中心（工序一）；工件右端面回转中心

（工序二）。

【刀具】T01：外圆车刀；T02：外切槽刀，刀宽4mm；T03：外螺纹车刀。

加工左端程序（工序一）

```
O0001;
N10 G99 G21;（定义米制输入、每转进给方式编程）
N20 M03 S800 T0101;（换1号外圆车刀，主轴正转，n=800r/min）
N30 G00 X47. Z2. ;（快速点定位）
N40 G71 U2. R1;（外径粗加工循环）
N50 G71 P60 Q120 U0.4 W0.1 F0.3;（外径粗加工循环）
N60 G00 X28;（精车路线N60～N120）
N70 G01 Z0 F0.2;
N80 X32 W-2;
N90 Z-20;
N100 X38;
N110 G02 X42. W-2. R2. ;
N120 G01 Z-34;
N130 M03 S1000;（主轴正转，n=1000r/min）
N140 G70 P60 Q120;（用G70循环指令进行粗加工）
N150 G00 X100. Z150. ;（快速返回换刀点）
N160 M30;（程序结束返回程序头）
```

加工右端程序（工序二）

```
O0002;
N10 G99 G21 G40;（定义米制输入、每转进给方式编程）
N20 M03 S800 T0101;（换1号外圆车刀，主轴正转，n=800r/min）
N30 G00 G42 X46. Z2. ;（快速点定位，建立刀尖半径右补偿）
N40 G71 U2. R1;（外径粗加工循环）
N50 G71 P60 Q170 U0.4 W0.2 F0.3;（外径粗加工循环）
N60 G00 X0;（精车路线N60～N170）
N70 G01 Z0 F0.15;
N80 G03 X20. W-10. R10. ;
N90 G01 X23.8;
N100 X27.8 W-2. ;
N110 Z-30;
N120 X30;
```

N130 W-6;
N140 X34. W-12;
N150 W-9.;
N160 X38;
N170 X44 W-3;
N180 M03 S1000;(主轴正转，$n=1000$r/min)
N190 G70 P60 Q170;(用 G70 循环指令进行精加工)
N200 G00 G40 X50. Z50.;(快速点定位，取消刀尖半径右补偿)
N210 G00 G42 X32 Z-36;(快速点定位，建立刀尖半径右补偿)
N230 G01 X30 F0.2;(直线插补)
N240 G02 X34 W-12 R12;(顺圆插补)
N250 G00 G40 X100. Z150.;(快速退刀，取消刀尖半径右补偿)
N260 T0202;(换 T02 号切 4mm 槽刀，并调用 2 号刀补)
N270 M03 S500;(主轴正转，$n=500$r/min)
N280 G00 X31. Z-30.;(快速点定位)
N290 G01 X24. F0.08;(切槽)
N300 G00 X29;(退刀)
N310 G01 X24. F0.08;(切槽)
N320 G00 X31.;(退刀)
N330 X100. Z150.;(快速返回换刀点)
N340 T0303;(换 T03 号螺纹车刀，并调用 3 号刀补)
N350 M03 S600;(主轴正转，$n=600$r/min)
N360 G00 X32 Z-28;(快速点定位)
N370 G92 X27.2 Z-47 F2;(第一刀车进 0.9mm)
N380 X26.6;(第二刀车进 0.6mm)
N390 X26.;(第三刀车进 0.6mm)
N400 X25.6;(第四刀车进 0.4mm)
N410 X25.5;(第五刀车进 0.1mm)
N420 G00 X100. Z150.;(快速返回换刀点)
N430 M30;(程序结束返回程序头)

**例 9** 轮廓类零件 9 如图 2-30 所示，试编写数控加工程序。

**1. 零件分析**

该零件为内轮廓零件，其成品最大直径为 76mm，毛坯采用 $\phi$80mm 的圆柱棒料。

**2. 工艺分析**

1) 车端面。用外圆端面车刀车右端面，用试切法对刀。

2）用 $\phi$5mm 中心钻钻中心孔。

3）用 $\phi$26mm 麻花钻钻内孔。

4）从右至左加工外圆轮廓。

5）用镗刀镗内孔，粗加工内轮廓，留 0.3mm 精加工余量。

6）精加工内圆轮廓至图样要求尺寸。

7）用切断刀切断，保证长度尺寸要求。

8）去毛刺，检测工件各项尺寸。

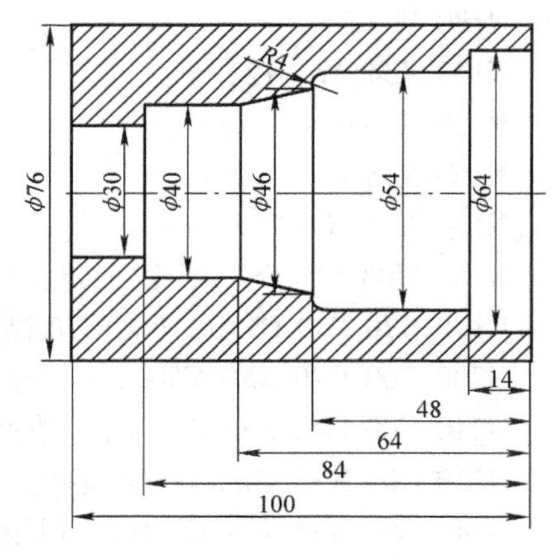


图 2-30　轮廓类零件 9

**3. 参考程序**

【工件坐标系原点】工件右端面回转中心。

【刀具】T01：外圆车刀；T02：镗孔刀（精车）；T03：镗孔刀（粗车）。

```
O0001;
N10 G98 G21 G40;（程序初始化）
N20 M03 S800;（主轴正转，n=800r/min）
N30 T0101;（换 T01 号外圆车刀，并调用 1 号刀补）
N40 G00 X80 Z5 M08;（车外轮廓，切削液开）
N50 G42 G01 Z0 F80;（建立刀补）
N60 X76;
N70 Z-100;
N80 G00 X100;（退刀）
N90 Z100;（退刀）
N100 T0303;（换 T03 号镗孔刀粗车，并调用 3 号刀补）
N110 G00 X26;（快速点定位）
N120 Z5;（快速点定位）
N130 G71 U2 R1;（内轮廓粗加工循环）
N140 G71 P150 Q250 U-0.3 W0.2 F80;（内轮廓粗加工循环）
N150 G41 G01 Z0;（精车路线 N150~N250）
N160 X64;
N180 Z-14;
N190 X54;
N200 Z-44;
N210 G03 X46 Z-48 R4;
N220 G01 X40 Z-64;
```

N230 Z－84；

N240 X30；

N250 Z－100；

N260 T0202；（换 T02 号镗孔刀精车，并调用 2 号刀补）

N270 G70 P150 Q250；（用 G70 循环指令进行精加工）

N280 G00 X15；（退刀）

N290 Z100；（退刀）

N300 M30；（程序结束）

**例 10**　轮廓类零件 10 如图 2-31 所示，试编写数控加工程序。

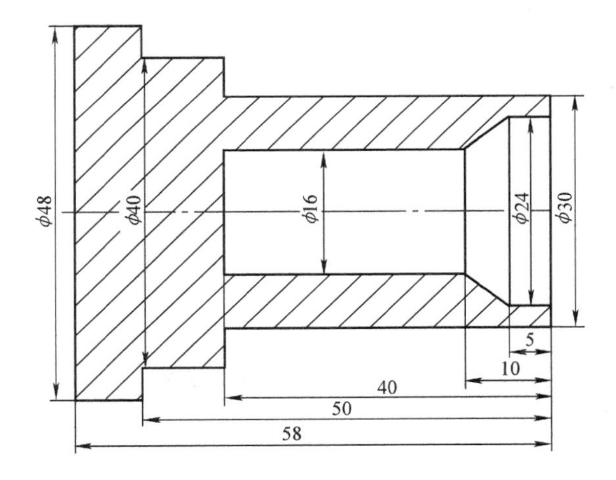


图 2-31　轮廓类零件 10

**1. 零件分析**

该工件最大直径为 48mm，毛坯采用 $\phi$50mm 的圆柱棒料。

**2. 工艺分析**

1）车端面。用外圆端面车刀平右端面，并用试切法对刀。

2）用 $\phi$5mm 中心钻钻中心孔。

3）用 $\phi$12mm 麻花钻钻内孔。

4）从右端至左端加工外圆轮廓。

5）用镗刀镗内孔，粗加工内轮廓，留 0.3mm 精加工余量。

6）精加工外圆轮廓至图样要求尺寸。

7）切断，保证总长度尺寸要求。

8）去毛刺，检测工件各项尺寸。

**3. 参考程序**

【工件坐标系原点】工件右端面回转中心。

【刀具】T01：外圆车刀；T02：镗孔刀（精车）；T03：镗孔刀（粗车）；T04：外切槽刀，刀宽 4mm。

O0001；(外轮廓精加工)
N10 G98 G21 G40；(程序初始化)
N20 M03 S800；(主轴正转，$n = 800$r/min)
N30 T0101；(换 T01 号外圆车刀，并调用 1 号刀补)
N40 G00 X50 Z5 M08；(车外轮廓，切削液开)
N50 G42 G01 Z0 F80；(建立刀补)
N60 X30；
N70 Z－40；
N80 X40；
N90 Z－50；
N100 X48；
N110 Z－58；
N120 G00 X100；(退刀)
N130 Z100；(退刀)
N140 T0303；(换 T03 号镗孔刀，并调用 3 号刀补)
N150 G00 X12；(快速点定位)
N160 Z5；
N180 G71 U2 R1；(内轮廓粗加工循环)
N190 G71 P200 Q250 U－0.3 W0.2 F150；(内轮廓粗加工循环)
N200 G41 G01 Z0 F80；(精车路线 N200～N250)
N210 X24；
N220 Z－5；
N230 X16 Z－10；
N240 Z－40；
N250 X12；
N260 G00 Z100；(退刀)
N270 T0202 ；(换 T02 号镗孔刀精车，并调用 2 号刀补)
N280 G70 P200 Q250；(用 G70 循环指令进行精加工)
N290 G00 X12 (退刀)
N300 Z100；(退刀)
N310 M00；(程序暂停)

N320 T0404；（换 T04 号 4mm 切槽刀，并调用 4 号刀补）

N330 M03 S500；（主轴正转，$n=500$r/min）

N340 G00 X 50. Z－62；（快速点定位）

N350 G01 X－1 F100；（切断）

N360 G00 X50；（退刀）

N370 X100. ；（退刀）

N380 Z100. ；（退刀）

N390 M30；（程序结束）

**例 11**　轮廓类零件 11 如图 2-32所示，试编写数控加工程序。

**1. 零件分析**

该工件最大直径为 48mm，毛坯采用 $\phi$50mm × 57mm 的圆柱棒料，先加工左边的一半，然后掉头加工右边一半，装夹时用铜片包住，以保证其表面粗糙度，装夹时注意控制毛坯外伸量，保证装夹刚性。

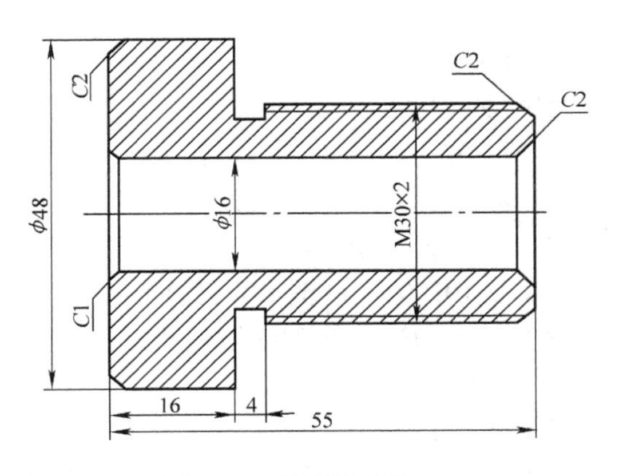


图 2-32　轮廓类零件 11

**2. 工艺分析**

1）车端面。将毛坯校正、夹紧，用外圆端面车刀平右端面，并用试切法对刀。

2）用 $\phi$4mm 中心钻钻中心孔。

3）用 $\phi$12mm 麻花钻钻内孔。

4）先加工左端外圆轮廓。

5）用镗刀镗内孔；粗加工内轮廓，留 0. 3mm 精加工余量。

6）精加工内轮廓至图样要求尺寸。

7）调头用铜皮包 $\phi$48mm 处（夹入部分 12 ~ 13mm），打表保证其同轴度。

8）用外圆车刀车端面，以保证总长度。

9）粗加工外轮廓，留 0. 3mm 精加工余量。

10）精加工外轮廓至图样要求尺寸。

11）切螺纹退刀槽。

12）加工螺纹至图样要求。

13）去毛刺，检测工件各项尺寸。

**3. 参考程序**

【工件坐标系原点】工件右端面回转中心。

【刀具】T01：外圆车刀（粗车）；T02：切槽刀，刀宽 4mm；T03：镗孔刀；T04：外螺纹车刀。

```
O0001;
N10 G98 G21 G40;（程序初始化）
N20 M03 S800;（主轴正转，n=800r/min）
N30 T0101;（换 T01 号外圆车刀，并调用 1 号刀补）
N40 G00 X50 Z5 M08;（切削液开）
N50 G42 G01 Z0 F80;（建立刀补）
N60 X44;
N70 X48 Z-2;
N80 Z-30;
N90 X52;
N100 G00 X100;（退刀）
N110 Z100;（退刀）
N120 T0100;（取消 1 号刀补）
N130 T0303;（换 T03 号镗孔刀，并调用 3 号刀补）
N140 G00 X12;
N150 Z5;
N160 G71 U1.5 R1;（内轮廓粗加工循环）
N170 G71 P180 Q220U-0.5 W0.2 F150;（内轮廓粗加工循环）
N180 G41 G01 Z0 F80;（精车路线 N180~N220）
N190 X16 Z-1;
N200 Z-55;
N210 X15;
N220 G00 Z100;
N230 G70 P180 Q220;（用 G70 循环指令进行精加工）
N240 G00 Z100;（退刀）
N250 T0300;（取消 3 号刀补）
N300 M30;（程序结束）
```

调头用铜皮包 $\phi$48mm 处，夹入部分 12~13mm，打表保证其同轴度。

```
O0002;
N10 G98 G21 G40;（程序初始化）
N20 M03 S800;（主轴正转，n=800r/min）
N30 T0101;（换 T01 号外圆车刀，并调用 1 号刀补）
```

N40 G98 G00 X16 Z5 M08;

N50 G71 U2 R1;(外径粗加工循环)

N60 G71 P70 Q110 U0.3 W0.2 F150;(外径粗加工循环)

N70 G01 Z0 F80;(精车路线 N70 ~ N110)

N80 X26;

N90 X30 Z-2;

N10 Z-39;

N110 X50;

N120 M03 S1000;(主轴正转，$n$ = 1000r/min)

N130 G70 P70 Q110;(用 G70 循环指令进行精加工)

N140 G00 X100 Z100;(快速返回换刀点)

N150 T0100;(取消 1 号刀补)

N160 M03 S800;(主轴正转，$n$ = 800r/min)

N170 T0303;(换 T03 号内圆车刀车内孔倒角，并调用 3 号刀补)

N180 G00 X20 Z5;(快速点定位)

N190 G01 Z0 F80;

N200 X14 Z-3;

N210 G00 Z100;(退刀)

N220 T0300;(取消 3 号刀补)

N230 M03 S600;(主轴正转，$n$ = 600r/min)

N240 T0202;(换 T02 号 4mm 切槽刀，并调用 2 号刀补)

N250 G00 X55;(快速点定位)

N260 Z-39;

N270 G01 X26 F30;(切槽)

N280 X50;

N290 G00 Z100;(退刀)

N300 T0200;(取消 2 号刀补)

N310 M03 S800;(主轴正转，$n$ = 800r/min)

N320 T0404;(换 T04 号外螺纹车刀，并调用 4 号刀补)

N330 G00 X32 Z5;(快速点定位)

N340 G92 X30 Z-37 F2;(G92 循环指令加工螺纹，第一刀)

N350 X29.4;(第二刀)

N360 X28.8;(第三刀)

N370 X28.2;(第四刀)

N380 X27.8;(第五刀)

N390 X27.4;(第六刀)

N400 G00 X100 Z100;(快速返回换刀点)

N410 M30;(程序结束)

**例12** 轮廓类零件12如图2-33所示，试编写数控加工程序。

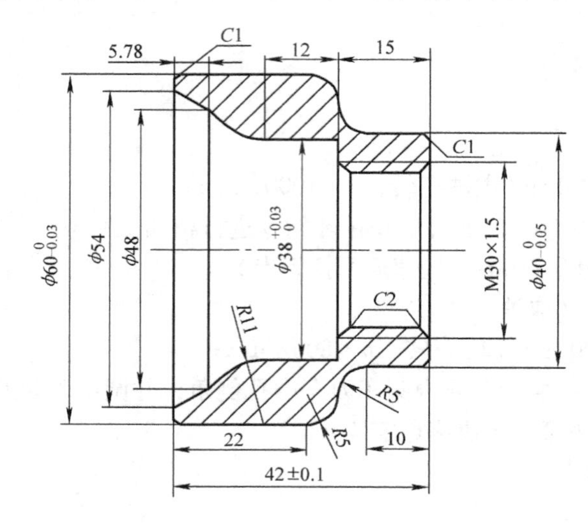


图2-33 轮廓类零件12

**1. 零件分析**

该工件最大直径为60mm，毛坯采用$\phi$62mm的圆钢棒料（预钻$\phi$25mm孔）。

**2. 工艺分析**

以$\phi$62mm外圆为定位基准，用自定心卡盘装夹，加工右端外轮廓，并切断，保证42mm总长度，掉头装夹，以加工好的$\phi$40mm外圆为定位基准，加工内形；调头装夹，以加工好的$\phi$60mm外圆为定位基准，内孔倒角，最后车内螺纹。

【加工工序】

1）用卡盘$\phi$62mm工件毛坯外圆，车右端面。

2）用$\phi$25mm麻花钻头钻通孔。

3）用循环指令加工零件外轮廓粗、精车至尺寸，并保证长度42mm，切断。

4）调头装夹，用90°内孔镗刀，粗、精镗内孔，保证内轮廓精度。

5）车内螺纹，并保证螺纹精度要求。

**3. 参考程序**

【工件坐标系原点】工件右端面回转中心（工序一）；工件左端面回转中心（工序二）。

【刀具】T01：盲孔镗刀；T03：外圆车刀；T04：内螺纹车刀。

现采用1号刀为有断屑槽的90°重磨内孔镗刀，负责粗精镗内孔；3号刀为外圆车刀，负责光端面和车外圆，4号为内螺纹车刀。

加工右端外轮廓程序（工序一）

```
O0001;
N10 G99 G21;（定义米制输入、每转进给方式编程）
N20 T0303;（换T03号外圆车刀，导入该刀刀补）
N30 G00 X63. Z2. ;（快速点定位）
N40 G71 U1.5 R1;（外径粗加工循环）
N50 G71 P60 Q120 U0.3 W0.1 F0.25;（外径粗加工循环）
N60 G01 X38. F0.15;（精车路线N60～N120）
N70 Z0;
N80 X40. W-1. ;
N90 Z-10. ;
N100 G02 X50. W-5 R5;
N110 G03 X60. W-5 R5;
N120 G01 Z-47;
N130 M03 S1200;（主轴正转，n=1200r/min）
N140 G70 P60 Q120;（用G70循环指令进行精加工）
N150 G00 X100. Z150. ;（快速返回换刀点）
N160 M30;（程序结束返回程序头）
```

加工左端内形程序（工序二）

```
O0002;
N10 G99 G21;（定义米制输入、每转进给方式编程）
N20 T0101;（换T01号盲孔镗刀，导入该刀刀补）
N30 M08;（切削液开）
N40 M03 S800;（主轴正转，n=800r/min）
N50 G00 X22. Z2. ;（快速点定位）
N60 G71 U1.5 R1;（外径粗加工循环）
N70 G71 P80 Q160 U-0.3 W0.1 F0.25;（外径粗加工循环）
N80 G00 X54;（精车路线N80～N160）
N90 G01 Z0 F0.15;
N100 G01 X48. W-5.78;
N110 G02 X38. W-11 R11;
N120 G01 W-12. ;
N130 X32.5;
```

```
N140 X28. 5. W -2;
N150 Z -43;
N160 X22;
N170 M03 S1200;（主轴正转，n =1200r/min）
N180 G70 P80 Q160;（用 G70 循环指令进行精加工）
N190 G00 X100. Z150. ;（快速返回换刀点）
N200 M30;（程序结束返回程序头）
```

加工内螺纹程序（工序三）

```
O0003;
N10 G99 G21;（定义米制输入、每转进给方式编程）
N20 T0404;（换 T04 号内螺纹车刀，导入该刀刀补）
N30 M08;（切削液开）
N40 M03 S500;（主轴正转，n =500r/min）
N50 G00 X22. Z2. ;（快速点定位到螺纹循环起点）
N60 G92 X28. 84 Z -17 F1. 5;（第一刀车进 0. 8mm）
N70 X29. 44;（第二刀车进 0. 6mm）
N80 X29. 84;（第三刀车进 0. 4mm）
N90 X30;（第四刀车进 0. 16mm）
N100 M30;
```

## 2.7 利用子程序编程

**例 1** 零件 1 如图 2-34 所示，试编写数控加工程序。

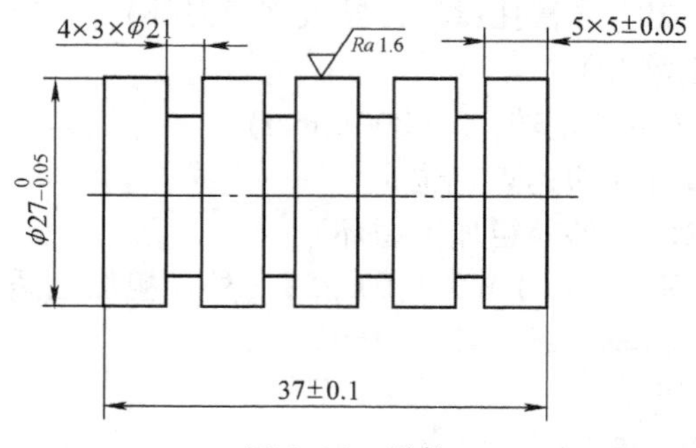


图 2-34 零件 1

**1. 零件分析**

该工件为外圆槽类零件。其成品最大直径为 27mm，由于直径较小，可以采

用 $\phi$30mm 的圆柱棒料加工后切断即可。毛坯为 $\phi$30mm×1m 的圆钢棒料。

**2. 工艺分析**

用自定心卡盘夹持左端，棒料伸出卡爪外 45mm 找正夹紧；多槽切削时采用子程序法编程比较简单。

【加工工序】

1）车端面。用外圆端面车刀平右端面，用试切法对刀。

2）车外圆并保证精度。

3）切槽。

4）切断。

**3. 参考程序**

【工件坐标系原点】工件右端面回转中心。

【刀具】T01：外圆车刀；T03：外切槽刀，刀宽 3mm。

主程序

```
O0001;
N0010 G99 G21 G40;
N0020 T0101 S700 M03;（换 1 号外圆车刀）
N0030 G00 X32.0 Z0;
N0040 G01 X0 F0.2;（光端面）
N0050 G04 X2.0;（暂停 2s）
N0060 G00 X27.0 Z2.0;
N0070 G01 Z-42.0 F0.25;（车外圆）
N0080 G00 X100. Z150.;
N0090 T0202;（换 1 号 3mm 切槽刀）
N0095 G00 X29. Z0.;
N0100 M98 P1000 L4;（调用子程序 4 次）
N0110 W-8.;
N0120 G01 X0 F0.08 M08;（切断）
N0130 G04 X2.0;
N0140 G00 X29.0;
N0150 X100. Z150.;
N0160 M30;
```

子程序

```
O1000;（子程序号）
N0010 G00 W-8.0 M08;
N0020 G01 X21.0 F0.1;
N0030 G04 X2.0;
N0040 G00 X29.0;
N0050 M99;（子程序结束）
```

**例 2** 零件 2 如图 2-35 所示，试编写数控加工程序。

**1. 零件分析**

该零件为多槽轴类零件，其成品外径为 $\phi$62mm，其他表面都已经加工好，要求在此基础上加工 18mm×4mm 槽。

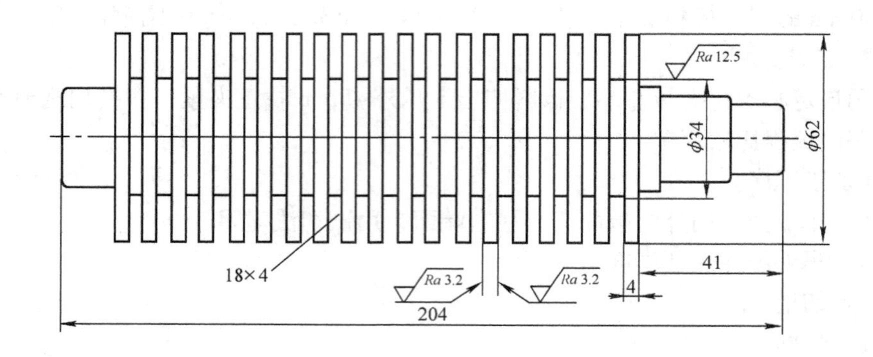


图 2-35　零件 2

**2. 参考程序**

【工件坐标系原点】工件右端面回转中心。

【刀具】T01：切断刀，4mm 宽。

O0001；

G99 G97 G40；（定义每转进给方式编程，取消恒速度，取消刀补）

T0101；（选择 1 号切槽刀，左刀尖对刀，1 号刀具补偿）

M03 S600；（主轴正转，$n=600$r/min）

G00 X65 Z－41 M08；（切削液开）

M98 P1000 L18；（调用切槽子程序 O1000 18 次）

G00 X15 Z20 M09；（退刀，切削液关）

M05；（主轴停止）

M30；（程序结束）

O1000；（子程序号）

G01 W－8 F0.3；

M98 P2000 L4；（调用子程序 O2000 4 次）

G01 X65 F0.1；

M99；（子程序结束）

O2000；（子程序号）

U－10 F0.1；

U3 F0.3；（切入时回退断屑）

M99；（子程序结束）

**例 3**　零件 3 如图 2-36 所示，试编写数控加工程序。

**1. 零件分析**

该零件为多槽轴类零件，其成品外径为 φ30mm，长度为 70mm。所以毛坯选

用外径为 $\phi$32mm 的棒料，加工后切断棒料即可，这样可以节省装夹料头，并保证各加工表面间具有较高的相对位置精度。装夹时注意控制毛坯外伸量，保证装夹刚性。

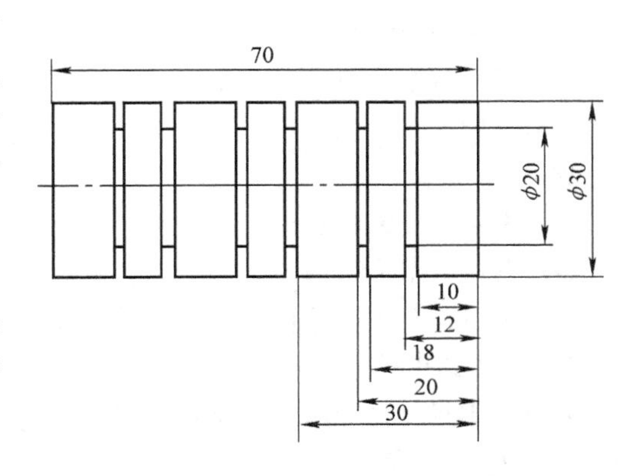


图2-36　零件3

**2. 工艺分析**

1）车端面。将毛坯校正，夹紧，用外圆端面车刀平右端面，并用试切法对刀。

2）车外圆轮廓至要求尺寸。

3）切槽。

4）去毛刺，检测工件各项尺寸。

**3. 参考程序**

【工件坐标系原点】工件右端面回转中心。

【刀具】T01：外圆车刀；T02：切断刀，宽2mm。

```
O0001;
G99 G97 G40;（定义每转进给模式编程，取消恒速度，取消刀补）
T0101;（选择1号外圆车刀，1号刀具补偿）
M03 S800 M08;（主轴正转，n=600r/min，切削液开）
G00 X35 Z0;
G01 X-1 F0.3;
G00 X30 Z2;
G01 Z-75 F0.3;
G00 X80 Z100;（快速返回换刀点）
T0202;（选择2号切槽刀，左刀尖对刀，1号刀具补偿）
G00 X32 Z0;
M98 P1000 L2;（调用切槽子程序O1000两次）
G00 W-12;
G01 X0 F0.1;
G04 X2;（暂停2s）
G00 X150 Z100 M09;（退刀，切削液关）
M30;（程序结束）

O1000;（子程序号）
G00 W-12;
```

```
G01 U-12 F0.15;
G04 X1;(暂停1s)
G00 U12;
W-8;
G01 U-12 F0.15;
G04 X1;(暂停1s)
G00 U12;(快速返回)
M99;(结束子程序)
```

**例4** 零件4如图2-37所示，试编写数控加工程序。

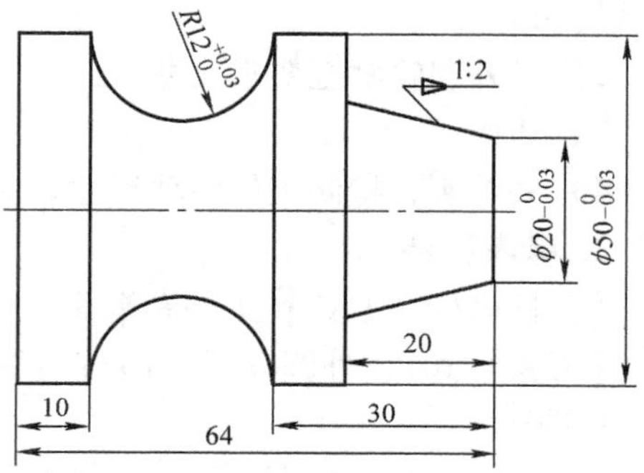

**1. 零件分析**

该零件外径为$\phi$50mm，所以毛坯选用外径为$\phi$52mm的棒料，加工后切断棒料即可，这样可以节省装夹料头，并保证各加工表面间具有较高的相对位置精度。装夹时注意控制毛坯外伸量，保证装夹刚性。

$R12_{0}^{+0.03}$　1:2　$\phi20_{-0.03}^{0}$　$\phi50_{-0.03}^{0}$　20　10　30　64

图2-37 零件4

**2. 工艺分析**

该零件有外圆柱面、圆弧槽、圆锥面等加工表面，不考虑圆弧槽时，工件轮廓为单增轮廓，可以使用G71指令进行粗车，粗车后用G70进行精车。然后使用圆弧车刀T03进行圆弧槽加工。由于圆弧槽深度较深，需要分多刀车削，为减少计算工作量，可以采用等径圆弧车削的方法，同时使用子程序简化程序结构。

【加工工序】

1）车端面。将毛坯校正、夹紧，用外圆端面车刀平右端面，并用试切法对刀。

2）粗车外轮廓。

3）精车外轮廓。

4）粗车圆弧槽。

5）精车圆弧槽。

**3. 参考程序**

【工件坐标系原点】工件右端面回转中心。

【刀具】T01：外圆粗车刀；T02：外圆精车刀；T03：圆弧车刀。

```
O0001;
G99 G97 G40;(定义每转进给模式编程，取消恒速度，取消刀补)
T0101;(使用T01号外圆粗车刀，并使用1号刀补)
```

```
M03 S1000；（主轴正转，n=1000r/min）
G00 X18 Z2 M08；（快速定位到起刀点，并开启切削液）
G71 U2 R0.5；（外径粗加工循环）
G71 P10 Q20 U0.5 W0.1 F0.25；（外径粗加工循环）
N10 G42 G00 X0；（精车路线 N10～N20）
G01 Z0 F0.08；
X19.985；
X29.985 Z-20；
X49.985；
W-50；
N20 G40 G01 X52；
G00 X80 Z100 M09；（退刀，切削液关）
M00；（程序暂停）
T0202；（使用T02号外圆精车刀，并使用2号刀补）
M03 S1500；（主轴正转，n=1500r/min）
G00 X52 Z2；（快速点定位）
G70 P80 Z100；（使用G70循环指令进行精车外圆）
M00；（ 程序暂停）
T0303；（使用T03号圆弧车刀，并使用3号刀补）
M03 S1000；（主轴正转，n=1000r/min）
G00 X74.5 Z-42；（快速点定位）
M98 P1000 L6；（调用切圆弧槽子程序O1000 6次）
G00 U3.5 S1500；
M98 P1000；（精车圆弧槽）
G00 X74；
X80 Z100；（退刀）
M30；（程序结束）

O1000；（子程序号）
G01 U-4 F0.08；
W6；
G02 W-12 R6；
G00 W6；
M99；（子程序结束，返回主程序）
```

## 2.8 利用宏程序编程

**例1** 已知零件1如图2-38所示，试编写数控加工程序

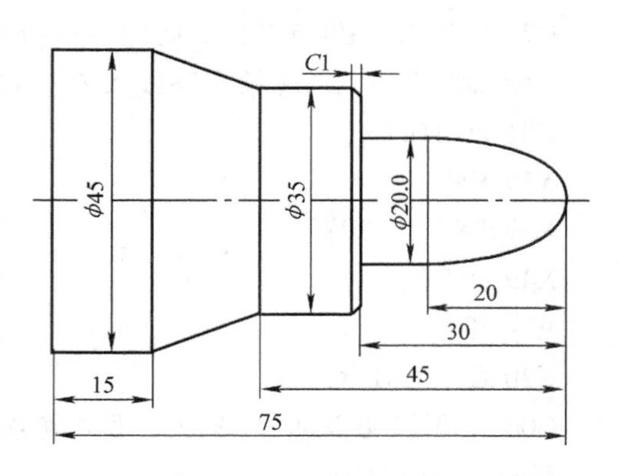


图2-38 宏程序编程实例1

**1. 零件分析**

该工件最大直径为45mm，毛坯可以采用ϕ50mm的棒料，加工后切断即可，这样可以节省装夹料头，并保证各加工表面间具有较高的相对位置精度。装夹时注意控制毛坯外伸量，保证装夹刚性。

**2. 工艺分析**

1）车端面。将毛坯校正，用外圆端面车刀平右端面，用试切法对刀。

2）从右至左粗加工外圆轮廓，留0.5mm精加工余量。

3）精加工外圆轮廓至图样要求尺寸。

4）去毛刺，检测工件各项尺寸。

**3. 参考程序**

【工件坐标系原点】工件右端面回转中心。

【刀具】T01：外圆车刀（粗车）；T02：外圆车刀（精车）。

```
O0001；
#1 =20；(椭圆长半轴长)
#2 =10；(椭圆短半轴长)
#3 =0；(角度)
#4 =2；(角度增量)
G99 G21 G40；(程序初始化)
M03 S600；(主轴正转，n =600r/min)
T0101；(换T01号外圆车刀，并调用1号刀补)
G50 S1500；(最大主轴转速1500r/min)
G96 S180；(恒表面切削速度)
G00 X52.0 Z2.0；(快速点定位)
G71 U1.2 R0.5；(外径粗加工循环)
G71 P10 Q20 U0.2 W0.05 F0.3；(外径粗加工循环)
N10 G00 X0；(精车路线N10～N20)
```

```
G01 Z0 F0.1;
WHILE [#3LE90] DO 1
#5 = #1 * [COS[#3] - 1];
#6 = #2 * 2 * SIN [#3];
G01 X#6 Z#5
#3 = #3 + #4;
END 1
G01 Z - 30.0;
X31.0. ;
X35.0 W - 2.0;
Z - 45.0;
X45.0 W - 15.0;
Z - 75.0;
X50.0;
N20 X52.0;
X100.0 Z100.0;（退刀）
M05;（主轴停止）
M00;（程序暂停）
S1500 M03;（主轴正转，n = 1500r/min）
T0202;（换 T02 号精车刀，并调用 2 号刀补）
X52.0 Z2.0;
#4 = 0.5;（角度增量）
G70 P10 Q20;（用 G70 循环指令进行精加工）
G00 X100.0 Z100.0;（快速返回换刀点）
M30;（程序结束返回程序头）
```

**例 2**　已知零件 2 如图 2-39 所示，试编写数控加工程序

**1. 零件分析**

该工件最大直径为 58mm，毛坯可以采用 $\phi$60mm × 60mm 的棒料，加工后切断即可，这样可以节省装夹料头，并保证各加工表面间具有较高的相对位置精度。装夹时注意控制毛坯外伸量，保证装夹刚性。

**2. 工艺分析**

FANUC 系统中 G71 粗车循环粗加工右端（包括双曲线轮廓），最后用刀尖圆弧补偿精加工整个轮廓。

3. 参考程序

【工件坐标系原点】工件右端面回转中心。

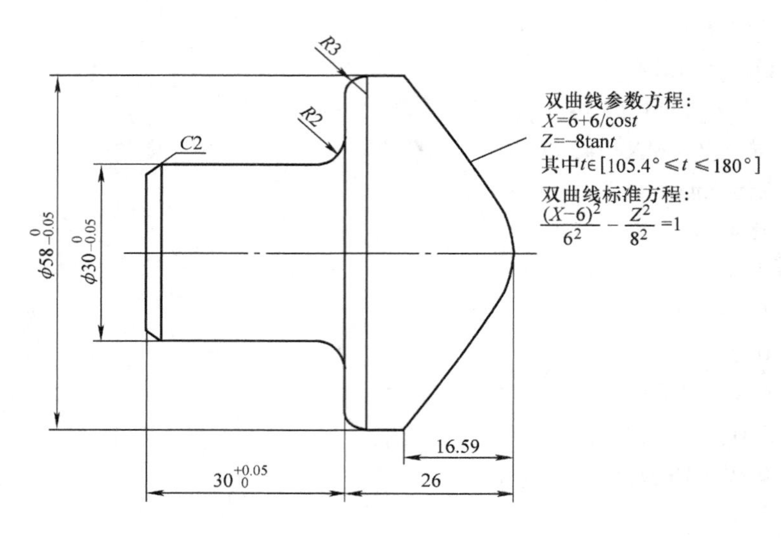


图 2-39 宏程序编程实例 2

【刀具】T01 外圆车刀。

左端程序略。

右侧双曲线轮廓程序：

O0301；

N10 G99 G21 G40；（程序初始化）

N20 T0101；（换 1 号外圆车刀）

N30 M08；（切削液开）

N40 M03 S800；（主轴正转，$n=800$r/min）

N50 G00 X60. Z2. ；（快速点定位）

N60 G71 U1. 5 R1；（外径粗加工循环）

N70 G71 P80 Q160 U0. 3 W0. 1 F0. 25；（外径粗加工循环）

N80 G00 X0；（精车路线 N80 ~ N160）

N90 G01 Z0 F0. 15；

N100 #100 =0；

N110 #101 =4/3 * SQRT((#100 -6) *(#100 -6) -36；（用含有#100 的表达式来表示 X 值）

N120 G01 X =2 * #101 Z =#100；（因为直径编程，所以 X 值要乘以 2）

N130 #100 = #100 -1；

N140 IF [#100GT -16. 59] GOTO 110；（判断是否到达终点，否则继续拟合双曲线）

N150 G01 X58 Z－16.594；

N160 X60；

N170 M03 S1200；（主轴正转，$n=1200$r/min）

N175 G00 G42 X0 Z2；（刀具退回，建立刀尖补偿）

N180 G70 P80 Q160；（用G70循环指令进行精加工）

N190 G00 G40 X100. Z150. ；（刀具退回，取消刀尖补偿）

N200 M30；（程序结束）

**例3**　已知零件3如图2-40所示，带抛物线轮廓，毛坯为$\phi$50mm×60mm的圆棒料，试编写内形精加工程序。

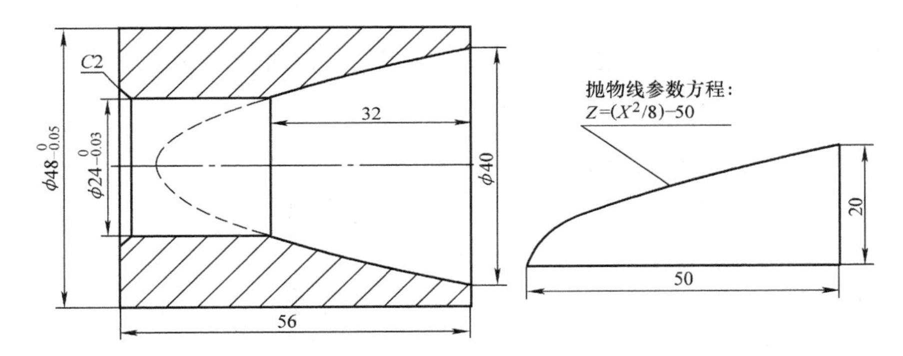


图2-40　宏程序编程实例3

**参考程序**

【工件坐标系原点】工件右端面回转中心。

【刀具】T01：内孔镗刀。

右侧抛物线轮廓加工程序：

O0302；

N10 G99 G21 G40；（程序初始化）

N20 T0101；（换1号内孔精加工镗刀）

N30 M08；（切削液开）

N40 M03 S1200；（主轴正转，$n=1200$r/min）

N50 G00 G41 X40 Z2. ；（快速定位，建立刀尖半径左补偿）

N60 G01 Z0 F0.15；

N70 #100＝20；（设X为变量，用#100表示，初值为20）

N80 #101＝[#100] * [#100]/8－50；（用含有#100的表达式来表示Z值）

N90 G01 X＝2 * [#101] Z＝[#100]；（因为直径编程，所以X值要乘以2）

N100 #100＝#100－1；

```
N110 IF [#100] GT12 GOTO 80;（判断是否到达终点，否则继续拟合抛物线）
N120 G01 X24 Z-32;
N130 Z-57;
N140 G00 X22;
N150 Z5;
N160 G40 G00 X100. Z150.;（退刀，取消刀尖补偿）
N170 M30;（程序结束）
```

## 2.9　数控车中级工考试样题

**例 1**　中级工零件 1 如图 2-41 所示，试编写数控加工程序。

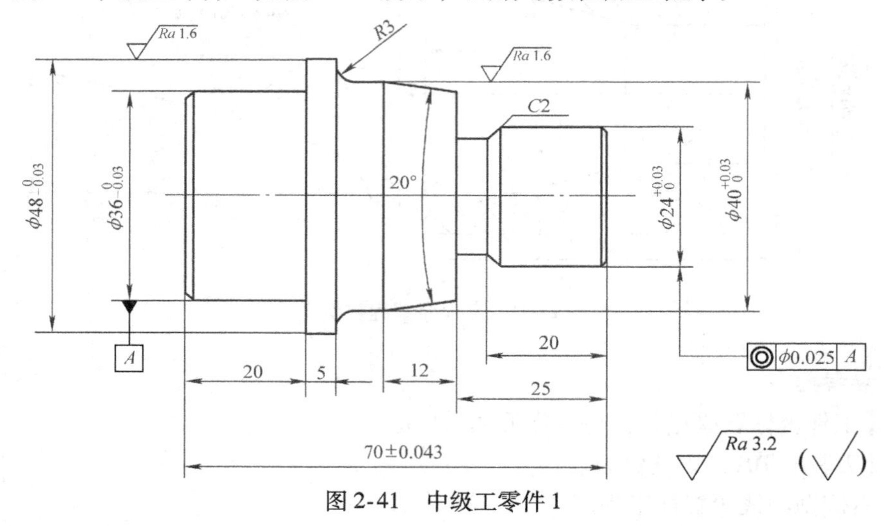


图 2-41　中级工零件 1

**1. 零件分析**

该工件为阶梯轴零件，其成品最大直径为 48mm，由此采用 φ50mm×73mm 的圆钢棒料加工即可。装夹时注意控制毛坯外伸量，保证装夹刚性。

**2. 工艺分析**

先以 φ50mm 外圆为定位基准，用自定心卡盘装夹，加工左边轮廓；再以 φ36mm 外圆为定位基准，用自定心卡盘装夹，保证总长度，并加工右轮廓。切削用量参数详见程序。

【加工工序】

1）加工左端。用外圆端面车刀平左端面，用试切法对刀。

2）用 G71、G70 循环指令粗、精加工外轮廓。

3）调头装夹，加工保证总长度（70±0.043）mm。

4）用 G73、G70 循环指令粗、精加工外轮廓并保证各轮廓尺寸。

5）去毛刺，检测工件各项尺寸。

**3. 参考程序**

【工件坐标系原点】工件左端面回转中心（工序一）；工件右端面回转中心（工序二）。

【刀具】T01：外圆车刀。

加工左端程序（工序一）

```
O0001;
N10 M03 S1200 T0101;（换 T01 号外圆车刀，主轴正转，n=1200r/min）
N20 G00 X52. Z1. ;（快速点定位）
N30 G71 U2 R1;（外径粗加工循环）
N40 G71 P50 Q100 U0.6 W0.1 F0.2;（外径粗加工循环）
N50 G00 X32. ;（精车路线 N50～N110）
N60 G01 X36. Z-1. F0.1;
N70 Z-20. ;
N80 X48. C0.5. ;
N90 W-6. ;
N100 X49. ;
N110 T0101;
N120 M03 S1400;（主轴正转，n=1400r/min）
N130 G00 X52. Z1. ;（快速点定位）
N140 G70 P50 Q100;（用 G70 循环指令进行精加工）
N150 G00 X100. Z100. ;（快速返回换刀点）
N160 M30;（程序结束返回程序头）
```

加工右端程序（工序二）

```
O0002;
N10 G99 G21 G40;（定义米制输入、每转进给方式编程）
N20 M03 S1200 T0101;（换 1 号外圆车刀，主轴正转，n=1200r/min）
N30 G00 X51. Z2. ;（快速点定位）
N40 G73 U15. W0.3 R10;（外轮廓粗加工循环）
N50 G73 P60 Q150 U0.4 W0 F0.25;（外轮廓粗加工循环）
N60 G00 G42 X20. ;（精车路线 N60～N150）
N70 G01   X24. Z-1 F0.1;
N80 Z-18. ;
```

```
N90 X20. W -2. ;
N100 W -5. ;
N110 X35. 77. ;
N120 X40 W -12;
N130 W -5. ;
N140 G02 X46 W -3. R3. ;
N150 G01 X47;
N160 T0101;
N170 M03 S1400;（主轴正转，n = 1400r/min）
N180 G00 X51. Z2. ;（快速点定位）
N190 G70 P60 Q150;（用G70循环指令进行精加工）
N200 G00 X100. Z100. ;（快速返回换刀点）
N210 M30;（程序结束返回程序头）
```

**例2**　中级工零件2如图2-42所示，试编写数控加工程序。

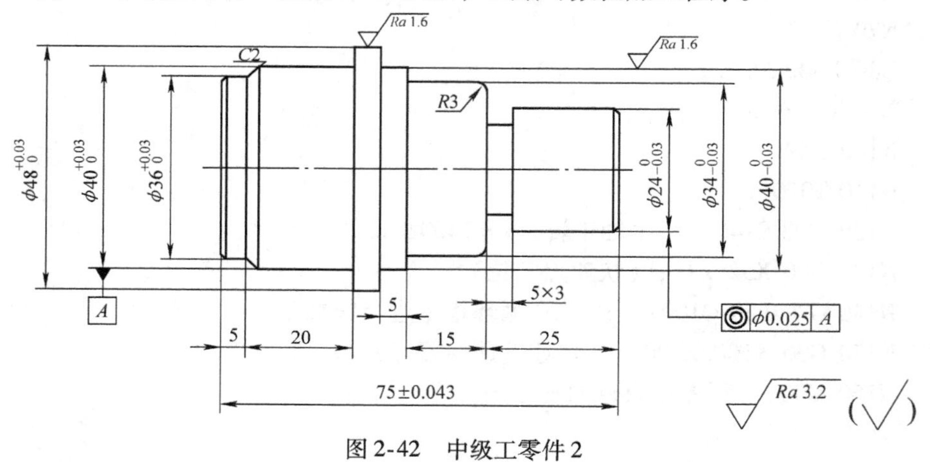


图2-42　中级工零件2

**1. 零件分析**

该工件为阶梯轴零件，其成品最大直径为48mm，由此采用$\phi$50mm×78mm的圆钢棒料加工即可。装夹时注意控制毛坯外伸量，保证装夹刚性。

**2. 工艺分析**

先以$\phi$50mm外圆为定位基准，用自定心卡盘装夹，加工左边轮廓，再以$\phi$40mm外圆为定位基准，用自定心卡盘装夹，保证总长度，并加工右轮廓。切削用量参数详见程序。

【加工工序】

1）加工左端。用外圆端面车刀平左端面，用试切法对刀。

2）用G71、G70循环指令粗、精加工外轮廓。

3）调头装夹，加工保证总长（75±0.043）mm。

4）用G71、G70循环指令粗、精加工右端外轮廓并保证各轮廓尺寸。

5）加工直槽。

6）去毛刺，检测工件各项尺寸。

**3. 参考程序**

【工件坐标系原点】工件左端面回转中心（工序一）；工件右端面回转中心（工序二）。

【刀具】T01：外圆车刀；T02：切槽刀，刀宽3mm。

加工左端程序（工序一）

```
O0001;
N10 M03 S1200 T0101;（换T01号外圆车刀，主轴正转，n=1200r/min）
N20 G00 X52. Z1. ;（快速点定位）
N30 G71 U2 R1;（外径粗加工循环）
N40 G71 P50 Q110 U0.6 W0.1 F0.2;（外径粗加工循环）
N50 G00 X32. ;（精车路线N50～N110）
N60 G01 X36. Z-1. F0.1;
N70 Z-5. ;
N80 X40. C2. ;
N90 W-20. ;
N100 X48. C0.5. ;
Z-31
N110 X49.
N120 T0101;
N130 M03 S1400;（主轴正转，n=1400r/min）
N140 G00 X52. Z1. ;（快速点定位）
N150 G70 P50 Q110;（用G70循环指令进行精加工）
N160 G00 X100. Z100. ;（快速返回换刀点）
N170 M30;（程序结束返回程序头）
```

加工右端程序（工序二）

```
O0012;
N10 G99 G21 G40;（定义米制输入、每转进给方式编程）
N20 M03 S1200 T0101;（换1号外圆车刀，主轴正转，转速n=1200r/min）
N30 G00 G42 X46. Z1. ;（快速点定位，建立刀尖半径右补偿）
```

```
N40 G71 U2. R1；（外轮廓粗加工循环）
N50 G71P60 Q150 U0. 6 W0. 1 F0. 2；（外轮廓粗加工循环）
N60 G00 G42 X20. ；（精车路线 N60 ~ N150）
N70 G01 X24 Z -1. F0. 1；
N80 Z -25. ；
N90 X34. R3. ；
N100 Z -40. ；
N110 X40. C0. 5. ；
N120 W -5. ；
N130 X47. ；
N140 X48Z -45. 5. ；
N150 X49. ；
N160 T0101；
N170 M03 S1400；（主轴正转，n =1400r/min）
N180 G00 X52. Z1. ；（快速点定位）
N190 G70 P60 Q150；（用 G70 循环指令进行精加工）
N200 G40 G00 X100. Z150. ；（快速返回换刀点）
N210 T0202；（换 T02 号 3mm 切槽刀，并调用 2 号刀补）
N220 M03 S1000；（主轴正转，n =800r/min）
N230 G00 X36. Z1. ；（快速点定位）
N240 Z -25. ；（退刀）
N250 G01 X18. F0. 08；（切槽）
N260 X36. ；
N270 G00 Z -23；
N280 G01 X18. F0. 08；（切槽）
N290 Z -25；
N300 X36. ；
N310 X100. Z150. ；（快速返回换刀点）
N320 M30；（程序结束返回程序头）
```

**例3** 中级工零件3如图2-43所示，试编写数控加工程序。

**1. 零件分析**

该工件为阶梯轴零件，其成品最大直径为38mm，由此采用$\phi$40mm×88mm的圆钢棒料加工即可。装夹时注意控制毛坯外伸量，保证装夹刚性。

**2. 工艺分析**

先以$\phi$40mm外圆为定位基准，用自定心卡盘装夹，加工左边轮廓；再以

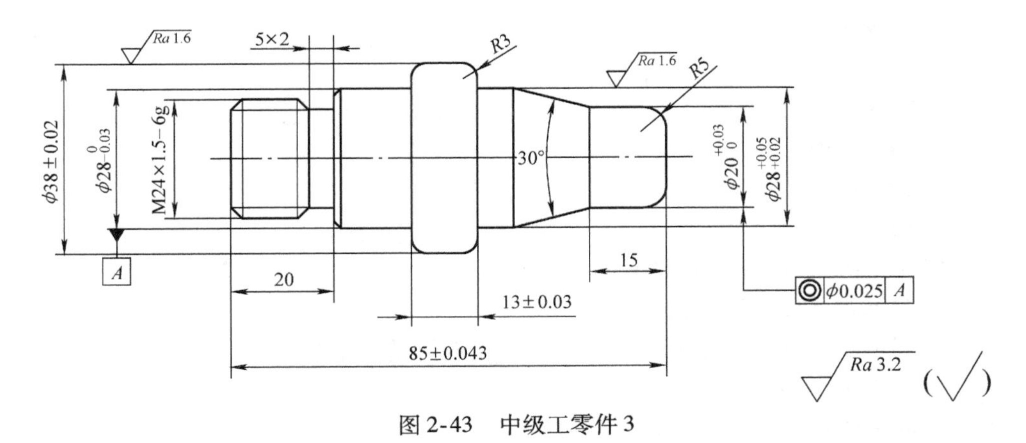


图 2-43　中级工零件 3

φ28mm 外圆为定位基准，用自定心卡盘装夹，保证总长度，并加工右轮廓。切削用量参数详见程序。

【加工工序】

1）加工左端。用外圆端面车刀平左端面，用试切法对刀。

2）用 G73、G70 循环指令粗、精加工外轮廓。

3）加工螺纹。

4）调头装夹，加工保证总长（85 ±0.043）mm。

5）用 G71、G70 循环指令粗、精加工右端外轮廓并保证各轮廓尺寸。

6）去毛刺，检测工件各项尺寸。

**3. 参考程序**

【工件坐标系原点】工件左端面回转中心（工序一）；工件右端面回转中心（工序二）。

【刀具】T01：外圆车刀；T02：螺纹车刀。

加工左端程序（工序一）

```
O0001;
N10 M03 S1200 T0101;（换 T01 号外圆车刀，主轴正转，n=1200r/min）
N20 G00 X42. Z1. ;（快速点定位）
N30 G73 U8 R5;（外径粗加工循环）
N40 G73 P50 Q140 U0.6 W0.1 F0.2;（外径粗加工循环）
N50 G00 X18. ;（精车路线 N50～N140）
N60 G01 X23.8. Z-2. F0.1;
N70 Z-13. ;
N80 X20. Z-15. ;
N90 W-5. ;
```

N100 X28. C1. ;
N110 Z－35. ;
N120 X38. R3. ;
N130 Z－49. ;
N140 X39.
N150 T0101;
N160 M03 S1400;（主轴正转，$n = 1400r/min$）
N170 G00 X52. Z1. ;（快速点定位）
N180 G70 P50 Q140;（用G70循环指令进行精加工）
N190 G00 X100;（退刀）
N200 Z150. ;（快速返回换刀点）
N210 T0202;（换T02号螺纹车刀，并调用2号刀补）
N220 M03 S1000;（主轴正转，$n = 1000r/min$）
N230 G00 X26 Z2;（快速点定位）
N240 G92 X23. 1 Z－18 F1. 5;（第一刀车进0. 9mm）
N250 X22. 6;（第二刀车进0. 5mm）
N260 X22. 3;（第三刀车进0. 3mm）
N270 X22. 05;（第四刀车进0. 25mm）
N280 X22. 05;（第五刀原走刀）
N290 G00 X100. Z150. ;（快速返回换刀点）
N300 M30;（程序结束返回程序头）

加工右端程序（工序二）
O0002;
N10 G99 G21 G40;（定义米制输入、每转进给方式编程）
N20 M03 S1200 T0101;（换1号外圆车刀，主轴正转，$n = 1200r/min$）
N30 G00 G42 X42. Z1. ;（快速点定位，建立刀尖半径右补偿）
N40 G71 U2. R1;（外轮廓粗加工循环）
N50 G71 P60 Q140 U0. 6 W0. 1 F0. 2;（外轮廓粗加工循环）
N60 G00 G42 X10. ;（精车路线N60～N140）
N70 G01 Z0. F0. 1;
N80 G03 X20. Z－5. R5. ;
N90 G01 Z－15. ;
N100 X28. Z－29. 9. ;
N110 Z－37. ;
N120 X32. ;

N130 G03 X38. Z -40. R3;

N140 G01X39. ;

N150 T0101;

N160 M03 S1400;(主轴正转,$n$=1400r/min)

N170 G00 X42. Z1. ;(快速点定位)

N180 G70 P60 Q140;(用G70循环指令进行精加工)

N190 G40 G00 X100. Z150. ;(快速返回换刀点)

N200 M30;(程序结束返回程序头)

**例4** 中级工零件4如图2-44所示,试编写数控加工程序。

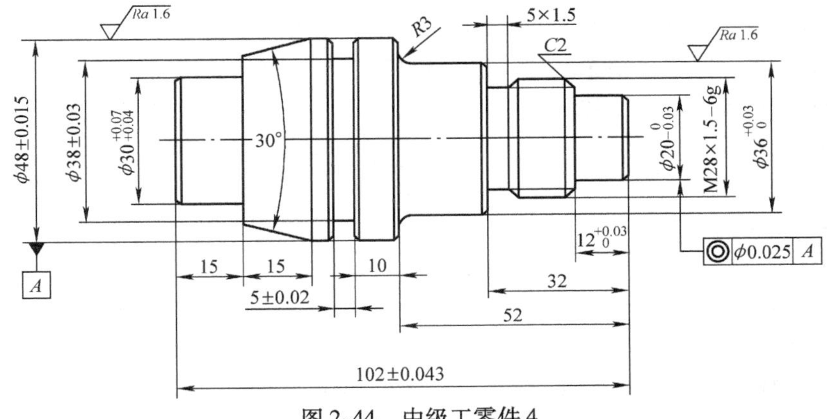


图2-44 中级工零件4

**1. 零件分析**

该工件为阶梯轴零件,其成品最大直径为48mm,由此采用$\phi$50mm×105mm的圆钢棒料加工即可。装夹时注意控制毛坯外伸量,保证装夹刚性。

**2. 工艺分析**

先以$\phi$50mm外圆为定位基准,用自定心卡盘装夹,加工左边轮廓;再以$\phi$48mm外圆为定位基准,用自定心卡盘装夹,保证总长度,并加工右轮廓。切削用量参数详见程序。

【加工工序】

1)加工左端。用外圆端面车刀平左端面,用试切法对刀。

2)用G71、G70循环指令粗、精加工外轮廓。

3)加工直槽。

4)调头装夹,加工保证总长(102±0.043)mm。

5)用G71、G70循环指令粗、精加工右端外轮廓并保证各轮廓尺寸。

6)加工螺纹。

7)去毛刺,检测工件各项尺寸。

**3. 参考程序**

【工件坐标系原点】工件左端面回转中心（工序一）；工件右端面回转中心（工序二）。

【刀具】T01：外圆车刀；T02：切槽刀，刀宽3mm；T03：螺纹车刀。

加工左端程序（工序一）

O0001；

N10 M03 S1200 T0101；（换T01号外圆车刀，主轴正转，$n=1200$r/min）

N20 G00 X52. Z1. ；（快速点定位）

N30 G71 U2 R1；（外径粗加工循环）

N40 G71 P50 Q110 U0. 6 W0. 1 F0. 2；（外径粗加工循环）

N50 G00 X26. ；（精车路线N50～N110）

N60 G01 X30. Z－1. F0. 1；

N70 Z－15. ；

N80 X39. 96. ；

N90 X48. W－15. ；

N100 Z－52. ；

N110 X49. ；

N150 T0101；

N160 M03 S1400；（主轴正转，$n=1400$r/min）

N170 G00 X52. Z1. ；（快速点定位）

N180 G70 P50 Q110；（用G70循环指令进行精加工）

N190 G00 X100；（退刀）

N200 Z150. ；（快速返回换刀点）

N210 T0202；（换T02号3mm切槽刀，并调用2号刀补）

N220 M03 S1000；（主轴正转，$n=1000$r/min）

N230 G00 X50. Z1. ；（快速点定位）

N240 Z－40. ；（退刀）

N250 G01 X38. F0. 08；（切槽）

N260 X50. ；

N270 G00 Z－38；

N280 G01 X38. F0. 08；（切槽）

N290 Z－40；

N300 X50. ；

N310 G00 X100. Z150. ；（快速返回换刀点）

N320 M30；（程序结束返回程序头）

加工右端程序（工序二）

```
O0002;
N10 G99 G21 G40;（定义米制输入、每转进给方式编程）
N20 M03 S1200 T0101;（换1号外圆车刀，主轴正转，n=1200r/min）
N30 G00 G42 X42. Z1. ;（快速点定位，建立刀尖半径右补偿）
N40 G73 U15. R10;（外轮廓粗加工循环）
N50 G73 P60 Q180 U0.6 W0.1 F0.2;（外轮廓粗加工循环）
N60 G00 G42 X16. ;（精车路线N60～N180）
N70 G01 X20. Z-1. F0.1;
N80 Z-12. ;
N90 X27.8. C2. ;
N100 Z-25.5. ;
N110 X25Z-27. ;
N120 W-5. ;
N130 X36. C1. ;
N140 Z-49. ;
N150 G02 X42. Z-52. R3. ;
N160 G01 X46. ;
N170 X48. Z-53. ;
N180 X49. ;
N190 T0101;
N200 M03 S1400;（主轴正转，n=1400r/min）
N210 G00 X42. Z1. ;（快速点定位）
N220 G70 P60 Q180;（用G70循环指令进行精加工）
N230 G40 G00 X100. Z150. ;（快速返回换刀点）
N240 T0303;（换T03号螺纹车刀，并调用3号刀补）
N250 M03 S1000;（主轴正转，n=1000r/min）
N260 G00 X30 Z2;（快速点定位）
N270 G92 X27.1 Z-29 F1.5;（第一刀车进0.9mm）
N280 X26.6;（第二刀车进0.5mm）
N290 X26.3;（第三刀车进0.3mm）
N300 X26.05;（第四刀车进0.25mm）
N310 X26.05;（第五刀原走刀）
N320 G00 X100. Z150. ;（快速返回换刀点）
N330 M30;（程序结束返回程序头）
```

**例5** 中级工零件5如图2-45所示，试编写数控加工程序。

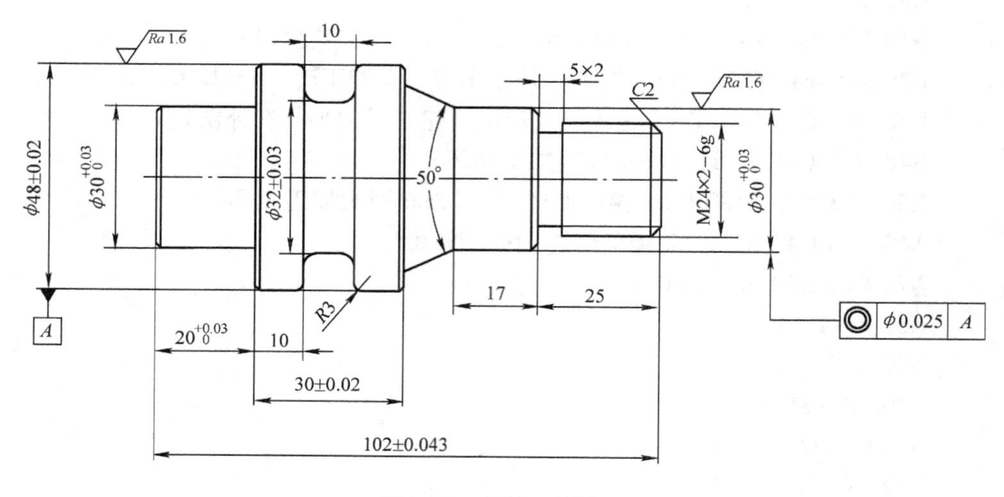


图2-45 中级工零件5

**1. 零件分析**

该工件为阶梯轴零件，其成品最大直径为48mm，由此采用ϕ50mm×105mm的圆钢棒料加工即可。装夹时注意控制毛坯外伸量，保证装夹刚性。

**2. 工艺分析**

先以ϕ50mm外圆为定位基准，用自定心卡盘装夹，加工左边轮廓；再以ϕ30mm外圆为定位基准，用自定心卡盘装夹，保证总长度，并加工右轮廓。切削用量参数详见程序。

【加工工序】

1）加工左端。用外圆端面车刀平左端面，用试切法对刀。

2）用G71、G70循环指令粗、精加工外轮廓。

3）加工直槽。

4）调头装夹，加工保证总长（102±0.043）mm。

5）用G71、G70循环指令粗、精加工右端外轮廓并保证各轮廓尺寸。

6）加工螺纹退刀槽和螺纹。

7）去毛刺，检测工件各项尺寸。

**3. 参考程序**

【工件坐标系原点】工件左端面回转中心（工序一）；工件右端面回转中心（工序二）。

【刀具】T01：外圆车刀；T02：切槽刀，刀宽3mm；T03：螺纹车刀。

加工左端程序（工序一）

```
O0001;
N10 M03 S1200 T0101;（换T01号外圆车刀，主轴正转，n=1200r/min）
N20 G00 X52. Z1. ;（快速点定位）
N30 G71 U2 R1;（外径粗加工循环）
N40 G71 P50 Q100 U0.6 W0.1 F0.2;（外径粗加工循环）
N50 G00 X26. ;（精车路线N50～N100）
N60 G01 X30. Z-1. F0.1;
N70 Z-20. ;
N80 X48. C1. ;
N90 Z-51. ;
N100 X49. ;
N150 T0101;
N160 M03 S1400;（主轴正转，n=1400r/min）
N170 G00 X52. Z1. ;（快速点定位）
N180 G70 P50 Q100;（用G70循环指令进行精加工）
N190 G00 X100;（退刀）
N200 Z150. ;（快速返回换刀点）
N260 T0202;（换T02号3mm切槽刀，并调用2号刀补）
N270 M03 S1000;（主轴正转，n=1000r/min）
N280 G00 X50. Z1. ;（快速点定位）
N290 Z-39.5. ;（退刀）
N300 G01 X38. F0.08;（切槽）
N310 X50. ;
N320 G00 Z-36.5;
N330 G01 X38. F0.08;（切槽）
N340 X50. ;
N350 G00 Z-33.5;
N360 G01 X32. F0.08;（切槽）
N370 X50. ;
N380 Z-43. ;
N390 G01 X48. F0.08;
N400 G02 X42. Z-40. R3. ;
N410 G01 X38. ;
N420 G03 X32. Z-37. R3. ;
N430 G00 X50. ;
```

N440 Z－30.；
N450 G01 X48. F0.08；
N460 G03 X42. Z－33. R3.；
N470 G01 X38.；
N480 G02 X32. Z－36. R3.；
N490 G01 Z－37.；
N500 G00 X100.
N510 Z150.；（快速返回换刀点）
N520 M30；（程序结束返回程序头）

加工右端程序（工序二）
O0002；
N10 G99 G21 G40；（定义米制输入、每转进给方式编程）
N20 M03 S1200 T0101；（换 1 号外圆车刀，主轴正转，$n=1200$r/min）
N30 G00 G42 X52. Z1.；（快速点定位，建立刀尖半径右补偿）
N40 G71 U2. R1；（外轮廓粗加工循环）
N50 G71 P60 Q140 U0.6 W0.1 F0.2；（外轮廓粗加工循环）
N60 G00 G42 X18.；（精车路线 N60～N140）
N70 G01 X23.8. Z－2. F0.1；
N80 Z－25.；
N90 X30. C1.；
N100 Z－42.；
N110 X39.33Z－52.；
N120 X46.；
N130 X48. Z－53.；
N140 X49.；
N150 T0101；
N160 M03 S1400；（主轴正转，$n=1400$r/min）
N170 G00 X52. Z1.；（快速点定位）
N180 G70 P60 Q140；（用 G70 循环指令进行精加工）
N190 G40 G00 X100. Z150.；（快速返回换刀点）
N200 T0202；（换 T02 号 3mm 切槽刀，并调用 2 号刀补）
N210 M03 S1000；（主轴正转，$n=1000$r/min）
N220 G00 X50. Z1.；（快速点定位）
N230 Z－24.（退刀）

N240 G01 X20. 2. F0. 08；（切槽）

N250 X26. ；

N260 G00 Z－23；

N270 G01 X20. F0. 08；（切槽）

N280 Z－25；

N290 X31. ；

N300 G00 X100. Z150. ；（快速返回换刀点）

N310 T0303；（换T03号螺纹车刀，并调用3号刀补）

N320 M03 S1000；（主轴正转，$n=1000\mathrm{r/min}$）

N330 G00 X26 Z2；（快速点定位）

N340 G92 X23. 1 Z－29 F2. ；（第一刀车进0. 9mm）

N350 X22. 4；（第二刀车进0. 7mm）

N360 X21. 9；（第三刀车进0. 5mm）

N370 X21. 4；（第四刀车进0. 5mm）

N380 X21. 4；（第五刀原走刀）

N390 G00 X100. Z150. ；（快速返回换刀点）

N400 M30；（程序结束返回程序头）

**例6**　中级工零件6如图2-46所示，试编写数控加工程序。

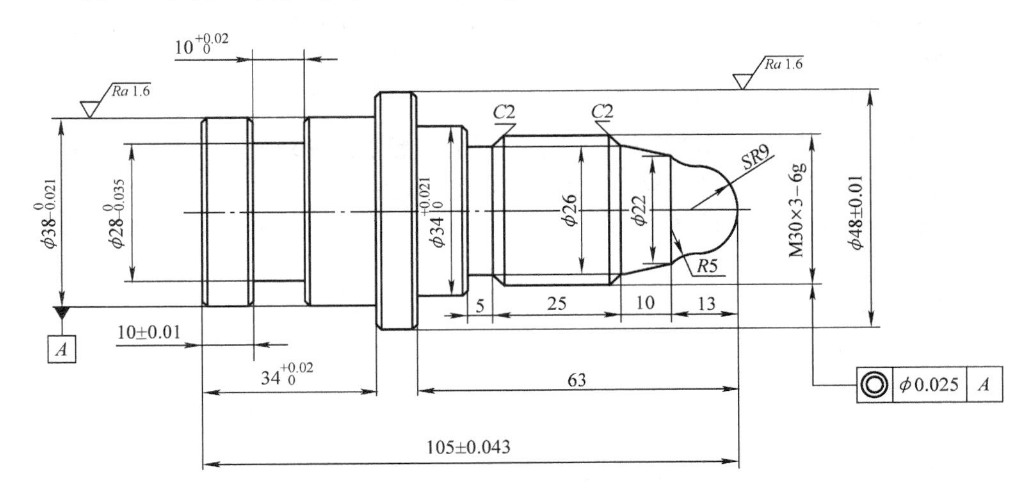


图2-46　中级工零件6

## 1. 零件分析

该工件为阶梯轴零件，其成品最大直径为48mm，由此采用$\phi$50mm×110mm的圆钢棒料加工即可。装夹时注意控制毛坯外伸量，保证装夹刚性。

**2. 工艺分析**

先以 $\phi$50mm 外圆为定位基准，用自定心卡盘装夹，加工左边轮廓；再以 $\phi$38mm 外圆为定位基准，用自定心卡盘装夹，保证总长度，并加工右轮廓。切削用量参数详见程序。

【加工工序】

1）加工左端。用外圆端面车刀平左端面，用试切法对刀。

2）用 G71、G70 循环指令粗、精加工外轮廓。

3）加工直槽。

4）调头装夹，加工保证总长（105 ±0.043）mm。

5）用 G73、G70 循环指令粗、精加工右端外轮廓并保证各轮廓尺寸。

6）加工螺纹。

7）去毛刺，检测工件各项尺寸。

**3. 参考程序**

【工件坐标系原点】工件左端面回转中心（工序一）；工件右端面回转中心（工序二）。

【刀具】T01：外圆车刀；T02：切槽刀；T03：螺纹车刀

加工左端程序（工序一）

```
O0001;
N10 M03 S1200 T0101;（换 T01 号外圆车刀，主轴正转，n=1200r/min）
N20 G00 X52. Z1.;（快速点定位）
N30 G71 U2 R1;（外径粗加工循环）
N40 G71 P50 Q100 U0.6 W0.1 F0.2;（外径粗加工循环）
N50 G00 X34. ;（精车路线 N50 ~ N100）
N60 G01 X38. Z-1. F0.1;
N70 Z-34.;
N80 X48. C1.;
N90 Z-43.;
N100 X49.;
N150 T0101;
N160 M03 S1400;（主轴正转，n=1400r/min）
N170 G00 X52. Z1.;（快速点定位）
N180 G70 P50 Q100;（用 G70 循环指令进行精加工）
N190 G00 X100;（退刀）
N200 Z150.;（快速返回换刀点）
N260 T0202;（换 T02 号 3mm 切槽刀，并调用 2 号刀补）
```

N270 M03 S1000；（主轴正转，$n=1000$r/min）
N280 G00 X50. Z1.；（快速点定位）
N290 Z-19.5.；（退刀）
N300 G01 X28.2. F0.08；（粗加工槽）
N310 X40.；
N320 G00 Z-16.5；
N330 G01 X28.2. F0.08；（粗加工槽）
N340 X40.；
N350 G00 Z-13.5；
N360 G01 X28.2. F0.08；（粗加工槽）
N370 X40.；
N380 Z-22.；
N390 G01 X36. Z-20. F0.08；（精加工槽）
N400 X28.2；
N410 X40.；
N420 Z-11.；
N430 X36. Z-13；
N440 X28.；
N450 Z-20.；
N460 X40.；
N470 G00 X100.；
N480 Z150.；（快速返回换刀点）
N490 M30；（程序结束返回程序头）

加工右端程序（工序二）
O0002；
N10 G99 G21 G40；（定义米制输入、每转进给方式编程）
N20 M03 S1200 T0101；（换1号外圆车刀，主轴正转，$n=1200$r/min）
N30 G00 G42 X52. Z1.；（快速点定位，建立刀尖半径右补偿）
N40 G73 U25. R16；（外轮廓粗加工循环）
N50 G73 P60 Q190 U0.6 W0.1 F0.2；（外轮廓粗加工循环）
N60 G00 G42 X0.；（精车路线 N60～N190）
N70 G01 Z0. F0.1；
N80 G03 X18. Z-9. R9. F0.1；
N90 G02 X22. Z-13. R5.；

N100 G01 X26. Z－23. ;
N110 X29. 8. C2. ;
N120 Z－46. ;
N130 X26. Z－48. ;
N140 Z－53. ;
N150 X34. C1. ;
N160 Z－63. ;
N170 X46. ;
N180 X48. Z－64. ;
N190 X49. ;
N200 T0101;
N210 M03 S1400;（主轴正转，$n$＝1400r/min）
N220 G00 X52. Z1. ;（快速点定位）
N230 G70 P60 Q190;（用G70循环指令进行精加工）
N240 G40 G00 X100. Z150. ;（快速返回换刀点）
N250 T0303;（换T03号螺纹车刀，并调用3号刀补）
N260 M03 S1000;（主轴正转，$n$＝1000r/min）
N270 G00 X32 Z2;（快速点定位）
N280 G92 X29. 1 Z－50. F3. ;（第一刀车进0. 9mm）
N290 X28. 3;（第二刀车进0. 8mm）
N300 X27. 6;（第三刀车进0. 7mm）
N310 X27. ;（第四刀车进0. 6mm）
N320 X26. 5. ;（第五刀车进0. 5mm）
N330 X26. 1. ;（第六刀车进0. 4mm）
N340 X26. 1;（第七刀原走刀）
N350 G00 X100. Z150. ;（快速返回换刀点）
N360 M30;（程序结束返回程序头）

**例7** 中级工零件7如图2-47所示，试编写数控加工程序。

**1. 零件分析**

该工件为阶梯轴零件，其成品最大直径为52mm，由此采用$\phi$55mm×105mm的圆钢棒料加工即可。装夹时注意控制毛坯外伸量，保证装夹刚性。

**2. 工艺分析**

先以$\phi$55mm外圆为定位基准，用自定心卡盘装夹，加工左边轮廓；再以$\phi$46mm外圆为定位基准，用自定心卡盘装夹，保证总长度，并加工右轮廓。切削用量参数详见程序。

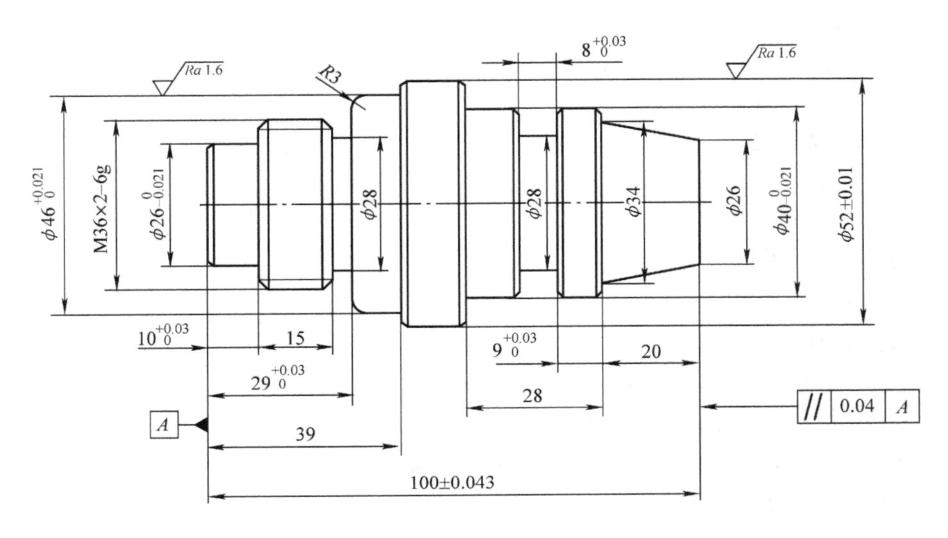


图2-47 中级工零件7

【加工工序】

1）加工左端。用外圆端面车刀平左端面，用试切法对刀。

2）用G71、G70循环指令粗、精加工外轮廓。

3）加工螺纹退刀槽和螺纹。

4）调头装夹，加工保证总长（100±0.043）mm。

5）用G71、G70循环指令粗、精加工右端外轮廓并保证各轮廓尺寸。

6）加工直槽。

7）去毛刺，检测工件各项尺寸。

**3. 参考程序**

【工件坐标系原点】工件左端面回转中心（工序一）；工件右端面回转中心（工序二）。

【刀具】T01：外圆车刀；T02：切槽刀，刀宽3mm；T03：螺纹车刀。

加工左端程序（工序一）

O0001；

N10 M03 S1200 T0101；（换T01号外圆车刀，主轴正转，$n=1200$r/min）

N20 G00 X57. Z1. ；（快速点定位）

N30 G71 U2 R1；（外径粗加工循环）

N40 G71 P50 Q140 U0.6 W0.1 F0.2；（外径粗加工循环）

N50 G00 X22. ；（精车路线N50～N140）

N60 G01 X26. Z-1. F0.1；

N70 Z－10. ;
N80 X35. 7. C2. ;
N90 Z－29. ;
N100 X46. R3. ;
N110 Z－39. ;
N120 X52. C1. ;
N130 Z－53. ;
N140 X53. ;
N150 T0101;
N160 M03 S1400;（主轴正转，$n=1400$r/min）
N170 G00 X57. Z1. ;（快速点定位）
N180 G70 P50 Q140;（用 G70 循环指令进行精加工）
N190 G00 X100;（退刀）
N200 Z150. ;（快速返回换刀点）
N210 T0202;（换 T02 号 3mm 切槽刀，并调用 2 号刀补）
N220 M03 S1000;（主轴正转，$n=1000$r/min）
N230 G00 X55.  Z1. ;（快速点定位）
N240 Z－28. 5. ;（退刀）
N250 G01 X28.  2. F0. 08;（粗加工槽）
N260 X48. ;
N270 G00 Z－25. ;
N280 G01 X38.  F0. 08;（精加工槽）
N290 X34. Z－28. ;
N300 X28. ;
N310 Z－29. ;
N320 X50. ;
N330 G00 X100. ;
N340 Z150. ;（快速返回换刀点）
N350 T0303;（换 T03 号螺纹车刀，并调用 3 号刀补）
N360 M03 S1000;（主轴正转，$n=1000$r/min）
N370 G00 X38 Z2;（快速点定位）
N380 G92 X35. 1 Z－29 F2. ;（第一刀车进 0. 9mm）
N390 X34. 4;（第二刀车进 0. 7mm）
N400 X33. 9;（第三刀车进 0. 5mm）
N410 X33. 4;（第四刀车进 0. 5mm）

N420 X33.4；（第五刀原走刀）
N430 M30；（程序结束返回程序头）

加工右端程序（工序二）
O0002；
N10 G99 G21 G40；（定义米制输入、每转进给方式编程）
N20 M03 S1200 T0101；（换1号外圆车刀，主轴正转，$n$ = 1200r/min）
N30 G00 G42 X57. Z1.；（快速点定位，建立刀尖半径右补偿）
N40 G71 U2. R1；（外轮廓粗加工循环）
N50 G71 P60 Q130 U0.6 W0.1 F0.2；（外轮廓粗加工循环）
N60 G00 G42 X26.；（精车路线N60～N130）
N70 G01 Z0. F0.1；
N80 G01 X34. Z-20. F0.1；
N90 X40. C1.；
N100 Z-48.；
N110 X50.；
N120 X52. Z-49.；
N130 X53.；
N140 T0101；
N150 M03 S1400；（主轴正转，$n$ = 1400r/min）
N160 G00 X52. Z1.；（快速点定位）
N170 G70 P60 Q130；（用G70循环指令进行精加工）
N180 G40 G00 X100. Z150.；（快速返回换刀点）
N190 T0202；（换T02号3mm切槽刀，并调用2号刀补）
N200 M03 S1000；（主轴正转，$n$ = 1000r/min）
N210 G00 X50. Z1.；（快速点定位）
N220 Z-36. （退刀）
N230 G01 X28. 2. F0.08；（粗加工槽）
N240 X42.；
N250 G00 Z-33；
N260 G01 X28.2. F0.08；（粗加工槽）
N270 X42.；
N280 Z-39.；
N290 G01 X36. Z-37. F0.08；（精加工槽）
N300 X28.2；

N310 X42. ;
N320 Z－30. ;
N330 X36. Z－32;
N340 X28. ;
N350 Z－37. ;
N360 X42. ;
N370 G00 X100. ;
N380 Z150. ;（快速返回换刀点）
N390 M30;（程序结束返回程序头）

**例 8**　中级工零件 8 如图 2-48 所示，试编写数控加工程序。

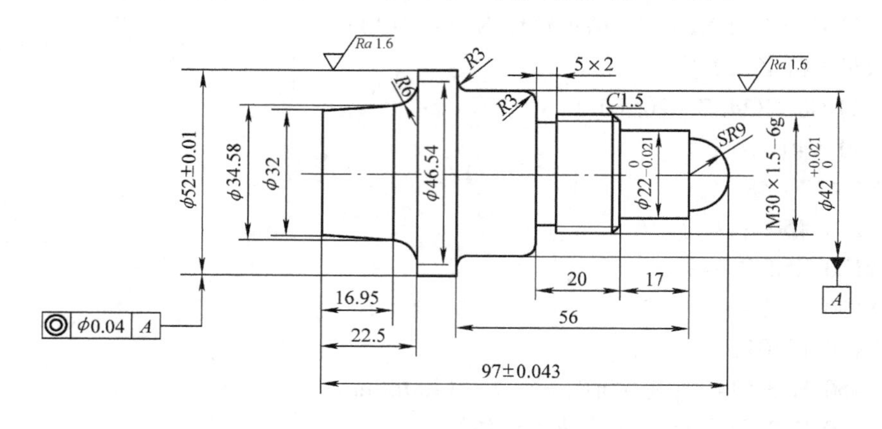


图 2-48　中级工零件 8

**1. 零件分析**

该工件为阶梯轴零件，其成品最大直径为 52mm，由此采用 $\phi$55mm×100mm 的圆钢棒料加工即可。装夹时注意控制毛坯外伸量，保证装夹刚性。

**2. 工艺分析**

先以 $\phi$55mm 外圆为定位基准，用自定心卡盘装夹，加工右边轮廓；再以 $\phi$42mm 外圆为定位基准，用自定心卡盘装夹，保证总长度，并加工左轮廓。切削用量参数详见程序。

【加工工序】

1）加工右端。用外圆端面车刀平右端面，用试切法对刀。

2）用 G73、G70 循环指令粗、精加工外轮廓。

3）调头装夹，加工保证总长度（97±0.043）mm。

4）用 G71、G70 循环指令粗、精加工左端外轮廓并保证各轮廓尺寸。

5）去毛刺，检测工件各项尺寸。

**3. 参考程序**

【工件坐标系原点】工件右端面回转中心（工序一）；工件左端面回转中心（工序二）。

【刀具】T01：外圆车刀；T02：螺纹车刀。

加工右端程序（工序一）

```
O0001;
N10 M03 S1200 T0101;（换 T01 号外圆车刀，主轴正转，n =1200r/min）
N20 G00 X57. Z1. ;（快速点定位）
N30 G73 U25 R12;（外径粗加工循环）
N40 G73 P50 Q190 U0. 6 W0. 1 F0. 2;（外径粗加工循环）
N50 G00 X0. ;（精车路线 N50 ~ N190）
N60 G01 Z0. F0. 1;
N70 G3 X18. Z -9. R9. ;
N80 G1 X22. C0. 5. ;
N90 Z -26. ;
N100 X29. 8. C1. 5. ;
N110 Z -39. 5. ;
N120 X27. Z -41. ;
N130 Z -46. ;
N140 X42. R3. ;
N150 Z -62. ;
N160 G2 X48Z -65. R3. ;
N170 G1 X52. C0. 5. ;
N180 Z -75. ;
N190 X53. ;
N200 T0101;
N210 M03 S1400;（主轴正转，n =1400r/min）
N220 G00 X57. Z1. ;（快速点定位）
N230 G70 P50 Q190;（用 G70 循环指令进行精加工）
N240 G00 X100;（退刀）
N250 Z150. ;（快速返回换刀点）
N260 T0202;（换 T02 号螺纹车刀，并调用 2 号刀补）
N270 M03 S1000;（主轴正转，n =1000r/min）
N280 G00 X32 Z2;（快速点定位）
N290 G92 X29. 1 Z -44 F1. 5;（第一刀车进 0. 9mm）
```

N300 X28. 6；（第二刀车进0. 5mm）
N310 X28. 3；（第三刀车进0. 3mm）
N320 X28. 05；（第四刀车进0. 25mm）
N330 X28. 05；（第五刀原走刀）
N340 G00 X100. Z150. ；（快速返回换刀点）
N350 M30；（程序结束返回程序头）

加工左端程序（工序二）
O0002；
N10 G99 G21 G40；（定义米制输入，每转进给方式编程）
N20 M03 S1200 T0101；（换1号外圆车刀，主轴正转，$n=1200$r/min）
N30 G00 G42 X57. Z1. ；（快速点定位，建立刀尖半径右补偿）
N40 G71 U2. R1；（外轮廓粗加工循环）
N50 G71 P60 Q120 U0. 6 W0. 1 F0. 2；（外轮廓粗加工循环）
N60 G00 G42 X32. ；（精车路线N60～N120）
N70 G01 Z0. F0. 1；
N80 G01 X34. 58. Z－16. 95. F0. 1；
N90 G02 X46. 54. Z－22. 5. R6. ；
N100 G01 X51. ；
N110 X52. Z－23. ；
N120 X53. ；
N130 T0101；
N140 M03 S1400；（主轴正转，$n=1400$r/min）
N150 G00 X52. Z1. ；（快速点定位）
N160 G70 P60 Q120；（用G70循环指令进行精加工）
N170 G40 G00 X100. ；（快速返回换刀点）
N180 Z150. ；（快速返回换刀点）
N190 M30；（程序结束返回程序头）

**例9** 中级工零件9如图2-49所示，试编写数控加工程序。

**1. 零件分析**

该工件为阶梯轴零件，其成品最大直径为46. 62mm，由此采用$\phi$50mm×110mm的圆钢棒料加工即可。装夹时注意控制毛坯外伸量，保证装夹刚性。

**2. 工艺分析**

先以$\phi$50mm外圆为定位基准，用自定心卡盘装夹，加工左边轮廓；再以$\phi$46mm外圆为定位基准，用自定心卡盘装夹，保证总长度，并加工右轮廓。切

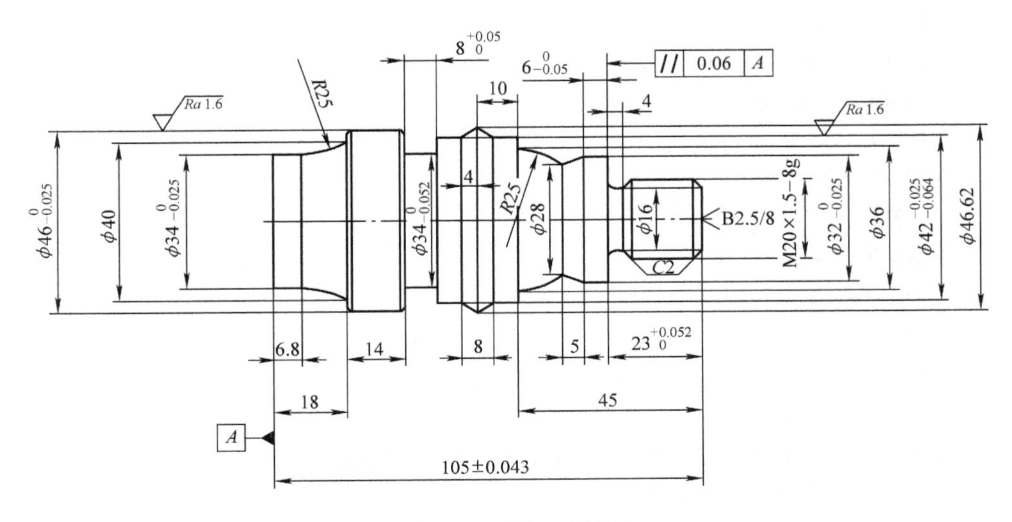


图2-49　中级工零件9

削用量参数详见程序。

【加工工序】

1）加工左端。用外圆端面车刀平左端面，用试切法对刀。

2）用G73、G70循环指令粗、精加工外轮廓。

3）加工直槽。

4）调头装夹，加工保证总长度（105±0.043）mm。

5）用G73、G70循环指令粗、精加工左端外轮廓并保证各轮廓尺寸。

6）去毛刺，检测工件各项尺寸。

**3. 参考程序**

【工件坐标系原点】工件左端面回转中心（工序一）；工件右端面回转中心（工序二）。

【刀具】T01：外圆车刀；T02：切槽刀，刀宽3mm；T03：螺纹车刀。

加工左端程序（工序一）

O0001；

N10 M03 S1200 T0101；（换T01号外圆车刀，主轴正转，$n$=1200r/min）

N20 G00 X52. Z1. ；（快速点定位）

N30 G73 U8 R5；（外径粗加工循环）

N40 G73 P50 Q120 U0.6 W0.1 F0.2；（外径粗加工循环）

N50 G00 X31. ；（精车路线N50～N120）

N60 G01 X34. Z−0.5. F0.1；

```
N70 Z-6.8.;
N80 G02 X40. Z-18. R25.;
N90 G01 X46 C1;
N100 Z-33.;
X42 Z-40
Z-46
N110 X46.62. Z-50.;
N120 X47.;
N130 T0101;
N140 M03 S1400;（主轴正转，n=1400r/min）
N150 G00 X52. Z1.;（快速点定位）
N160 G70 P50 Q120;（用 G70 循环指令进行精加工）
N170 G00 X100;（退刀）
N180 Z150.;（快速返回换刀点）
N190 T0202;（换 T02 号 3mm 切槽刀，并调用 2 号刀补）
N200 M03 S1000;（主轴正转，n=1000r/min）
N210 G00 X50. Z1.;（快速点定位）
N220 Z-39.;（退刀）
N230 G01 X34. 2. F0.08;（粗加工槽）
N240 X48.;
N250 G00 Z-36.;
N260 G01 X34.2. F0.08;（粗加工槽）
N270 X48.;
N280 Z-40.;
N290 G01 X34. F0.08;（精加工槽）
N300 X48;
N310 Z-33.;
N320 X44. Z-35.;
N330 X34.;
N340 Z-40.;
N350 X48.;
N360 G00 X100. Z150.;（快速返回换刀点）
N370 M30;（程序结束返回程序头）
```

加工右端程序（工序二）

```
O0002;
```

N10 G99 G21 G40；（定义米制输入、每转进给方式编程）
N20 M03 S1200 T0101；（换1号外圆车刀，主轴正转，$n$=1200r/min）
N30 G00 G42 X57. Z1.；（快速点定位，建立刀尖半径右补偿）
N40 G73 U17. R10；（外轮廓粗加工循环）
N50 G73 P60 Q200 U0.6 W0.1 F0.2；（外轮廓粗加工循环）
N60 G00 G42 X14.；（精车路线N60～N200）
N70 G01 X19.8Z－2. F0.1；
N80 Z－17. F0.1；
N90 X16. Z－19.；
N100 Z－21.；
N120 G02 X20Z－23. R2.；
N130 G01 X32. C0.5.；
N140 Z－29.；
N150 X28. Z－34.；
N160 G03 X36. Z－45. R25.；
N170 G01 X42. C0.5.；
N180 Z－51.；
N190 X46.62. Z－55.；
N200 X47.；
N210 T0101；
N220 M03 S1400；（主轴正转，$n$=1400r/min）
N230 G00 X52. Z1.；（快速点定位）
N240 G70 P60 Q200；（用G70循环指令进行精加工）
N250 G40 G00 X100. ；（快速返回换刀点）
N260 Z150.；（快速返回换刀点）
N350 T0303；（换T03号螺纹车刀，并调用3号刀补）
N360 M03 S1000；（主轴正转，$n$=1000r/min）
N370 G00 X22 Z2；（快速点定位）
N270 G92 X19.1 Z－21 F1.5；（第一刀车进0.9mm）
N280 X18.6；（第二刀车进0.5mm）
N290 X18.3；（第三刀车进0.3mm）
N300 X18.05；（第四刀车进0.25mm）
N310 X18.05；（第五刀原走刀）
N320 G00 X100. Z150.；（快速返回换刀点）
N330 M30；（程序结束返回程序头）

**例10** 中级工零件10如图2-50所示，试编写数控加工程序。

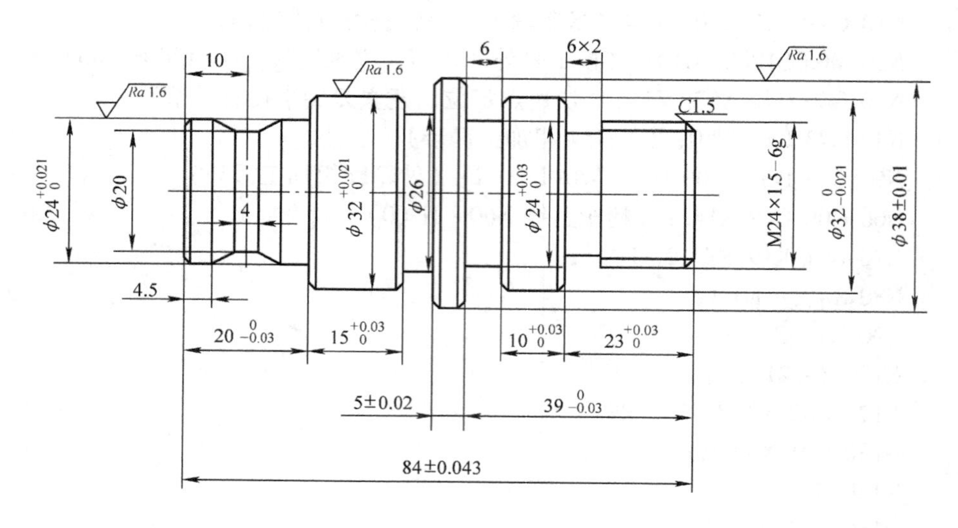


图2-50　中级工零件10

**1. 零件分析**

该工件为阶梯轴零件，其成品最大直径为38mm，由此采用φ40mm×88mm的圆钢棒料加工即可。装夹时注意控制毛坯外伸量，保证装夹刚性。

**2. 工艺分析**

先以φ40mm外圆为定位基准，用自定心卡盘装夹，加工左边轮廓；再以φ32mm外圆为定位基准，用自定心卡盘装夹，保证总长度，并加工右轮廓。切削用量参数详见程序。

【加工工序】

1）加工左端。用外圆端面车刀平左端面，用试切法对刀。

2）用G73、G70循环指令粗、精加工外轮廓。

3）加工直槽。

4）调头装夹，加工保证总长度（84±0.043）mm。

5）用G73、G70循环指令粗、精加工左端外轮廓并保证各轮廓尺寸。

6）加工直槽，螺纹。

7）去毛刺，检测工件各项尺寸。

**3. 参考程序**

【工件坐标系原点】工件左端面回转中心（工序一）；工件右端面回转中心（工序二）。

【刀具】T01：外圆车刀；T02：切槽刀，刀宽3mm；T03：螺纹车刀。

加工左端程序（工序一）

```
O0001;
N10 M03 S1200 T0101;（换T01号外圆车刀，主轴正转，n=1200r/min）
N20 G00 X42. Z1. ;（快速点定位）
N30 G73U10 R7;（外径粗加工循环）
N40 G73P50 Q160 U0. 6 W0. 1 F0. 2;（外径粗加工循环）
N50 G00 X20.  ;（精车路线N50～N160）
N60 G01 X24. Z-1. F0. 1;
N70 Z-4. 5. ;
N80 X20. Z-8. ;
N90 Z-12. ;
N100 X24Z-15. 5. ;
N110 Z-20. ;
N120 X32. C1. ;
N130 Z-40. ;
N140 X38. C1. ;
N150 Z-46. ;
N160 X39. ;
N170 T0101;
N180 M03 S1400;（主轴正转，n=1400r/min）
N190 G00 X52. Z1. ;（快速点定位）
N200 G70 P50 Q160;（用G70循环指令进行精加工）
N210 G00 X100;（退刀）
N220 Z150. ;（快速返回换刀点）
N230 T0202;（换T02号3mm切槽刀，并调用2号刀补）
N200 M03 S1000;（主轴正转，n=1000r/min）
N210 G00 X40.  Z1. ;（快速点定位）
N220 Z-39.  （退刀）
N230 G01 X26.  2. F0. 08;（粗加工槽）
N240 X40. ;
N250 Z-42. ;
N260 G01 X36. Z-40.  F0. 08;（精加工槽）
N270 X26. 2;
N280 X34. ;
N290 Z-36. ;
N300 X30. Z-38. ;
```

```
N310 X26. ;
N320 Z-40. ;
N330 X40. ;
N340 G00 X100. Z150. ;（快速返回换刀点）
N350 M30;（程序结束返回程序头）
```

加工右端程序（工序二）

```
O0002;
N10 G99 G21 G40;（定义米制输入、每转进给方式编程）
N20 M03 S1200 T0101;（换1号外圆车刀，主轴正转，n=1200r/min）
N30 G00 G42 X42. Z1. ;（快速点定位，建立刀尖半径右补偿）
N40 G73 U10. R7;（外轮廓粗加工循环）
N50 G73 P60 Q200 U0.6 W0.1 F0.2;（外轮廓粗加工循环）
N60 G00 G42 X19. ;（精车路线N60～N200）
N70 G01 X23.8Z-1.5. F0.1;
N80 Z-15. F0.1;
N90 X20. Z-17. ;
N100 Z-23. ;
N110 X32. C1. ;
N120 Z-39. ;
N130 X36. ;
N140 X38. Z-40. ;
N200 X39. ;
N210 T0101;
N220 M03 S1400;（主轴正转，n=1400r/min）
N230 G00 X52. Z1. ;（快速点定位）
N240 G70 P60 Q200;（用G70循环指令进行精加工）
N250 G40 G00 X100. ;（快速返回换刀点）
N260 Z150. ;（快速返回换刀点）
N270 T0202;（换T02号3mm切槽刀，并调用2号刀补）
N280 M03 S1000;（主轴正转，n=1000r/min）
N290 G00 X40. Z1. ;（快速点定位）
N300 Z-38. ;（退刀）
N310 G01 X24.2. F0.08;（粗加工槽）
N320 X40. ;
```

```
N330 Z-39. ;
N340 G01 X24.2. F0.08;（精加工槽）
N350 X34. ;
N360 Z-34. ;
N370 X30. Z-36. ;
N380 X24. ;
N390 Z-39. ;
N400 X40. ;
N410 G00 X100. Z150. ;（快速返回换刀点）
N420 T0303;（换T03号螺纹车刀，并调用3号刀补）
N430 M03 S1000;（主轴正转，n=1000r/min）
N440 G00 X26 Z2;（快速点定位）
N450 G92 X23.1 Z-21 F1.5;（第一刀车进0.9mm）
N460 X22.6;（第二刀车进0.5mm）
N470 X22.3;（第三刀车进0.3mm）
N480 X22.05;（第四刀车进0.25mm）
N490 X22.05;（第五刀原走刀）
N500 G00 X100. Z150. ;（快速返回换刀点）
N510 M30;（程序结束返回程序头）
```

**例11**　中级工零件11如图2-51所示，试编写数控加工程序。

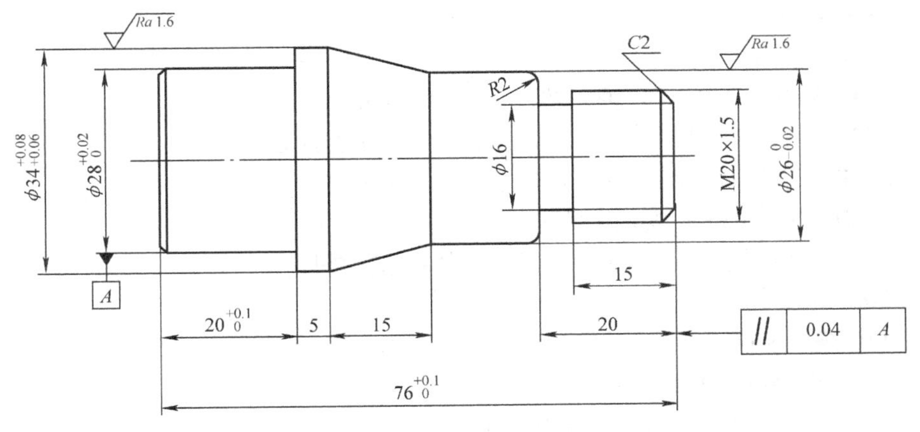


图2-51　中级工零件11

**1. 零件分析**

该工件为阶梯轴零件，其成品最大直径为34mm，由于直径较小，毛坯可以采用$\phi$40mm的圆柱棒料，加工后切断即可，这样可以节省装夹料头，并保证各加工表面间具有较高的相对位置精度。装夹时注意控制毛坯外伸量，保证装夹刚性。

**2. 工艺分析**

1）夹持 $\phi$40mm 外圆，车削左边的各外圆至尺寸要求。

2）调头，夹持 $\phi$28mm 外圆，车削右边各外圆。

3）换刀，切退刀槽，至尺寸要求。

4）换刀，车削螺纹，至尺寸要求。

5）检验。

**3. 参考程序**

【工件坐标系原点】工件左端面回转中心。

【刀具】T01：菱形外圆车刀；T02：切槽刀，刀宽 5mm；T03：外螺纹车刀。

O0001；
N10 M03 S800 T0101；（换 T01 号外圆车刀，主轴正转，$n$ = 800r/min）
N20 G00 X40. Z1. ；（快速点定位）
N30 G71 U1. 5 R1；（外径粗加工循环）
N40 G71 P50 Q100 U0. 2 W0. 03 F0. 3；（外径粗加工循环）
N50 G0 X24. ；（精车路线 N50 ~ N100）
N60 G1 X28. Z – 1. F0. 1；
N70 Z – 20. ；
N80 X34. C0. 5. ；
N90 W – 6. ；
N100 X35. ；
N110 M03 S1200；（主轴正转，$n$ = 1200r/min）
N120 G70 P50 Q100；（用 G70 循环指令进行精加工）
N130 G00 X100. Z100. ；（快速返回换刀点）
N140 M30；（程序结束返回程序头）

调头装夹：装夹 $\phi$28mm 的外圆，车削右边的外圆。

O0002；
N10 M03 S800 T0101；（换 T01 号外圆车刀，主轴正转，$n$ = 800r/min）
N20 G00 X40. Z1. ；（快速点定位）
N30 G71 U1. 5 R1；（外径粗加工循环）
N40 G71 P50 Q110 U0. 2 W0. 03 F0. 3；（外径粗加工循环）
N50 G01 X15. F0. 1；（精车路线 N50 ~ N110）
N60 X19. 8. Z – 1. 5. ；
N70 Z – 20；

N80 X26. R2. ;
N90 W-16. ;
N100 X34. W-15. ;
N110 X35. ;
N120 M03 S1200；（主轴正转，$n$=1200r/min）
N130 G70 P50 Q110；（用 G70 循环指令进行精加工）
N140 G00 X100. Z100. ;（快速返回换刀点）
N150 M30；（程序结束返回程序头）
切槽加工：
O0003；
N10 M03 S600 T0202；（换 T02 号 5mm 切槽刀，主轴正转，$n$=600r/min）
N20 G00 X28. Z-20. ;（快速点定位）
N30 G01 X16. F0.1；（切槽）
N40 X28. ;（退刀）
N50 G00 X100. Z100. ;（快速返回换刀点）
M30；（程序结束返回程序头）
螺纹加工：
O0004；
M03 S600 T0303；（换 T03 号外螺纹车刀，主轴正转，$n$=600r/min）
G00 X22. Z5. ;（快速点定位到螺纹循环起点）
G92 X19.2 Z-17. F1.5；（第一刀车进 0.8mm）
X18.6；（第二刀车进 0.6mm）
X18.2；（第三刀车进 0.4mm）
X18.04；（第四刀车进 0.16mm）
X18.04；（第五刀光整）
G00 X100. Z100. ;（快速返回换刀点）
M30；（程序结束返回程序头）

**例 12** 中级工零件 12 如图 2-52 所示，试编写数控加工程序。

**1. 零件分析**

该工件为阶梯轴零件，其成品最大直径为 36mm，由于直径较小，毛坯可以采用 $\phi$40mm 的圆柱棒料，加工后切断即可，这样可以节省装夹料头，并保证各加工表面间具有较高的相对位置精度。装夹时注意控制毛坯外伸量，保证装夹刚性。

**2. 工艺分析**

1）夹持 $\phi$40mm 外圆，车削左边的各外圆至尺寸要求。

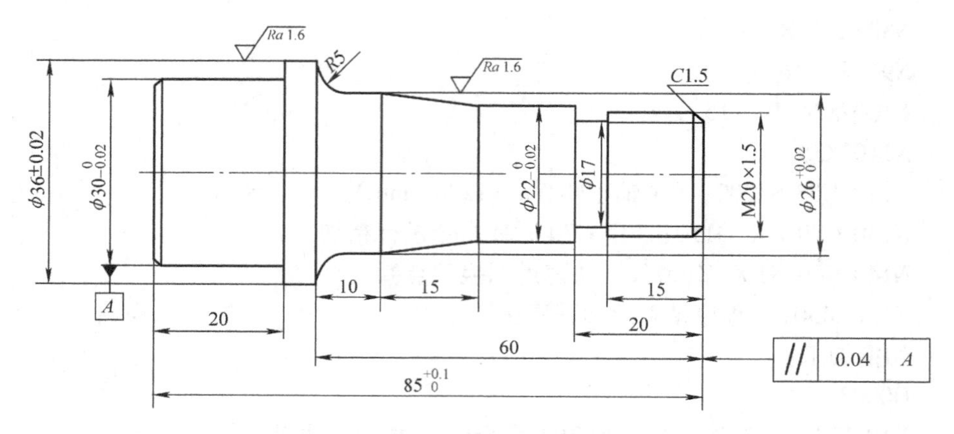


图 2-52　中级工零件 12

2）调头，夹持 φ30mm 外圆，车削右边各外圆。

3）换刀，切退刀槽至尺寸要求。

4）换刀，车削螺纹至尺寸要求。

5）检验。

**3. 参考程序**

【工件坐标系原点】工件左端面回转中心。

【刀具】T01：菱形外圆车刀；T02：切槽刀，刀宽 5mm；T03：外螺纹车刀。

O0001；

N10 M03 S800 T0101；（换 T01 号外圆车刀，主轴正转，$n = 800\text{r/min}$）

N20 G00 X40. Z1. ；（快速点定位）

N30 G71 U1. 5 R1；（外径粗加工循环）

N40 G71 P50 Q100 U0. 2 W0. 03 F0. 3；（外径粗加工循环）

N50 G00 X26. ；（精车路线 N50 ~ N100）

N60 G01 X30. Z－1.  F0. 1；

N70 Z－20. ；

N80 X36C0. 5. ；

N90 W－6. ；

N100 X37. ；

N110 M03 S1200；（主轴正转，$n = 1200\text{r/min}$）

N120 G70 P50 Q100；（用 G70 循环指令进行精加工）

N130 G00 X100.  Z100. ；（快速返回换刀点）

N140 M30；（程序结束返回程序头）

调头装夹：装夹 φ30mm 的外圆，车削右边的外圆。

```
O0002;
N10 M03 S800 T0101;（换 T01 号外圆车刀，主轴正转，n=800r/min）
N20 G00 X40. Z1.;（快速点定位）
N30 G71 U1.5 R1;（外径粗加工循环）
N40 G71 P50 Q130 U0.2 W0.03 F0.3;（外径粗加工循环）
N50 G01 X15. F0.1;（精车路线 N50～N130）
N60 X19.8. Z-1.5.;
N70 Z-20;
N80 X22. C0.5.;
N90 W-15.;
N100 X26. W-15.;
N110 W-5.;
N120 G02 X36. W-5. R5.;
N130 G01 X37.;
N140 M03 S1200;（主轴正转，n=1200r/min）
N150 G70 P50 Q130;（用 G70 循环指令进行精加工）
N160 G00 X100. Z100.;（快速返回换刀点）
N170 M30;（程序结束返回程序头）
```

切槽加工：

```
O0003;
N10 M03 S600 T0202;（换 T02 号刀宽 5mm 切槽刀，主轴正转，n=600r/min）
N20 G00 X24. Z-20.;（快速点定位）
N30 G01 X17. F0.1;（切槽）
N40 X24.;（退刀）
N50 G00 X100. Z100.;（快速返回换刀点）
N60 M30;（程序结束返回程序头）
```

螺纹加工：

```
O0004;
M03 S600 T0303;（换 T03 号外螺纹车刀，主轴正转，n=600r/min）
G00 X22. Z5.;（快速点定位到螺纹循环起点）
G92 X19.2 Z-17. F1.5;（第一刀车进 0.8mm）
X18.6;（第二刀车进 0.6mm）
X18.2;（第三刀车进 0.4mm）
X18.04;（第四刀车进 0.16mm）
X18.04;（第五刀光整）
```

G00 X100. Z100.；（快速返回换刀点）

M30；（程序结束返回程序头）

**例 13** 中级工零件 13 如图 2-53 所示，试编写数控加工程序。

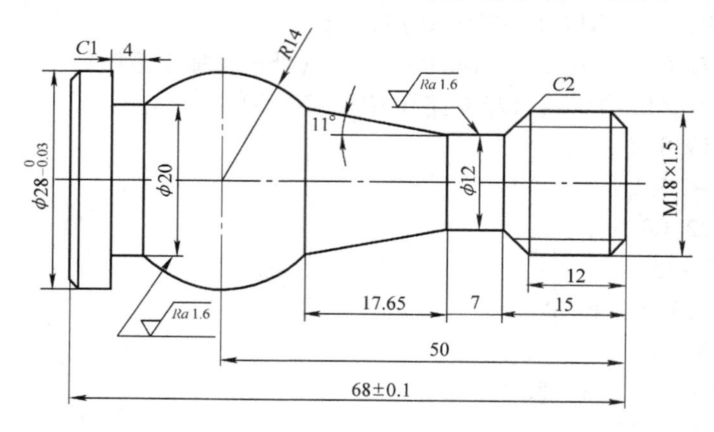


图 2-53 中级工零件 13

### 1. 零件分析

该工件为阶梯轴零件，其成品最大直径为 28mm，由于直径较小，可以采用 $\phi$35mm 的圆柱棒料加工后切断即可，这样可以节省装夹料头，并保证各加工表面间具有较高的相对位置精度。装夹时注意控制毛坯外伸量，保证装夹刚性。毛坯为 $\phi$35mm × 1m 的圆棒料。

### 2. 工艺分析

以 $\phi$35mm 外圆作为定位基准，采用自定心卡盘加后顶尖（一夹一顶）的装夹方式来加工零件。注意 G73 外轮廓循环指令的用法，切削参数见程序。

【加工工序】

1）车端面。用外圆车刀平右端面，用试切法对刀。

2）从右端至左端粗加工外圆轮廓（留 0.2 ~ 0.5mm 精加工余量）。

3）精加工外圆轮廓至图样要求。

4）加工螺纹至图样要求。

5）切断保证总长度公差要求。

6）去毛刺，检测工件各项尺寸。

### 3. 参考程序

【工件坐标系原点】工件右端面回转中心。

【刀具】T01：外圆车刀；T02：外切断刀，刀宽 4mm；T04：外螺纹车刀。

O0009；

N10 G99 G21 G40；（定义米制输入、每转进给方式编程）

N20 M03 S800 T0101；（换 1 号外圆车刀，主轴正转，$n$ = 800r/min）
N30 G00 X37 Z2. M08；（快速点定位，切削液开）
N40 G73 U8. W0. 5 R5；（外轮廓粗加工循环）
N50 G73 P60 Q170 U0. 4 W0. 2 F0. 3；（外轮廓粗加工循环）
N60 G00 G42 X13. 8；（精车路线 N60 ~ N170）
N70 G01 Z0 F0. 2；
N80 X17. 8 W - 2；
N90 Z - 12；
N100 X12 Z - 15；
Z - 22
N110 X18. 86. W - 17. 65；
N120 G03 X20 Z - 77. 8 R14；
N130 G01 W - 4；
N140 X - 28；
N150 Z - 67；
N160 X26 Z - 68；
N165 Z - 73；
N170 G00 G40 X37；
N180 M03 S1000；（主轴正转，$n$ = 1000r/min）
N190 G70 P60 Q170；（用 G70 循环指令进行精加工）
N200 G00 X100. Z150. ；（快速返回换刀点）
N210 T0404；（换 4 号外螺纹车刀，导入该刀刀补）
N220 M03 S600；（主轴正转，$n$ = 600r/min）
N230 G00 X20 Z2；（快速点定位）
N240 G92 X17. 2 Z - 14 F1. 5；（第一刀车进 0. 8mm）
N250 X16. 6；（第二刀车进 0. 6mm）
N260 X16. 2；（第三刀车进 0. 4mm）
N270 X16. 05；（第四刀车进 0. 15mm）
N280 G00 X100. Z150. ；（快速返回换刀点）
N290 T0202 M03 S500；（换 2 号 4mm 切断刀，主轴正转，$n$ = 500r/min）
N300 G00 X32. Z - 72. ；（快速定位到切断起始位置）
N310 G01 X0. F0. 1；（切断）
N330 G00 X32. ；（退刀）
N340 G00 X100. Z150. ；（快速返回换刀点）
N350 M30；（程序结束返回程序头）

**例14** 中级工零件14如图2-54所示，试编写数控加工程序。

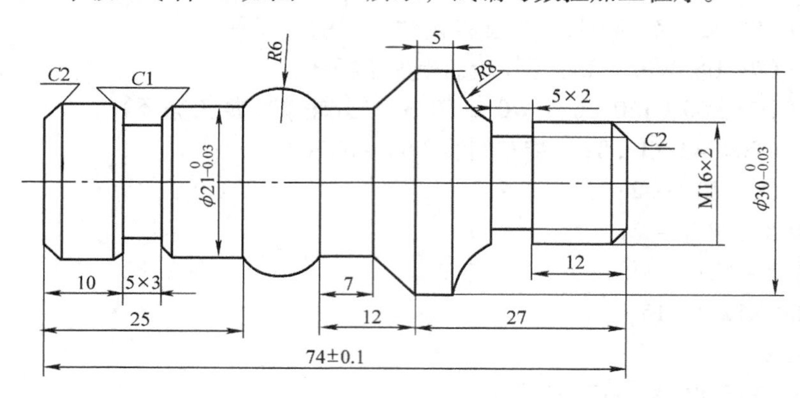


图2-54 中级工零件14

**1. 零件分析**

该工件为阶梯轴零件，其成品最大直径为30mm，由于直径较小，可以采用$\phi$35mm的圆柱棒料加工后切断即可，这样可以节省装夹料头，并保证各加工表面间具有较高的相对位置精度。装夹时注意控制毛坯外伸量，保证装夹刚性。毛坯为$\phi$35mm×1m的圆钢棒料。

**2. 工艺分析**

以$\phi$35mm外圆作为定位基准，采用自定心卡盘加后顶尖（一夹一顶）的装夹方式来加工零件。注意G73外轮廓循环指令的用法，切削参数见程序。

【加工工序】

1）车端面。用外圆车刀平右端面，用试切法对刀。

2）从右端至左端粗加工外圆轮廓，留0.5mm精加工余量。

3）精加工外圆轮廓至图样要求。

4）切螺纹退刀槽。

5）加工螺纹至图样要求。

6）切断，保证总长度公差要求。

7）去毛刺，检测工件各项尺寸。

**3. 参考程序**

【工件坐标系原点】工件右端面回转中心。

【刀具】T01：外圆车刀（粗）；T2：外圆车刀（精）；T03：外切槽刀，刀宽5mm；T04：外螺纹车刀。

O0001；

N10 G99 G21 G40；（定义米制输入、每转进给方式编程）

N20 M03 S800 T0101；（换1号外圆车刀，主轴正转，$n$=800r/min）

```
N30 G00 X37 Z2. M08；（快速点定位，切削液开）
N40 G73 U7. W0.5 R5；（外轮廓粗加工循环）
N50 G73 P60 Q210 U0.5 W0.1 F0.3；（外轮廓粗加工循环）
N60 G00 X11.8；（精车路线 N60～N210）
N70 G01 Z0 F0.2；
N80 X15.8 W-2；
N90 Z-17；
N100 G02 X30 Z-22 R8；
N110 G01W-5；
N120 X21 W-5；
N130 W-7；
N140 G03 X21 Z-49 R6；
N150 G01 W-9.；
N160 X19 W-1；
N170 W-5；
N180 X21 W-1；
N190 Z-72；
N200 X17 W-2；
N210 Z-80；
N220 G00 X100. Z150.；（快速返回换刀点）
N230 M03 S1000；（主轴正转，n=1000r/min）
N240 T0202；（换2号精车刀，导入该刀刀补）
N250 G70 P60 Q210；（用G70循环指令进行精加工）
N260 G00 X100. Z150.；（快速返回换刀点）
N270 T0303；（换3号5mm切槽刀，导入该刀刀补）
N280 G00 X18. Z-17.；（快速点定位）
N290 G01 X12. F0.08；（切槽）
N300 G00 X32.；（退刀）
N310 Z-64.；（快速点定位）
N320 X22.；（快速点定位）
N330 G01 X15. F0.08；（切槽）
N340 G00 X32.；（退刀）
N350 X100. Z150.；（快速返回换刀点）
N360 T0404；（换4号外螺纹车刀，导入该刀刀补）
N370 M03 S600；（主轴正转，n=600r/min）
```

N380 G00 X18 Z3；（快速点定位）

N390 G92 X15.2 Z-14 F1.5；（第一刀车进0.8mm）

N400 X14.6；（第二刀车进0.6mm）

N410 X14.2；（第三刀车进0.4mm）

N420 X14.04；（第四刀车进0.16mm）

N430 G00 X100. Z150.；（快速返回换刀点）

N440 T0303 M03 S500；（换3号5mm切槽刀，主轴正转，$n=500$r/min）

N450 G00 X22. Z-79.；（快速定位到切断起始位置）

N460 G01 X0. F0.1；（切断）

N470 G00 X32.；（退刀）

N480 G00 X100. Z150.；（快速返回换刀点）

N490 M30；（程序结束返回程序头）

**例15**　中级工零件15如图2-55所示，试编写数控加工程序。

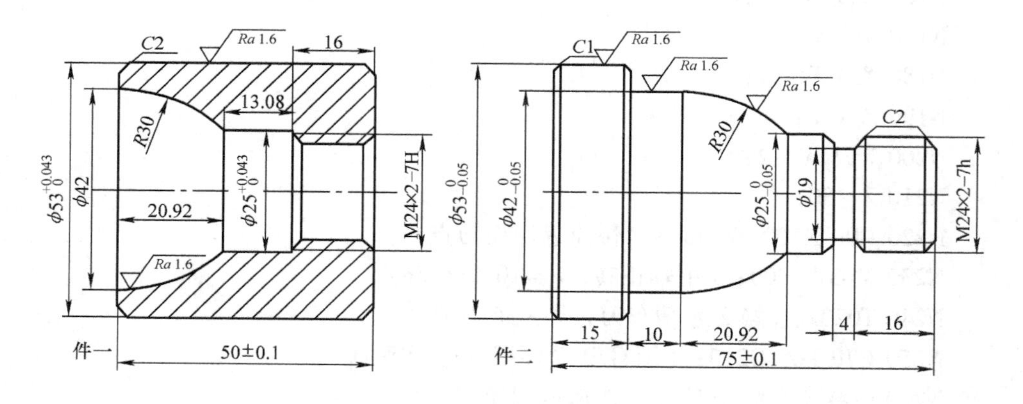


图2-55　中级工零件15

**1. 零件分析**

该工件是一个组合件，两件是分开加工的，加工好后要达到相应的配合要求，尺寸精度要求较高，加工时要注意同轴度的要求。材料为45钢，毛坯尺寸为$\phi$60mm×135mm的圆钢。

**2. 工艺分析**

毛坯是两个件合在一起的棒料，凹件外圆表面先加工，然后利用加工好的凹件外圆作为加工凸件的夹持部分，加工好凸件的右端轮廓后，进行切断，切断后直接进行凹件的内孔加工。装夹次数为三次，第一次加工件二外圆；第二次加工件一内型腔；第三次加工件一左端面。夹持加工好的表面时，注意要用铜皮包裹已加工表面，防止夹伤表面。

【加工工序】

1）粗、精加工凹件的右端面及外圆，保证 $\phi$53mm 的尺寸要求。

2）调头装夹，找正并加紧。

3）粗车凸件外圆各个表面，留精加工余量0.2～0.5mm。

4）精车凸件外圆圆弧等各表面达到图样要求，外螺纹大径车小0.2mm。

5）加工螺纹退刀槽。

6）外螺纹加工，达到图样要求。

7）切断，保证总长留有1mm的余量。

8）加工凹件的左端面，保证凹件总长要求。

9）粗镗内孔，留精加工余量0.2～0.5mm。

10）精镗内孔，到达图样各项要求。

11）内螺纹加工，保证与外螺纹的配合要求。

12）试配两件，如有需要，则进行修正。

13）装夹凸件，找正夹紧，准备加工凸件的左端面。

14）粗、精加工凸件的左端面，保证凸件总长要求。

**3. 参考程序**

【工件坐标系原点】

【刀具】T01：外圆车刀；T02：切槽刀（刀宽3mm）；T03：外螺纹车刀；T04：内孔镗刀；T05：内螺纹车刀。

加工件二左端外圆程序（工序一）

```
O0001;
N10 G99 G21;（定义米制输入、每转进给方式编程）
N20 M03 S800 T0101;（换T01号外圆车刀，导入该刀刀补）
N30 G00 X62. Z0;（快速点定位）
N40 G01 X0. F0.1;
N50 G00 X62. Z2;（退刀）
N60 G90 X57 Z-52 F0.2;（单一形状固定循环加工）
N65 X53.2;
N70 G01 X51.2 Z0 F0.1;
N80 X53.2 Z-1;
N90 M03 S1100;
N100 G00 Z2;
N110 X46;
N120 G01 Z0 F0.1;
```

N130 X53 Z－1；
N140 Z－52；
N150 G00 X100；（退刀）
N160 Z150.；（退刀）
N170 M30；（程序结束返回程序头）

加工件二右端程序（工序二）
O0002；
N10 G99 G21；（定义米制输入、每转进给方式编程）
N20 M03 S800 T0101；（换 T01 号外圆车刀，导入该刀刀补）
N25 M08；（切削液开）
N30 G00 X62. Z2.；（快速点定位）
N40 G71 U2. R1；（外径粗加工循环）
N50 G71 P60 Q170 U0.2 W0.1 F0.25；（外径粗加工循环）
N60 G00 G42 X19.8；（精车路线 N80～N170）
N70 G01 Z0 F0.15；
N80 X23.8 Z－2；
N90 Z－20；
N100 X25.；
N110 W－9.08；
N120 G03 X42. W－29.92. R30.；
N130 G01 W－10；
N140 X51.；
N150 X53 W－1.；
N160 Z－78；
N170 G40 X62；
N180 M03 S1000；（主轴正转，$n$＝1000r/min）
N190 G70 P60 Q170；（用 G70 循环指令进行精加工）
N240 G00 G40 X100. Z150.；（快速返回换刀点）
N250 T0202；（换 T02 号 3mm 切槽刀，左刀尖对刀）
N260 M03 S500；（主轴正转，$n$＝500r/min）
N270 G00 X26. Z－20.；（快速点定位）
N280 G01 X19.3 F0.08；
N290 G00 X27；
N300 Z－23；

N310 G01 X21. Z－20 F0.08；
N320 G00 X26.；
N330 Z－19；
N340 G01 X19. F0.08；
N350 Z－20；
N360 G00 X25.8；
N370 Z－16.；
N380 G01 X19.8. Z－19 F0.08；
N390 G00 X100. Z150.；（快速返回换刀点）
N400 T0303；（换 T03 号外螺纹车刀，导入该刀刀补）
N410 M03 S600；（主轴正转，$n$＝600r/min）
N420 G00 X26 Z5；（快速点定位）
N430 G76 P010060 Q100 R0.1；（设置 G76 螺纹循环加工参数）
N440 G76 X31.4 Z－18 R0. P1300 Q500 F2；（设置 G76 螺纹循环加工参数）
N450 G00 X100. Z150.；（快速返回换刀点）
N460 T0202 M03 S600；（换 T02 号 3mm 切槽刀，主轴正转，$n$＝600r/min）
N470 G00 X55. Z－76.；（快速点定位）
N480 G01 X51. W－2. F0.08；倒角
N490 X0；（切断）
N500 G00 X55.；（退刀）
N510 G00 X100. Z150.；（快速返回换刀点）
N520 M30；（程序结束返回程序头）

加工件一左端内孔程序（工序三）
O0003；
N10 G99 G21 G40；
N20 M03 S1000 T0101；（换 T01 号外圆车刀，导入该刀刀补）
N25 M08；（切削液开）
N30 G00 X55. Z－1；
N40 G01 X53. F0.1；
N50 X51. Z0；（快速点定位）
N60 X40；
N70 G00 Z5；
N80 X55；
N90 G00 X100. Z150.；（快速返回换刀点）

N100 T0404；（换T04号内孔镗刀）
N110 M03 S600；（主轴正转，$n=600$r/min）
N120 G00 G41 X16. Z2.；（快速点定位，建立刀尖半径右补偿）
N130 G71 U2. R1；（内径粗加工循环）
N140 G71 P150 Q210 U-0.2 W0.1 F0.25；（内径粗加工循环）
N150 G00 X42；（精车路线N150~N210）
N160 G01 Z0 F0.1；
N170 G03 X25. Z-20.92 R30.；
N180 G01 Z-13.08；
N190 X25.6；
N200 X21.6 W-2；
N210 Z-51；
N220 M03 S1000；（主轴正转，$n=1000$r/min）
N230 G70 P150 Q210；（用G70循环指令进行精加工）
N240 G00 G40 X100. Z150.；（快速点定位，取消刀尖半径右补偿）
N250 T0505；（换T05号内螺纹车刀，导入该刀刀补）
N260 M03 S500；（主轴正转，$n=500$r/min）
N270 G00 X20 Z5；（快速点定位）
N280 Z-29；
N290 G76 P010060 Q100 R0.1；（设置G76螺纹循环加工参数）
N300 G76 X24 Z-52 R0. P1300 Q500 F2；（设置G76螺纹循环加工参数）
N310 G00 Z5；（退刀）
N320 G00 X100. Z150.；（快速返回换刀点）
N330 M30；（程序结束返回程序头）

## 2.10 数控车高级工考试样题

**例1** 高级工零件1如图2-56所示，试编写数控加工程序。

**1. 零件分析**

该工件最大直径为42mm，毛坯采用$\phi$45mm×115mm的圆钢。装夹时注意控制毛坯外伸量，保证装夹刚性。

**2. 工艺分析**

以$\phi$45mm外圆为定位基准，用自定心卡盘装夹，伸出长度为40mm左右，车左端面加工外轮廓保证各外圆尺寸精度，加工内轮廓保证尺寸精度。调头装夹，以$\phi$42mm外圆为定位基准，车右端面保证总长度，加工右端外轮廓并加工

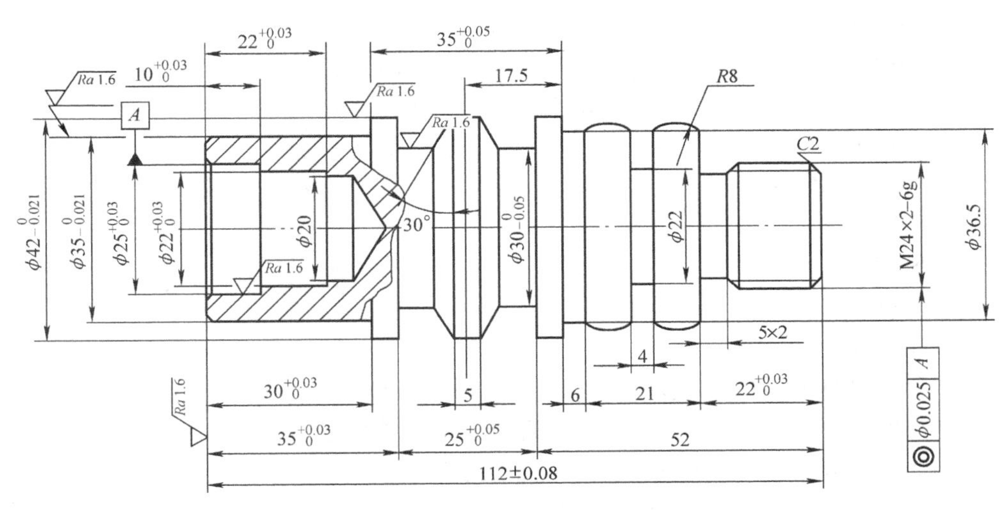


图 2-56　高级工零件 1

M24 外螺纹。切削用量参数详见程序。

【加工工序】

1）加工左端。用外圆端面车刀平左端面，用试切法对刀。

2）用 G71、G70 循环指令粗加工外轮廓，然后精车外轮廓保证各外轮廓尺寸精度。

3）钻 φ20mm 孔。

4）用 G71、G70 循环指令粗、精加工内轮廓。

5）调头装夹，加工零件保证总长度 112 ±0. 05mm。

6）用 G73、G70 循环指令粗加工外轮廓，然后精车外轮廓保证各外轮廓尺寸精度。

7）加工螺纹退刀槽，加工各尺寸槽。

8）加工 M24 螺纹。

9）去毛刺，检测工件各项尺寸。

**3. 参考程序**

【工件坐标系原点】工件右端面回转中心。

【刀具】T01：外圆车刀；T02：外切槽刀，刀宽 4mm；T03：外螺纹车刀；T04：内孔镗刀。

加工左端程序（工序一）预钻 φ20mm 孔

O0011；

N10 M03 S800 T0101；（换 T01 号外圆车刀，主轴正转，$n=800$r/min）

N20 G00 X45 Z5.；（快速点定位）

N30 G71 U1.5 R1；（外径粗加工循环）
N40 G71 P50 Q110 U0.6 W0.03 F0.2；（外径粗加工循环）
N50 G01 X31. F0.1；（精车路线 N50～N110）
N60 Z1；
N70 X35 Z－1；
N80 Z－30；
N90 X42；
N100 Z－36；
N110 X43；
N120 M03 S1200；（主轴正转，$n=1200$r/min）
N130 G70 P50 Q110；（用 G70 循环指令进行精加工）
N140 G00 X100. Z100.；（快速返回换刀点）
N150 T0404；（换 T04 号内孔镗刀）
N160 M03 S600；（主轴正转，$n=600$r/min）
N170 G00 X20. Z2.；（快速点定位，建立刀尖半径右补偿）
N180 G71 U2. R1；（内径粗加工循环）
N190 G71 P200 Q260 U－0.6 W0.1 F0.25；（内径粗加工循环）
N200 G00 X29；（精车路线 N200～N260）
N210 G01 Z1 F0.1；
N220 X25 Z－1；
N230 Z－10；
N240 X22；
N250 Z－22；
N260 X19；
N270 M03 S1200；（主轴正转，$n=1200$r/min）
N280 G70 P200 Q260；（用 G70 循环指令进行精加工）
N290 G00 X100. Z150.；（快速返回换刀点）
N300 M30；（程序结束返回程序头）

加工右端程序（工序二）
O0012；
N10 G99 G21 G40；（定义米制输入、每转进给方式编程）
N20 M03 S800 T0101；（换 T01 号外圆车刀，导入该刀刀补）
N30 G00 X45 Z2.；（快速点定位）
N40 G73 U12 W0.5 R8；（外轮廓粗加工循环）

N50 G73 P60 Q170 U0.4 W0.2 F0.25；（外轮廓粗加工循环）
N60 G00 G42 X17.8；（精车路线N60～N170）
N70 G01 Z1 F0.15；
N80 X23.8 Z－2；
N90 Z－22；
N100 G01 X36.5；
N110 G03 X36.5 W－8.5R8；
N120 G01 W－4；
N130 G03 X36.5 W－8.5R8；
N140 G01W－6；
N150 X42 C0.5；
N160 Z－76；
N170 X43；
N180 S1000；（主轴正转，$n$＝1500r/min）
N190 G70 P60 Q170；（用G70循环指令进行精加工）
N200 G00 X100. Z150.；（快速返回换刀点）
N210 T0202；（换T02号4mm切槽刀，并调用2号刀补）
N220 M03 S500；（主轴正转，$n$＝500r/min）
N230 G00 X44. Z－22；（快速点定位）
N240 G01 X19. 8 F0.08；（切槽）
N250 G00 X44；（退刀）
N260 Z－19；（快速点定位）
N270 G01 X23.8 F0.08；
N280 X19.8 W－2；（倒角）
N290 G00 X44；（退刀）
N300 Z－32.15；（快速点定位）
N310 G01 X41.25 F0.08；
N320 G03 X37.31 Z－34.5 R2；（倒圆角）
N330 G00 X44；（退刀）
N340 Z－36.85；（快速点定位）
N350 G01 X41.25 F0.08；
N360 G02 X37.31 Z－34.5 R2；（倒圆角）
N370 G01 X22；（切槽）
N380 G00 X44；（退刀）
N390 Z－56；（快速点定位）

N400 G01 X30. F0.08；（切槽）
N410 G00 X44；（退刀）
N420 Z－67；（快速点定位）
N430 G01 X42. F0.08；
N440 X38. Z－58.54；（倒角）
N450 G00 X44；（退刀）
N460 Z－77；（快速点定位）
N470 G01 X30. F0.08；（切槽）
N480 G00 X44；（退刀）
N490 Z－71；（快速点定位）
N500 G01 X42. F0.08；
N510 X30. Z－74.46；（倒角）
N520 G00 X44；（退刀）
N530 X100. Z150.；（快速返回换刀点）
N540 T0303；（换T03号外螺纹车刀，并调用3号刀补）
N550 M03 S600；（主轴正转，$n=600\text{r/min}$）
N560 G00 X28 Z5；（快速点定位）
N570 G92 X23.1 Z－18 F2；（第一刀车进0.9mm）
N580 X22.5；（第二刀车进0.6mm）
N590 X21.9；（第三刀车进0.6mm）
N600 X21.5；（第四刀车进0.4mm）
N610 X21.4；（第五刀车进0.1mm）
N620 G00 X100. Z150.；（快速返回换刀点）
N630 M30；（程序结束返回程序头）

**例2** 高级工零件2如图2-57所示，试编写数控加工程序。

**1. 零件分析**

该工件是一个组合件，三件是分开加工的，加工好后要达到相应的配合要求，尺寸精度要求较高，加工时要注意同轴度的要求。材料为45钢，毛坯尺寸为$\phi$45mm×170mm的圆钢。

**2. 工艺分析**

毛坯是三个件合在一起的棒料，先加工件三右端，进行切断，再加工件二，进行切断，然后加工件三左端部分，最后加工件一。夹持加工好的表面时，注意要用铜皮包裹已加工表面，防止夹伤表面。

【加工工序】

1）钻深度为90mm直径为18mm孔，扩孔深度为48mm、直径为28mm的孔。

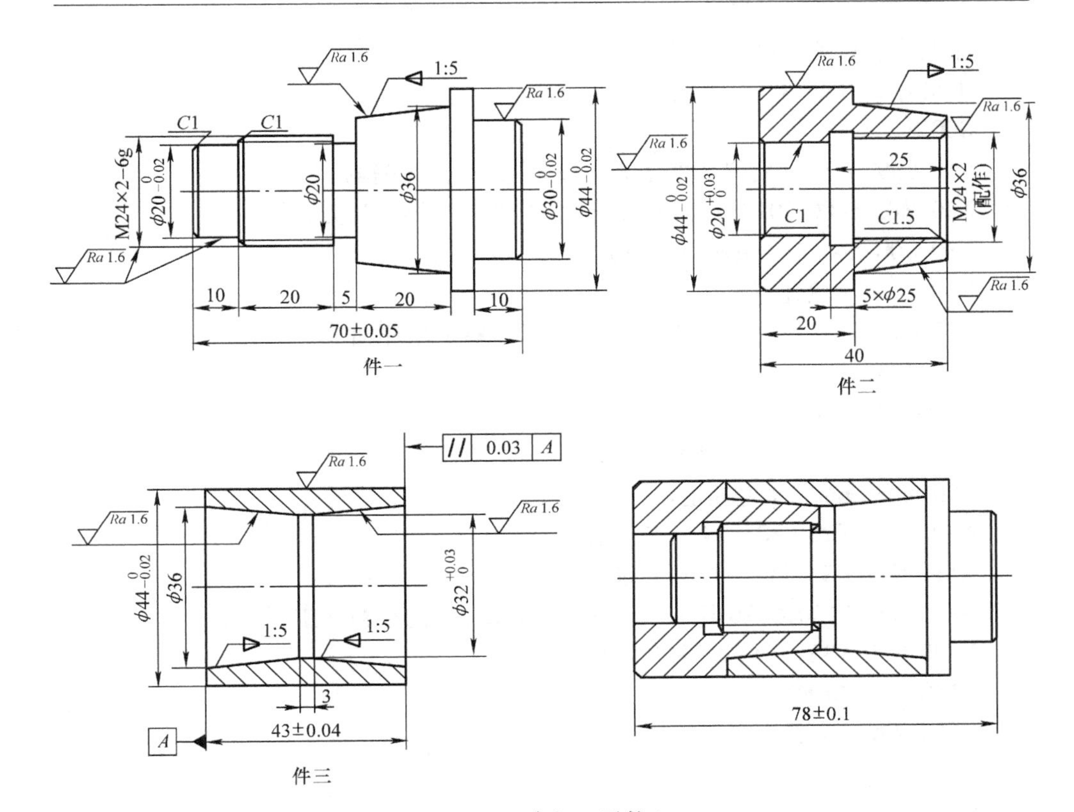


图2-57 高级工零件2

2）粗、精加工件三的内外轮廓，切断。

3）粗、精加工件二的内外轮廓，加工内螺纹退刀槽，车内螺纹，保证总长，切断。

4）件三调头装夹，找正并夹紧。

5）粗、精车件三内轮廓，并保证尺寸。

6）粗、精加工件一右端外轮廓。

7）件一调头装夹，找正并夹紧，保证总长。

8）粗、精加工件一左端外轮廓。

9）加工螺纹退刀槽。

10）外螺纹加工，达到图样要求。

**3. 参考程序**

【工件坐标系原点】工件端面回转中心。

【刀具】T01：外圆车刀；T02：外切槽刀，刀宽5mm；T03：外螺纹车刀；T04：内孔镗刀；T05：内螺纹车刀；T06：内切槽刀，刀宽5mm。

加工件三右端程序（工序一）

预钻好 $\phi$28mm 孔

```
O0021;
N10 G99 G21;（定义米制输入、每转进给方式编程）
N20 M03 S800 T0101;（换T01号外圆车刀，导入该刀刀补）
N30 G00 X45.;（快速点定位）
N40 Z2.;（快速点定位）
N50 G90 X44.2 Z-90 F0.2;（单一形状固定循环加工）
N60 X44;
N70 G00 X100 Z150.;（退刀）
N80 T0404;（换T04号内孔镗刀）
N90 M03 S600;（主轴正转，n=600r/min）
N100 G00 X28. Z2.;（快速点定位）
N110 G71 U2. R1;（内径粗加工循环）
N120 G71 P130 Q170 U-0.6 W0.1 F0.25;（内径粗加工循环）
N130 G00 X36;（精车路线N130~N170）
N140 G01 Z0 F0.1;
N150 X32. Z-20;
N160 Z-44;
N170 X31;
N180 T0404 M03 S1000;（主轴正转，n=1000r/min）
N190 G70 P130 Q170;（用G70循环指令进行精加工）
N200 G00 X100. Z150.;（快速返回换刀点）
N210 T0202;（换T02号5mm外切槽刀，左刀尖对刀）
N215 M03 S500;（主轴正转，n=500r/min）
N220 G00 X48. Z-49.;（快速点定位）
N230 G01 X30 F0.08;（切断）
N240 M30;（程序结束返回程序头）
```

加工件二程序（工序二）

预钻好 $\phi$18mm 孔

```
O0022;
N10 G99 G21;（定义米制输入、每转进给方式编程）
N20 M03 S800 T0101;（换T01号外圆车刀，导入该刀刀补）
N30 G00 X45. Z2;（快速点定位）
```

N40 G71 U2. R1；（外径粗加工循环）
N50 G71 P60 Q110 U0. 2 W0. 1 F0. 25；（外径粗加工循环）
N60 G01 X32 F0. 1；（精车路线 N60 ~ N110）
N70 Z0；
N80 X36 Z -20；
N90 X44 C0. 5；
N100 Z -45；
N110 X45；
N120 T0101 M03 S1000；（主轴正转，$n$ =1000r/min）
N130 G70 P60 Q110；（用 G70 循环指令进行精加工）
N140 G00 X100 Z150. ；（退刀）
N150 T0404；（换 T04 号内孔镗刀）
N160 M03 S600；（主轴正转，$n$ =600r/min）
N170 G00 X18. Z2. ；（快速点定位）
N180 G71 U2. R1；（内径粗加工循环）
N190 G71 P200 Q260 U -0. 6 W0. 1 F0. 25；（内径粗加工循环）
N200 G00 X27；（精车路线 N200 ~ N260）
N210 G01 Z1 F0. 1；
N220 X22 Z -1. 5；
N230 Z -25；
N240 X20 C0. 5；
N250 Z -44；
N260 X19；
N270 T0404 M03 S1000；（主轴正转，$n$ =1000r/min）
N280 G70 P200 Q260；（用 G70 循环指令进行精加工）
N290 G00 X100. Z150. ；（快速返回换刀点）
N300 T0606；（换 T06 号 5mm 内切槽刀，左刀尖对刀）
N310 M03 S500；（主轴正转，$n$ =500r/min）
N320 G00 X18. Z2. ；（快速点定位）
N330 Z -25. ；（快速点定位）
N340 G01 X25 F0. 08；（切槽）
N350 G00 X18. ；（退刀）
N360 Z5. ；（退刀）
N370 G00 X100. Z150. ；（快速返回换刀点）
N380 T0505；（换 T05 号内螺纹车刀，导入该刀刀补）

N390 M03 S500；（主轴正转，$n$ =500r/min）
N400 G00 X20；（快速点定位）
N410 Z5；（快速点定位）
N420 G76 P010060 Q100 R0.1；（设置G76指令螺纹循环加工参数）
N430 G76 X24 Z-22 R0. P1300 Q500 F2；（设置G76指令螺纹循环加工参数）
N440 G00 Z5；（退刀）
N450 G00 X100. Z150.；（快速返回换刀点）
N460 M30；（程序结束返回程序头）
N470 T0202；（换T02号5mm切槽刀，左刀尖对刀）
N480 M03 S500；（主轴正转，$n$ =500r/min）
N490 G00 X48. Z-45.；（快速点定位）
N500 G01 X18 F0.08；（切断）
N510 G00 X100. Z150.；（快速返回换刀点）
N520 M30；（程序结束返回程序头）

加工件三左端程序（工序三）
O0023；
N10 G99 G21 G40；（定义米制输入、每转进给方式编程）
N20 T0404；（换T04号内孔镗刀）
N30 M03 S600；（主轴正转，$n$ =600r/min）
N40 G00 X30. Z2.；（快速点定位）
N50 G90 X34 Z-20 R4 F0.15；
N60 X35.8 R4；
N70 X36 R4；
N80 G00 X100. Z150.；（快速返回换刀点）
N90 M30；（程序结束返回程序头）

加工件一右端程序（工序四）
O0024；
N10 G99 G21；（定义米制输入、每转进给方式编程）
N20 M03 S800 T0101；（换T01号外圆车刀，导入该刀刀补）
N30 M08；（切削液开）
N40 G00 X45. Z2.；（快速点定位）
N50 G71 U2. R1；（外径粗加工循环）
N60 G71 P70 Q130 U0.2 W0.1 F0.25；（外径粗加工循环）

N70 G00 X26；（精车路线N70～N130）
N80 G01 Z1 F0.15；
N90 X30 Z-1；
N100 Z-10；
N110 X44 C0.5；
N120 Z-16；
N130 X45；
N140 T0101 M03 S1500；（主轴正转，$n$=1500r/min）
N150 G70 P70 Q130；（用G70循环指令进行精加工）
N160 G00 X100. Z150.；（快速返回换刀点）
N170 M30；（程序结束返回程序头）

加工件一左端程序（工序五）
O0025；
N10 G99 G21；（定义米制输入、每转进给方式编程）
N20 M03 S800 T0101；（换T01号外圆车刀，导入该刀刀补）
N25 M08；（切削液开）
N30 G00 X45. Z2.；（快速点定位）
N40 G71 U2. R1；（外径粗加工循环）
N50 G71 P60 Q150 U0.2 W0.1 F0.25；（外径粗加工循环）
N60 G00 X16；（精车路线N60～N150）
N70 G01 Z1 F0.15；
N80 X20 Z-1；（倒角）
N90 Z-10；
N100 X21.8.；
N110 X23.8 W-1；（倒角）
N120 Z-35；
N130 X32；
N140 X36. W-20；
N150 X45；
N160 T0101 M03 S1000；（主轴正转，$n$=1000r/min）
N170 G70 P60 Q150；（用G70循环指令进行精加工）
N180 G00 G40 X100. Z150.；（快速返回换刀点）
N190 T0202；（换T02号5mm切槽刀，左刀尖对刀）
N200 M03 S500；（主轴正转，$n$=500r/min）

N210 G00 X36. Z－35.；（快速点定位）

N220 G01 X20 F0.08；

N230 G00 X36；

N240 G00 X100. Z150.；（快速返回换刀点）

N250 T0303；（换T03号外螺纹车刀，导入该刀刀补）

N260 M03 S600；（主轴正转，$n=600\text{r/min}$）

N270 G00 X26 Z7；（快速点定位）

N280 G76 P010060 Q100 R0.1；（设置G76指令螺纹循环加工参数）

N290 G76 X24 Z－32 R0.P1300 Q500 F2；（设置G76指令螺纹循环加工参数）

N300 G00 X100. Z150.；（快速返回换刀点）

N310 M30；（程序结束返回程序头）

**例3** 高级工零件3如图2-58所示，试编写数控加工程序。

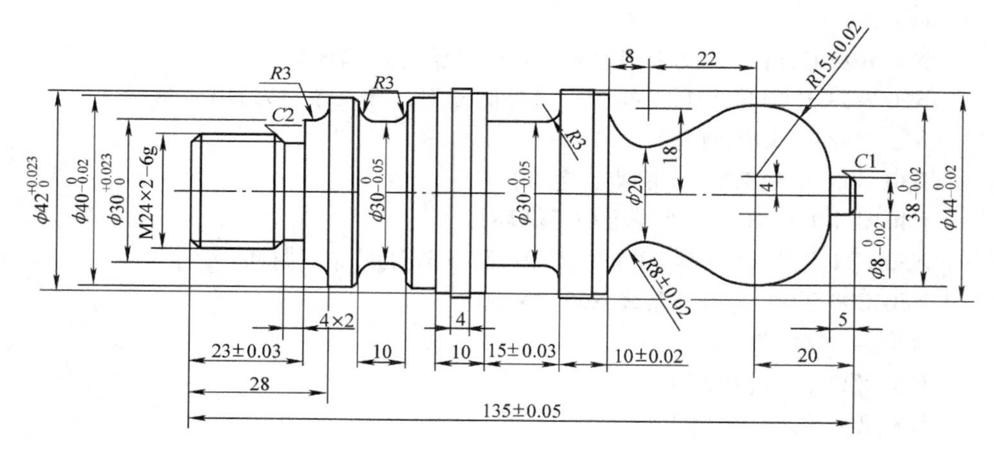


图2-58 高级工零件3

**1. 零件分析**

该工件最大直径为44mm，毛坯采用$\phi$45mm×140mm的圆钢。装夹时注意控制毛坯外伸量，保证装夹刚性。

**2. 工艺分析**

以$\phi$45mm外圆为定位基准，用自定心卡盘装夹，车左端面并加工外轮廓保证各外圆尺寸精度，并加工M24外螺纹。调头装夹，以$\phi$40mm外圆为定位基准，车右端面保证总长度，并加工右端外轮廓。切削用量参数详见程序。

【加工工序】

1）加工左端。用外圆端面车刀平左端面，用试切法对刀。

2）用G71、G70循环指令粗加工外轮廓，然后精车外轮廓保证各外轮廓尺寸精度。

3）加工螺纹退刀槽，加工宽度10mm的槽。

4）加工M24螺纹。

5）调头装夹，加工零件保证总长度（135±0.05）mm。

6）用G73、G70循环指令粗、精加工外轮廓并保证各轮廓尺寸。

7）加工宽度15mm的槽。

8）去毛刺，检测工件各项尺寸。

**3. 参考程序**

【工件坐标系原点】工件右端面回转中心。

【刀具】T01：外圆车刀；T02：外切槽刀（刀宽4mm）；T03：外螺纹车刀。

加工左端程序（工序一）

```
O0031;
N10 M03 S800 T0101;（换T01号外圆车刀，主轴正转，n=800r/min）
N20 G00 X45 Z1.;（快速点定位）
N30 G71 U1.5 R1;（外径粗加工循环）
N40 G71 P50 Q170 U0.2 W0.03 F0.3;（外径粗加工循环）
N50 G01 X17.8. F0.1;（精车路线N50～N170）
N60 X23.8Z-2;
N70 Z-23.;
N80 X30 C0.5;
N90 W-2;
N100 G02 X36 Z-28 R3;
N110 G01 X40 C0.5;
N120 Z-50;
N130 X42 C0.5;
N140 W-3;
N150 X44 C0.5;
N160 Z-59;
N170 X45;
N180 T0101 M03 S1200;（主轴正转，n=1200r/min）
N190 G70 P50 Q170;（用G70循环指令进行精加工）
N200 G00 X100. Z100.;（快速返回换刀点）
N210 T0202;（换T02号4mm切槽刀，并调用2号刀补）
N220 M03 S500;（主轴正转，n=500r/min）
```

N230 G00 X34. Z－23；(快速点定位)
N240 G01 X20. F0.08；(切槽)
N250 G00 X44；(退刀)
N260 Z－41；(快速点定位)
N270 G01 X30. F0.08；(切槽)
N280 G00 X44；(退刀)
N290 Z－37；(快速点定位)
N300 G01 X40. F0.08；
N310 X38. W－1；(倒角)
N320 X36.；(切槽)
N330 G02 X30W－3R3；(倒圆角)
N340 G00 X44；(退刀)
N350 Z－45；(快速点定位)
N360 G01 X40. F0.08；
N370 X38. W1；(倒角)
N380 X36.；(切槽)
N390 G03 X30 W3R3；(倒圆角)
N400 G00 X44；(退刀)
N410 X100. Z150.；(快速返回换刀点)
N420 T0303；(换 T03 号外螺纹车刀，并调用3号刀补)
N430 M03 S600；(主轴正转，$n=600$r/min)
N440 G00 X26 Z2；(快速点定位)
N450 G92 X23.1 Z－47 F2；(第一刀车进0.9mm)
N460 X22.5；(第二刀车进0.6mm)
N470 X21.9；(第三刀车进0.6mm)
N480 X21.5；(第四刀车进0.4mm)
N490 X21.4；(第五刀车进0.1mm)
N500 G00 X100. Z150.；(快速返回换刀点)
N510 M30；(程序结束返回程序头)

加工右端程序（工序二）
O0032；
N10 G99 G21 G40；(定义米制输入、每转进给方式编程)
N20 M03 S800 T0101；(换 T01 号外圆车刀，导入该刀刀补)
N30 G00 X45 Z2.；(快速点定位)

N40 G73 U12 W0.5 R10；（外轮廓粗加工循环）
N50 G73 P60 Q180 U0.6 W0.2 F0.25；（外轮廓粗加工循环）
N60 G00 G42 X4；（精车路线 N60 ~ N180）
N70 G01 Z1 F0.15；
N80 X8 Z-1；
N90 Z-5；
N100 G03 X33.4 Z-28 R15；
N110 G01 X22 Z-38.1；
N120 G02 X36 Z-50 R8；
N130 G01 X42 C0.5；
N140 W-3；
N150 X44；
N160 Z-77；
N170 X43；
N180 X45；
N190 T0101 M03 S1000；（主轴正转，$n$=1000r/min）
N200 G70 P60 Q180；（用 G70 循环指令进行精加工）
N210 G00 X100. Z150.；（快速返回换刀点）
N220 T0202；（换 T02 号 4mm 切槽刀，并调用 2 号刀补）
N230 M03 S500；（主轴正转，$n$=500r/min）
N240 G00 X46. Z-78.；（快速点定位）
N250 G01 X42. F0.08；（切槽）
N260 G00 X46.；（退刀）
N270 Z-75.；（快速点定位）
N280 G01 X30.2F0.08；（切槽）
N290 G00 X46.；（退刀）
N300 Z-71.5；（快速点定位）
N310 G01 X30.2 F0.08；（切槽）
N320 G00 X46.；（退刀）
N330 Z-68；（快速点定位）
N340 G01 X30.2 F0.08；（切槽）
N350 G00 X46.；（退刀）
N360 Z-64；（快速点定位）
N370 G01 X36 F0.08；（切槽）
N380 G02 X30 W3 R3；（倒圆角）

N390 G01 Z-75；

N400 G00 X46.；（退刀）

N410 G00 X100. Z150.；（快速返回换刀点）

N420 M30；（程序结束返回程序头）

**例4** 高级工零件4如图2-59所示，试编写数控加工程序。

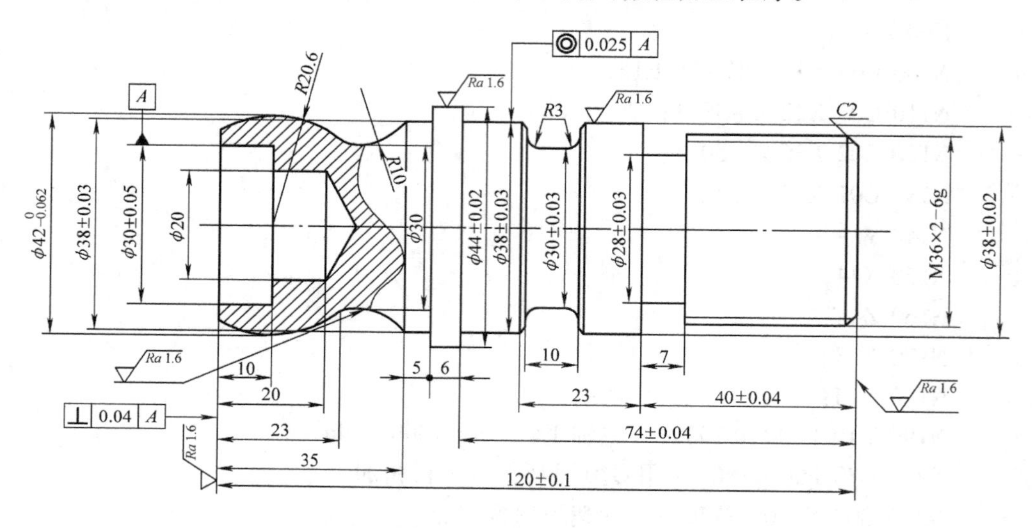


图2-59 高级工零件4

**1. 零件分析**

该工件最大直径为44mm，毛坯采用$\phi$45mm×125mm的圆钢。装夹时注意控制毛坯外伸量，保证装夹刚性。

**2. 工艺分析**

以$\phi$45mm外圆为定位基准，用自定心卡盘装夹，伸出长度约85mm，车右端面并加工外轮廓保证各外圆尺寸精度，并加工M36外螺纹。调头装夹，以$\phi$38mm外圆为定位基准，车左端面保证总长度，并加工左端外轮廓以及内轮廓，切削用量参数详见程序。

【加工工序】

1）加工右端。用外圆端面车刀平左端面，用试切法对刀。

2）用G71、G70循环指令，粗加工外轮廓，然后精车外轮廓保证各外轮廓尺寸精度。

3）加工螺纹退刀槽。

4）加工M36螺纹。

5）调头装夹，加工零件保证总长（120±0.1）mm。

6）用G73、G70循环指令，粗、精加工外轮廓并保证各轮廓尺寸。

7）钻$\phi$20mm内孔。

8）粗镗内孔，留精加工余量0.2~0.5mm。

9）精镗内孔，满足图样各项要求。

**3. 参考程序**

【工件坐标系原点】工件右端面回转中心。

【刀具】T01：外圆车刀；T02：外切槽刀，刀宽4mm；T03：外螺纹车刀；T04：内孔镗刀。

加工右端程序（工序一）

```
O0041;
N10 M03 S800 T0101;（换T01号外圆车刀，主轴正转，n=800r/min）
N20 G00 X45 Z1.;（快速点定位）
N30 G71 U1.5 R1;（外径粗加工循环）
N40 G71 P50 Q120 U0.6 W0.03 F0.2;（外径粗加工循环）
N50 G01 X29.7. F0.1;（精车路线N50~N120）
N60 X35.7Z-2;
N70 Z-40.;
N80 X38 C0.5;
N90 Z-74;
N100 X44 C0.5;
N110 Z-82;
N120 X45;
N130 T0101 M03 S1200;（主轴正转，n=1200r/min）
N140 G70 P50 Q120;（用G70循环指令进行精加工）
N150 G00 X100. Z100.;（快速返回换刀点）
N160 T0202;（换T02号4mm切槽刀，并调用2号刀补）
N170 M03 S500;（主轴正转，n=500r/min）
N180 G00 X44. Z-40;（快速点定位）
N190 G01 X28. F0.08;（切槽）
N200 G00 X44;（退刀）
N210 Z-37;（快速点定位）
N220 G01 X28. F0.08;（切槽）
N230 G00 X44;（退刀）
N240 Z-59;（快速点定位）
```

N250 G01 X30. F0.08；（切槽）
N260 G00 X44；（退刀）
N270 Z－55；（快速点定位）
N280 G01 X40. F0.08；
N290 X38. W－1；（倒角）
N300 X36.；（切槽）
N310 G02 X30W－3R3；（倒圆角）
N320 G00 X44；（退刀）
N330 Z－63；（快速点定位）
N340 G01 X40. F0.08；
N350 X38. W1；（倒角）
N360 X36.；（切槽）
N370 G03 X30 W3 R3；（倒圆角）
N380 G00 X44；（退刀）
N390 X100. Z150.；（快速返回换刀点）
N400 T0303；（换T03号外螺纹车刀，并调用3号刀补）
N410 M03 S600；（主轴正转，$n=600$r/min）
N420 G00 X38 Z2；（快速点定位）
N430 G92 X35.1 Z－35 F2；（第一刀车进0.9mm）
N440 X34.5；（第二刀车进0.6mm）
N450 X33.9；（第三刀车进0.6mm）
N460 X33.5；（第四刀车进0.4mm）
N470 X33.4；（第五刀车进0.1mm）
N480 G00 X100. Z150.；（快速返回换刀点）
N490 M30；（程序结束返回程序头）

加工左端程序（工序二）
O0042；
N10 G99 G21 G40；（定义米制输入、每转进给方式编程）
N20 M03 S800 T0101；（换T01号外圆车刀，导入该刀刀补）
N30 G00 X45 Z2.；（快速点定位）
N40 G73 U7 W0.5 R4；（外轮廓粗加工循环）
N50 G73 P60 Q130 U0.4 W0.2 F0.25；（外轮廓粗加工循环）
N60 G00 G42 X37；（精车路线N60～N130）

```
N70 G01 Z0 F0. 15;
N80 G03 X32 Z -23 R20. 6;
N90 G02 X40 Z -35 R10;
N100 G01 W -5;
N110 X43;
N120 X44W -0. 5;
N130 X45;
N140 T0101 M03 S1000;（主轴正转，n =1000r/min）
N150 G70 P60 Q130;（用 G70 循环指令进行精加工）
N160 G00 X100. Z150. ;（快速返回换刀点）
N170 T0404;（预钻好 φ20mm 孔，换 T04 号内孔镗刀）
N180 M03 S600;（主轴正转，n =600r/min）
N190 G00 X20. Z2. ;（快速点定位）
N200 G90 X24 Z -10 F0. 15;
N210 X28;
N220 X29. 8;
N230 X30;
N240 G00 X100. Z150. ;（快速返回换刀点）
N250 M30;（程序结束返回程序头）
```

**例 5**　高级工零件 5 如图 2-60 所示，试编写数控加工程序。

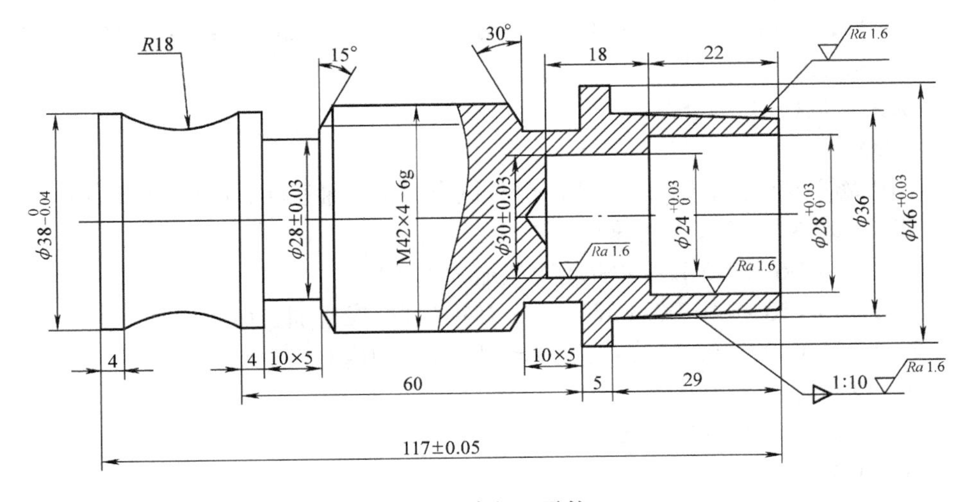


图 2-60　高级工零件 5

**1. 零件分析**

该工件最大直径为46mm，毛坯采用$\phi$50mm×120mm的圆钢。装夹时注意控制毛坯外伸量，保证装夹刚性。

**2. 工艺分析**

以$\phi$50mm外圆为定位基准，用自定心卡盘装夹，伸出长度约92mm，车左端面并加工外轮廓保证各外圆尺寸精度，并加工M42外螺纹。调头装夹，用铜皮包住，以M42为定位基准，车右端面保证总长度，并加工右端外轮廓以及内轮廓。切削用量参数详见程序。

【加工工序】

1）加工右端。用外圆端面车刀平左端面，用试切法对刀。

2）用G73、G70循环指令粗、精加工外轮廓并保证各轮廓尺寸。

3）加工螺纹退刀槽以及各槽。

4）加工M42螺纹。

5）调头装夹，加工零件保证总长（117±0.1）mm。

6）用G71、G70循环指令粗加工外轮廓，然后精车外轮廓保证各外轮廓尺寸精度。

7）钻$\phi$20mm内孔。

8）粗镗内孔，留精加工余量0.2~0.5mm。

9）精镗内孔，达到图样各项要求。

**3. 参考程序**

【工件坐标系原点】工件右端面回转中心。

【刀具】T01：外圆车刀；T02：外切槽刀（刀宽4mm）；T03：外螺纹车刀；T04：内孔镗刀。

加工左端程序（工序一）

```
O0051;
N10 M03 S800 T0101;（换T01号外圆车刀，主轴正转，n=800r/min）
N20 G00 X52 Z2.;（快速点定位）
N30 G73 U6 W0.5 R4;（外轮廓粗加工循环）
N40 G73 P50 Q140 U0.4 W0.2 F0.25;（外轮廓粗加工循环）
N50 G01 G42 X38. F0.1;（精车路线N50~N140）
N60 Z-4;
N70 G02 X38 W-20 R18;
N80 G01 W-4;
N90 X32 Z-38;
N100 X41.5 W-2.31;
```

```
N110 Z-83;
N120 X46;
N130 Z-89;
N140 X47;
N150 T0101 M03 S1200;（主轴正转，n=1200r/min）
N160 G70 P50 Q140;（用 G70 循环指令进行精加工）
N170 G00 X100. Z100.;（快速返回换刀点）
N180 T0202;（换 T02 号 4mm 切槽刀，并调用 2 号刀补）
N190 M03 S500;（主轴正转，n=500r/min）
N200 G00 X48. Z-32;（快速点定位）
N210 G01 X28. F0.08;（切槽）
N220 G00 X48;（退刀）
N230 Z-35;（快速点定位）
N240 G01 X28. F0.08;（切槽）
N250 G00 X48;（退刀）
N260 Z-38;（快速点定位）
N270 G01 X28. F0.08;（切槽）
N280 G00 X48;（退刀）
N290 Z-83;（快速点定位）
N300 G01 X30. F0.08;
N310 G00 X48;（退刀）
N320 Z-80;（快速点定位）
N330 G01 X30. F0.08;（切槽）
N340 G00 X48;（退刀）
N350 Z-74.69;（快速点定位）
N360 G01 X42. F0.08;
N370 X32.09. W-2.31;（倒角）
N380 X30.;（切槽）
N390 G00 X48;（退刀）
N400 X100. Z150.;（快速返回换刀点）
N410 T0303;（换 T03 号外螺纹车刀，并调用 3 号刀补）
N420 M03 S600;（主轴正转，n=600r/min）
N430 G00 X46 Z2;（快速点定位）
N440 G92 X40.5 Z-77 F4;（第一刀车进 1.5mm）
N450 X39.7;（第二刀车进 0.8mm）
```

N460 X39. 1. ；（第三刀车进 0. 6mm）
N470 X38. 5；（第四刀车进 0. 6mm）
N480 X38. 1；（第五刀车进 0. 4mm）
N490 X37. 7；（第六刀车进 0. 4mm）
N500 X37. 3；（第七刀车进 0. 4mm）
N510 X37. ；（第八刀车进 0. 3mm）
N520 X36. 8；（第九刀车进 0. 2mm）
N530 G00 X100. Z150. ；（快速返回换刀点）
N540 M30；（程序结束返回程序头）

加工右端程序（工序二）
O0052；
N10 G99 G21 G40；（定义米制输入、每转进给方式编程）
N20 M03 S800 T0101；（换 T01 号外圆车刀，导入该刀刀补）
N30 G00 X52 Z2. ；（快速点定位）
N30 G71 U1. 5 R1；（外径粗加工循环）
N40 G71 P60 Q110 U0. 6 W0. 03 F0. 2；（外径粗加工循环）
N60 G00 X33. 37；（精车路线 N60 ~ N110）
N70 G01 Z0 F0. 15；
N80 X36 Z -29 ；
N90 X45 ；
N100 X46W -0. 5；
N110 X47；
N120 T0101 M03 S1000；（主轴正转，$n=1000$r/min）
N130 G70 P60 Q110；（用 G70 循环指令进行精加工）
N140 G00 X100. Z150. ；（快速返回换刀点）
N150 T0404；（预钻好 $\phi$20mm 孔，换 T04 号内孔镗刀）
N160 M03 S600；（主轴正转，$n=600$r/min）
N170 G00 X20. Z2. ；（快速点定位）
N180 G90 X24 Z -10 F0. 15；
N190 X28；
N200 X29. 8；
N210 X30；
N220 G00 X100. Z150. ；（快速返回换刀点）
N230 M30；（程序结束返回程序头）

# 第3章 SIEMENS 数控车床编程实例

SINUMERIK 802D 数控系统是西门子公司 20 世纪 90 年代开发的集 CNC、PLC 于一体的经济型控制系统。其具有结构简单、体积小、可靠性高、功能完善的特点。该系统的性价比较高，比较适合于经济型与普及型机床的控制。本章所有实例均根据 SINUMERIK 802D 数控系统编写，零件材料无特殊说明外均为 45 钢。

## 3.1 阶梯轴类零件加工编程

**例 1** 阶梯轴类零件 1 如图 3-1 所示，试编写数控加工程序。

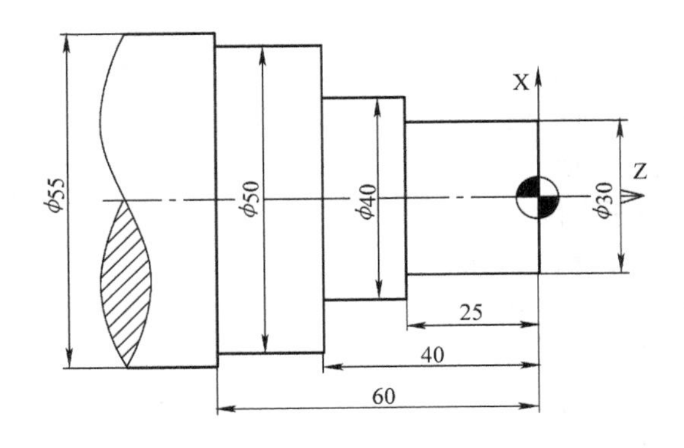


图 3-1 阶梯轴类零件 1

**1. 零件分析**

该工件为阶梯轴零件，装夹时注意控制毛坯外伸量，保证装夹刚性。

**2. 工艺分析**

【加工工序】

1）车端面。将毛坯校正、夹紧，用外圆端面车刀平右端面，并用试切法对刀。

2）从右端至左端粗加工外圆轮廓，留 0.5mm 精加工余量。

3）精加工外圆轮廓至图样要求尺寸。

4）去毛刺，检测工件各项尺寸。

**3. 参考程序**

【工件坐标系原点】工件右端面回转中心。

```
AAA301. MPF；（外圆切削程序）
G95 G90 G40 G71；（程序初始化）
T1D1；（1号刀，1号刀补）
M03 S700 F0.2；（主轴正转，n=700r/min，进给量0.2mm/r）
G00 X57.0 Z2.0；（快速定位）
G01 X53；（X向粗加工）
    Z-60.0；（Z向切削）
    X53.5；（X向退刀）
G00 Z2.0；（快速定位）
G01 X51.0；（X向粗加工）
    Z-60.0；（Z向切削）
    X51.5；（X向退刀）
G00 Z2.0；（快速定位）
G01 X49.0；（X向粗加工）
    Z-40.0；（Z向切削）
    X49.5；（X向退刀）
G00 Z2.0；（快速定位）
G01 X47.0；（X向粗加工）
    Z-40.0；（Z向切削）
    X47.5；（X向退刀）
G00 Z2.0；（快速定位）
G01 X45.0；（X向粗加工）
    Z-40.0；（Z向切削）
    X45.5；（X向退刀）
G00 Z2.0；（快速定位）
G01 X43.0；（X向粗加工）
    Z-40.0；（Z向切削）
    X43.5；（X向退刀）
G00 Z2.0；（快速定位）
G01 X41.0；（X向粗加工）
    Z-40.0；（Z向切削）
    X41.5；（X向退刀）
G00 Z2.0；（快速定位）
```

```
G01 X39.0;（X 向粗加工）
    Z-25.0;（Z 向切削）
    X39.5;（X 向退刀）
G00 Z2.0;（快速定位）
G01 X37.0;（X 向粗加工）
    Z-25.0;（Z 向切削）
    X37.5;（X 向退刀）
G00 Z2.0;（快速定位）
G01 X35.0;（X 向粗加工）
    Z-25.0;（Z 向切削）
    X35.5;（X 向退刀）
G00 Z2.0;（快速定位）
G01 X33.0;（X 向粗加工）
    Z-25.0;（Z 向切削）
    X33.5;（X 向退刀）
G00 Z2.0;（快速定位）
G01 X31.0;（X 向粗加工）
    Z-25.0;（Z 向切削）
    X31.5;（X 向退刀）
G00 Z2.0;（快速定位）
G01 X0;（精加工）
    Z0;（快速定位）
    X30.0;（X 向精加工）
    Z-25.0;（Z 向切削）
    X40;（X 向精加工）
    Z-40;（Z 向切削）
    X50;（X 向精加工）
    Z-60;（Z 向切削）
    X57;（X 向退刀）
G00 X100 Z100;（刀具快速移回起点或换刀点）
M30;（程序结束）
```

**例 2**　阶梯轴类零件 2 如图 3-2 所示，试编写数控加工程序。

**1. 零件分析**

该工件为阶梯轴零件，装夹时注意控制毛坯外伸量，保证装夹刚性。

**2. 工艺分析**

【加工工序】

1）车端面。将毛坯校正、夹紧，用外圆端面车刀平右端面，并用试切法对刀。

2）从右端至左端粗加工外圆轮廓，留0.5mm精加工余量。

3）精加工外圆轮廓至图样要求尺寸。

4）去毛刺，检测工件各项尺寸。

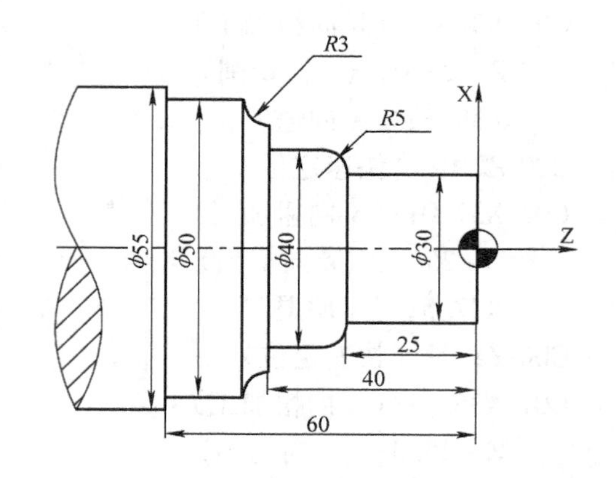


图3-2 阶梯轴类零件2

**3. 参考程序**

【工件坐标系原点】工件右端面回转中心。

背吃刀量1.5mm。

```
AAA302. MPF;（外圆切削程序）
G95 G90 G40 G71;（程序初始化）
T1D1;（1号刀，1号刀补）
M03 S800 F0.2;（主轴正转，n=800r/min，进给量0.2mm/r）
G00 X57 Z2.0;（快速定位）
G01 X53;（X向进刀）
    Z-60;（Z向切削）
    X53.5;（X向退刀）
G00 Z2.0;（快速定位）
G01 X51.0;（X向进刀）
    Z-60;（Z向切削）
    X51.5;（X向退刀）
G00 Z2.0;（快速定位）
G01 X48;（X向进刀）
    Z-42.5;（粗加工凹圆弧）
    X43;（X向退刀）
G00 Z2.0;（快速定位）
G01 X45;（X向进刀）
    Z-40;（Z向切削）
    X45.5;（X向退刀）
G00 Z2.5;（快速定位）
```

```
G01 X42；（X 向进刀）
    Z－40；（Z 向切削）
    X42.5；（X 向退刀）
G00 Z2.0；（快速定位）
G01 X39；（X 向进刀）
    Z－28；（Z 向切削）
    X39.5；（X 向退刀）
G00 Z2.0；（快速定位）
G01 X36.0；（X 向进刀）
    Z－26；（Z 向切削）
    X36.5；（X 向退刀）
G00 Z2.0；（快速定位）
G01 X33；（X 向进刀）
    Z－25；（Z 向切削）
    X33.5；（X 向退刀）
G00 Z2.0；（快速定位）
G01 X31；（X 向进刀）
    Z－25；（Z 向切削）
    X31.5；（X 向退刀）
G00 Z2.0；（快速定位）
G01 X0；（精加工）
    Z0；（刀具至工件中心）
    X30；（X 向进刀）
    Z－25；（Z 向切削）
G03 X40 Z－30 CR＝5；（精加工凸圆弧）
G01 Z－40；（Z 向切削）
G01 X44；（X 向进刀）
G02 X50 Z－43 CR＝5；（精加工凹圆弧）
G01 Z－60；（Z 向切削）
    X57；（X 向退刀）
G00 X100 Z100；（刀具快速移回起点或换刀点）
M30；（程序结束）
```

**例3** 阶梯轴类零件3如图3-3所示，试编写数控加工程序。

**1. 零件分析**

该工件为阶梯轴零件，装夹时注意控制毛坯外伸量，保证装夹刚性。

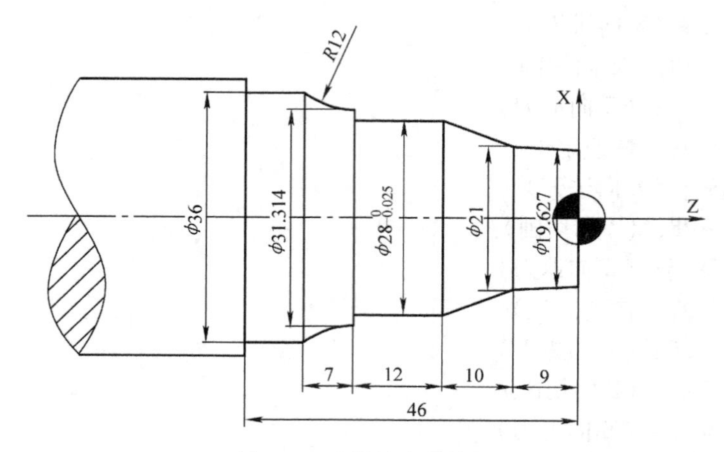


图 3-3 阶梯轴类零件 3

**2. 工艺分析**

【加工工序】

1）车端面。将毛坯校正、夹紧，用外圆端面车刀平右端面，并用试切法对刀。

2）从右端至左端粗加工外圆轮廓，留 0.5mm 精加工余量。

3）精加工外圆轮廓至图样要求尺寸。

4）去毛刺，检测工件各项尺寸。

**3. 参考程序**

【工件坐标系原点】工件右端面回转中心。

```
AAA303. MPF;（外圆切削程序）
G95 G90 G40 G71;（程序初始化）
T1D1;（1 号刀，1 号刀补）
M03 S800 F0.2;（主轴正转，n = 800r/min，进给量 0.2mm/r）
G00 X42 Z2.0;（快速定位）
G01 X37;（X 向粗加工）
    Z-46;（Z 向切削）
    X37.5;（X 向退刀）
G00 Z2.0;（快速定位）
G00 X34;（X 向粗加工）
    Z-34;（Z 向切削）
    X34.5;（X 向退刀）
```

```
G00 Z2.0;（快速定位）
G01 X31;（X 向粗加工）
    Z-31;（Z 向切削）
    X31.5;（X 向退刀）
G00 Z2.5;（快速定位）
G01 X28.5;（X 向粗加工）
    Z-31;（Z 向切削）
    X29;（X 向退刀）
G00 Z2.0;（快速定位）
G01 X25;（X 向粗加工）
    Z-15;（Z 向切削）
    X25.5;（X 向退刀）
G00 Z2.0;（快速定位）
G01 X22;（X 向粗加工）
    Z-10;（Z 向切削）
    X22.5;（X 向退刀）
G00 Z2.0;（快速定位）
G01 X0 ;（精加工）
    Z0;（切削至工件中心）
    X19.627;（X 方向插补切削）
    X21 Z-9;（X、Z 方向插补切削）
    X28 Z-19;（X、Z 方向插补切削）
    Z-31;（Z 方向插补切削）
    X31.314;（X 方向插补切削）
G02 X36 Z-38 CR=12;（精加工圆弧）
G01 Z-46;（Z 向切削）
    X42;（X 向退刀）
G00 X100 Z100;（刀具快速移回起点或换刀点）
M30;（程序结束）
```

## 3.2 圆弧成形面零件加工编程

**例1** 圆弧类零件1如图3-4所示，试编写数控加工程序。

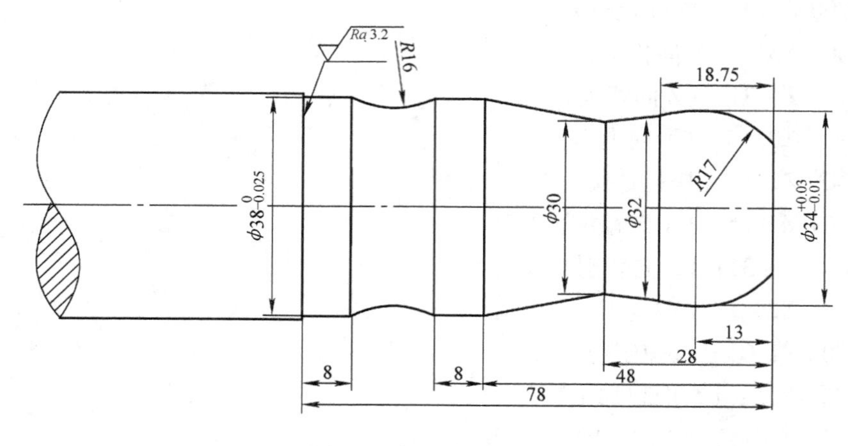


图 3-4　圆弧类零件 1

**1. 零件分析**

该工件为圆弧类零件，装夹时注意控制毛坯外伸量，保证装夹刚性。本例题主要练习圆弧切削，在练习过程中需要注意圆弧刀具的对刀方法、切削方法及圆弧指令 G02/G03 的使用。

**2. 工艺分析**

【加工工序】

1）车端面。将毛坯校正、夹紧，用外圆端面车刀平右端面，并用试切法对刀。

2）从右端至左端粗加工外圆轮廓，留 0.5mm 精加工余量。

3）精加工外圆轮廓至图样要求尺寸。

4）去毛刺，检测工件各项尺寸。

**3. 参考程序**

【工件坐标系原点】工件右端面回转中心。

AAA304. MPF；（外圆切削程序）

G90 G95 G40 G71；（程序初始化）

T1D1；（1 号刀，1 号刀补）

M03 S800 F0. 2；（主轴正转，$n$ = 800r/min，进给量 0. 2mm/r）

G00 X42 Z2. 0；（快速定位）

CYCLE95（“L304”，2. 0，0. 1，0. 5，0. 3，0. 5，0. 1，0. 06，9，，，0. 5）；（外圆切削循环）

G00 X100 Z100；（刀具快速移回起点或换刀点）

M30；（程序结束）

L304. SPF；（子程序名）
G01 X18；（X 向切削进刀）
　　Z0；（Z 向切削进刀）
　　X21. 9；（X 向切削）
G03 X32 Z－18. 75 CR＝17；（切削凸圆弧）
G01 X30 Z－28；（切削锥度）
　　X38 Z－48；（切削锥度）
　　Z－56；（Z 向切削）
G02 X38 Z－70 CR＝16；（切削凹圆弧）
G01 Z－78；（Z 向切削）
　　X42；（X 方向退刀）
RET；（返回主程序）

**例2**　圆弧类零件2 如图3-5 所示，试编写数控加工程序。

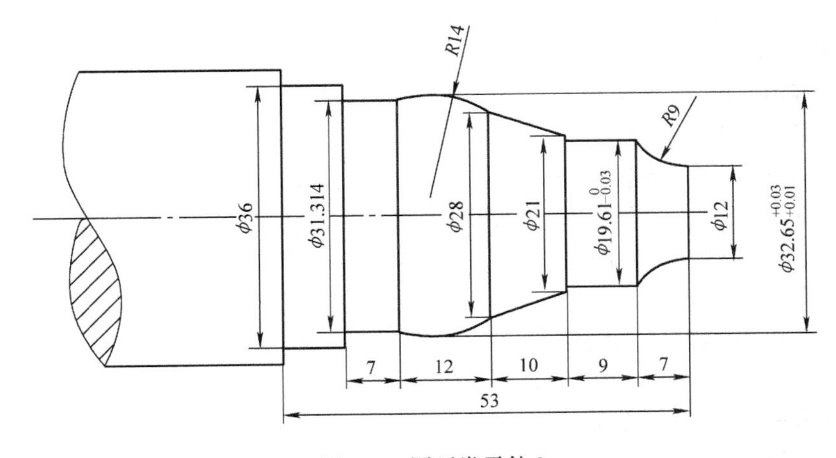


图3-5　圆弧类零件2

**1. 零件分析**

该工件为圆弧类零件，装夹时注意控制毛坯外伸量，保证工件的装夹刚性。本例题主要练习圆弧切削，在练习过程中需要注意圆弧刀具的对刀方法、切削方法及圆弧指令 G02/G03 的使用。

**2. 工艺分析**

【加工工序】

1）车端面。将毛坯校正、夹紧，用外圆端面车刀平右端面，并用试切法对刀。

2）从右端至左端粗加工外圆轮廓，留 0. 5mm 精加工余量。

3）精加工外圆轮廓至图样要求尺寸。

4）去毛刺，检测工件各项尺寸要求。

**3. 参考程序**

【工件坐标系原点】工件右端面回转中心。

```
AAA305. MPF；（外圆切削程序）
G95 G90 G40 G71；（程序初始化）
T1D1；（1号刀，1号刀补）
M03 S800 F0.2；（主轴正转，n=800r/min，进给量为0.2mm/r）
G00 X42，Z2.9；（快速定位）
CYCLE95（"L305"，2.0，0.3，0.3，0.3，0.5，0.1，0.06，9，，0，0.5）；（外圆复合循环）
G00 X100 Z100；（刀具快速移回起点或换刀点）
M30；（程序结束）

L305. SPF；（精加工轮廓子循环）
G01 X10；（X向切削）
    Z0；（Z向切削）
    X12.0；（X向切削）
G02 X19.61 Z-7 CR=9；（切削凹圆弧）
G01 Z-16；（Z向切削）
    X21；（X向切削）
    X28 Z-26；（切削锥度）
G03 X31.31 Z-38 CR=14；（切削凸圆弧）
G01 Z-45；（Z向切削）
    X36；（X向切削）
    Z-53；（Z向切削）
RET；（返回主程序）
```

**例3** 圆弧类零件3如图3-6所示，试编写数控加工程序。

**1. 零件分析**

该工件为圆弧类零件，装夹时注意控制毛坯外伸量，保证工件的装夹刚性。本例题主要练习圆弧切削，在练习过程中需要注意圆弧刀具的对刀方法、切削方法及圆弧指令G02/G03的使用。

**2. 工艺分析**

【加工工序】

1）车端面。将毛坯校正、夹紧，用外圆端面车刀车削左端面，并用试切法

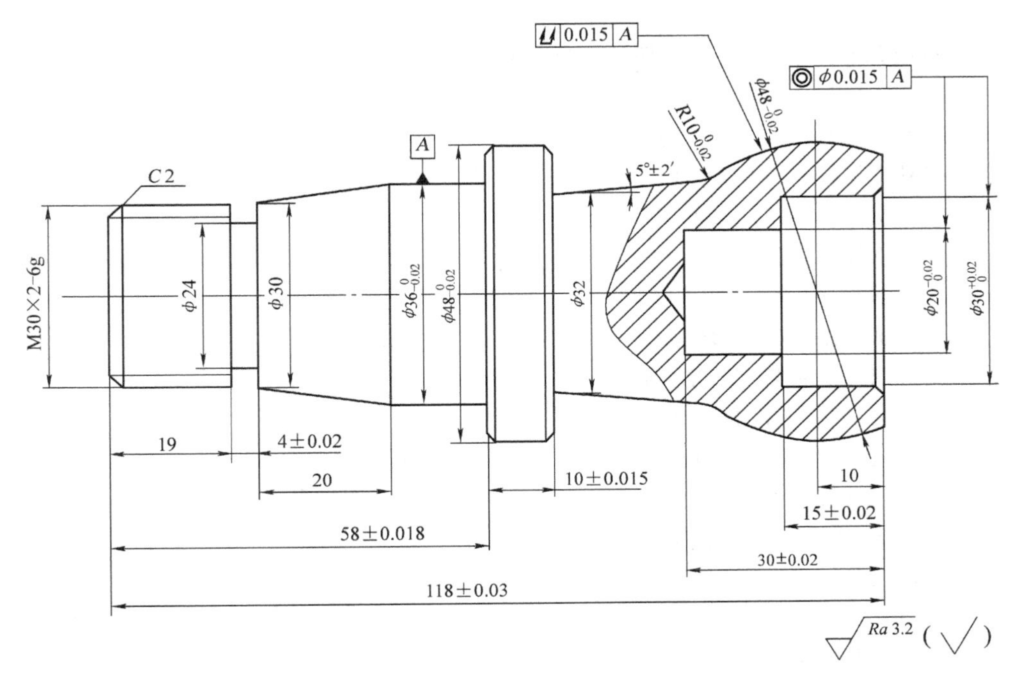


图 3-6　圆弧类零件 3

对刀。

2）从左端至右端粗加工外圆轮廓，留 0.5mm 精加工余量。

3）精加工左端外圆轮廓至图样要求尺寸。

4）调头装夹、找正，用外圆端面车刀车削右端面，并对刀。

5）从右端至左端粗加工外圆轮廓，留 0.5mm 精加工余量。

6）精加工左端外圆轮廓至图样要求尺寸。

7）粗、精加工右端孔，并达到图样要求尺寸。

8）去毛刺，检测工件各项尺寸。

**3. 参考程序**

【工件坐标系原点】工件左端面回转中心。

AAA306. MPF；（左端外圆复合循环）

G90 G95 G40 G71；（程序初始化）

T1D1；（1 号刀，1 号刀补）

M03 S800 F0. 2；（主轴正转，$n$ = 800r/min，进给量为 0. 2mm/r）

G00 X52 Z2；（快速定位）

CYCLE95 （“ L306 ”， 2. 0， 0. 3， 0. 3， 0. 3， 0. 5， 0. 1， 0. 06， 9，， 0，

0.5)；(外圆切削复合循环)

```
G00 X100 Z100；(刀具快速移回起点或换刀点)
M30；(程序结束)
L306.SPF；(子程序名)
G01 X24；(X向切削)
    Z0；(Z向切削)
    X26；(X向切削)
    X30 Z-2；(切削锥度)
    Z-23；(Z向切削)
    X36 Z-43；(切削锥度)
    Z-58；(Z向切削)
    X46；(X向切削)
    X48 Z-59；(切削锥度)
    Z-68；(Z向切削)
G01 X52；(X向退刀)
RET；(返回主程序)
```

【工件坐标系原点】工件右端面回转中心。

```
ABB306.MPF；(右端外圆复合循环)
G90 G95 G49 G71；(程序初始化)
T1D1；(1号刀，1号刀补)
M03 S800 F0.2；(主轴正转，n=800r/min，进给量为0.2mm/r)
G00 X52 Z2.0；(快速定位)
CYCLE95 ("L306"，2.0，0，0.3，，0.2，0.2，0.05，9，，，0.5)；
G00 X100 Z100；(刀具快速移回起点或换刀点)
M30；(程序结束)
L306.SPF；(子程序名)
G01 X26；(X向切削)
    Z0；(Z向切削)
    Z43.63；(Z向切削)
G03 X39.29 Z-23.79 CR=24；(切削凸圆弧)
G02 X35，73 Z-50；(切削凹圆弧)
G01 X46；(X向切削)
    X48 Z-51；(切削锥度)
G01 X52；(X方向退刀)
RET；(返回主程序)
```

```
ACC306.MPF；（切削内孔）
G90 G95 G40 G71；（程序初始化）
T2D2；（2号刀，2号刀补）
M03 S800 F0.2；（主轴正转，n=800r/min；进给量为0.2mm/r）
G00 X18 Z2.0；（快速定位）
G01 X18；（X向进刀）
    Z-30；（Z向切削）
    X17.5；（X向退刀）
G00 Z2.0；（Z向快速移动）
G01 X19.5；（X向进刀）
    Z-30；（Z向切削）
    X19；（X向退刀）
G00 Z2.0；（Z向快速移动）
G01 X23；（X向进刀）
    Z-15；（Z向切削）
    X22.5；（X向退刀）
G00 Z2；（Z向快速移动）
G01 X26；（X向进刀）
    Z-15；（Z向切削）
    X25.5；（X向退刀）
G00 Z2；（Z向快速移动）
G01 X29；（X向进刀）
    Z-15；（Z向切削）
    X28.5；（X向退刀）
G00 X2；（Z向快速移动）
G01 X32；（精加工孔）
    X30 Z-1；（倒角）
    Z-15；（Z向切削）
    X20；（X向进刀）
    Z-30；（Z向切削）
    X16；（X向进刀）
G00 Z2；（Z向快速移动）
    X100 Z100；（刀具快速移回起点或换刀点）
M30；（程序结束）
```

**例 4**　圆弧类零件 4 如图 3-7 所示，试编写数控加工程序。

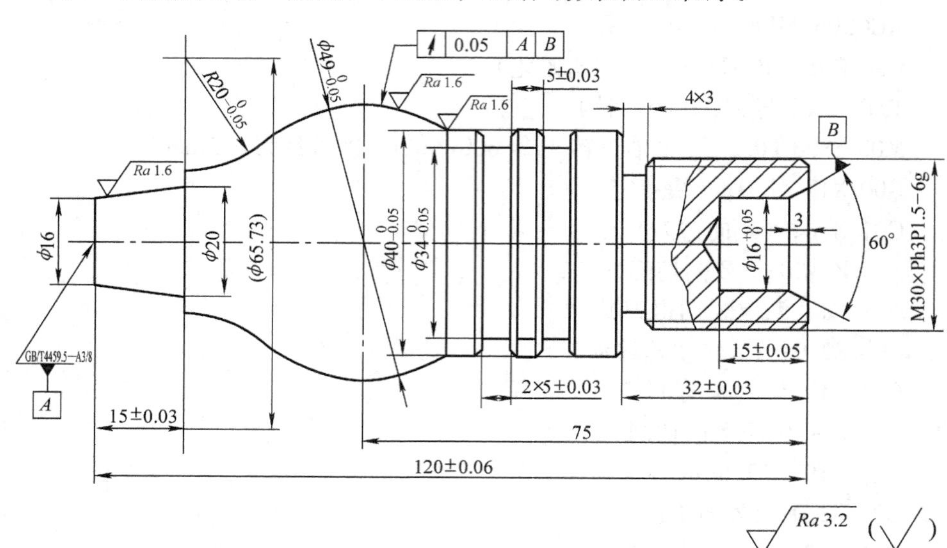


图 3-7　圆弧类零件 4

## 1. 零件分析

该工件为圆弧类零件，装夹时注意控制毛坯外伸量，保证工件的装夹刚性。本例题主要练习圆弧切削，在练习过程中需要注意圆弧刀具的对刀方法、切削方法及圆弧指令 G02/G03 的使用。

## 2. 工艺分析

本例题主要练习圆锥、圆弧切削。

【加工工序】

1）车端面。将毛坯校正、夹紧，用外圆端面车刀平左端面，并用试切法对刀。

2）从左端至右端粗加工外圆轮廓，留 0.5mm 精加工余量。

3）精加工外圆轮廓至图样要求尺寸。

4）去毛刺，检测工件各项尺寸。

## 3. 参考程序

【工件坐标系原点】工件左端面回转中心。

AAA307. MPF；（外圆加工轮廓主程序）

G95 G90 G40 G71；（程序初始化）

T1D1；（1 号刀，1 号刀补）

M03 S800 F0. 2；（主轴正转，$n$ = 800r/min，进给量为 0. 2mm/r）

G00 X52 Z2.0；（快速定位）

CYCLE95（“L307”，2.0，0，0.15，0.15，0.2，0.2，0.05，9,,，0.5）；（外圆切削循环）

G00 X100 Z100；（刀具快速移回起点或换刀点）

M30；（程序结束）

L307.SPF；（外圆加工轮廓子程序）

G01 X14；（X向进刀）

Z0；（Z向切削）

X16；（X向切削）

X20 Z-15；（切削锥度）

X26.36；（X向切削）

G02 X36.19 Z-28.48 CR=20；（加工凹圆弧）

G03 X40 Z-59.15；（加工凸圆弧）

G01 Z-70；（Z向切削）

RET；（返回主程序）

## 3.3 槽类零件加工编程

**例1** 槽类零件1如图3-8所示，试编写数控加工程序。

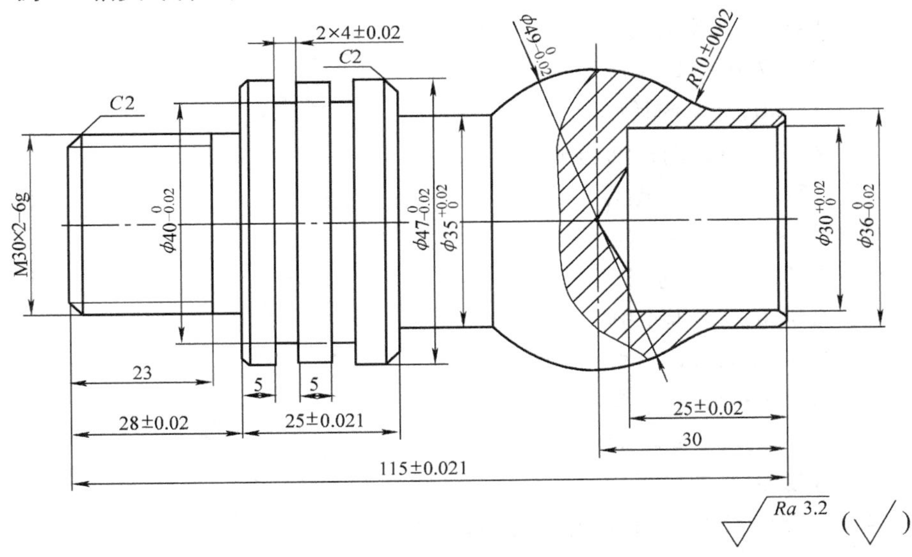


图3-8 槽类零件1

**1. 零件分析**

该工件为槽类零件，主要练习槽的切削及编程方法。在工件装夹过程中，注意工件的伸出量，保证装夹刚性。

**2. 工艺分析**

槽类零件仅进行精密槽的加工，参考程序仅包括槽的加工程序，使用的切断刀刀宽为3mm。

【加工工序】

1）车端面。将毛坯校正、夹紧，并用试切法对刀。

2）粗精加工精密槽，且达到图样要求。

3）去毛刺，检测工件各项尺寸。

**3. 参考程序**

【工件坐标系原点】工件左端面回转中心。

```
AAA308. MPF；（切槽程序）
G90 G95 G40 G71；（程序初始化）
T1D1；（1号刀，1号刀补）
M03 S800 F0.2；（主轴正转，n=800r/min，进给量为0.2mm/r）
G00 X52.0 Z2.0；（快速定位）
G01 Z-36；（Z向定位）
     X40.2；（X向切削）
     X48.0；（X向切削）
     Z-37.0；（Z向移动）
     X40.0；（X向切削）
     Z-36；（Z向移动切削）
     X52.0；（X向退刀）
G01 Z-45；（Z向移动）
     X40.2；（X向切削）
     X48.0；（X向切削）
     Z-46.0；（Z向移动）
     X40.0；（X向切削）
     Z-45；（Z向移动切削）
     X52.0；（X向退刀）
G00 X100 Z100；（刀具快速移回起点或换刀点）
M30；（程序结束）
```

**例2**　槽类零件2如图3-9所示，试编写数控加工程序。

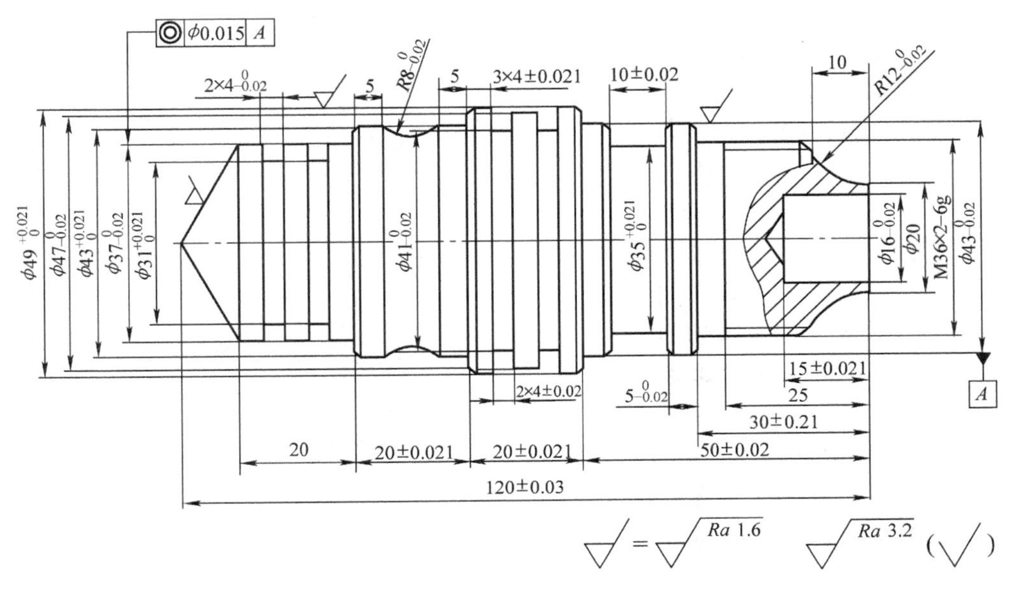

图 3-9　槽类零件 2

**1. 零件分析**

该工件为槽类零件，主要练习槽的切削及编程方法。在工件装夹过程中，注意工件的伸出量，保证装夹刚性。

**2. 工艺分析**

槽类零件仅进行精密槽的加工，参考程序仅包括槽的加工程序，使用的切断刀刀宽为 3mm。

【加工工序】

1）车端面。将毛坯校正、夹紧、并用试切法对刀。

2）粗精加工精密槽，且达到图样要求。

3）去毛刺，检测工件各项尺寸。

**3. 参考程序**

【工件坐标系原点】工件右端面回转中心。

AAA309. MPF；（主程序名）

G90 G95 G40 G71；（程序初始化）

T1D1；（1 号刀，1 号刀补）

M03 S800 F0. 2；（主轴正转，$n$ = 800r/min，进给量为 0. 2mm/r）

G00 X52. 0 Z2. 0；（快速定位）

G01 Z－17；（Z 向移动）

```
    X31.2；（X向切削）
    X38.0；（X向切削）
    Z-18.0；（Z向移动）
    X31；（X向切削）
    Z-17；（Z向移动）
    X52.0；（X向退刀）
G01 Z-25；（Z向移动）
    X31.2；（X向切削）
    X38.0；（X向切削）
    Z-26；（Z向移动）
    X31；（X向切削）
    Z-25；（Z向移动）
    X52.0；（X向退刀）
G01 Z-57；（Z向移动）
    X41.2；（X向切削）
    X48.0；（X向切削）
    Z-58.0；（Z向移动）
    X31；（X向切削）
    Z-57；（Z向移动）
    X47.0；（X向切削）
    Z-66；（Z向移动）
    X41.2；（X向切削）
    X48.0；（X向切削）
    Z-65；（Z向移动）
    X31；（X向切削）
    Z-66；（Z向移动）
    X52.0；（X向退刀）
G00 X100 Z100；（刀具快速移回起点或换刀点）
M30；（程序结束）
```

## 3.4 螺纹类零件加工编程

**例1** 螺纹类零件1如图3-10所示，试编写数控加工程序。

**1. 零件分析**

该工件为螺纹类零件，主要练习螺纹的编程方法以及切削方法。在加工过程中注意工件的伸出量，保证装夹刚性。

**2. 工艺分析**

螺纹类零件仅进行螺纹加工，参考程序主要为螺纹的加工程序，使用的螺纹刀具为专用螺纹切削刀具。

【加工工序】

1）换螺纹车刀，并用试切法对刀。

2）加工螺纹至图样要求。

3）去毛刺，检测工件各项尺寸。

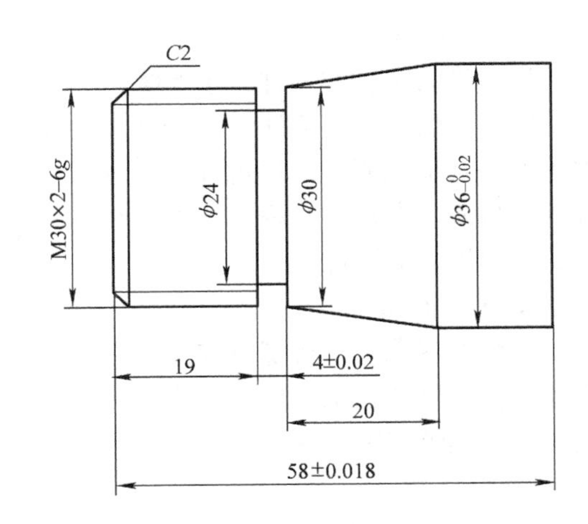


图3-10　螺纹类零件1

**3. 参考程序**

【工件坐标系原点】工件左端面回转中心，参考程序仅为螺纹程序。

```
AAA310. MPF
G90 G95 G40 G71;（程序初始化）
T1D1;（换螺纹车刀）
M03 S600 M08 F0.2;（主轴正转，n=600r/min，进给量为0.2mm/r）
G00 X32.0 Z3.0;（螺纹导入量δ=3mm）
    X29.2;（X向进刀）
G33 Z-21.0 K1.0 SF=0;（第1刀切削，背吃刀量为0.8mm）
G00 X32.0;（X向退刀）
    Z2.0;（Z向退刀）
    X28.8;（X向进刀）
G33 Z-21.0 K1.0 SF=0;（背吃刀量为0.4mm）
G00 X32.0;（X向退刀）
    Z2.0;（Z向退刀）
    X28.7;（X向进刀）
G33 Z-21.0 K1.0 SF=0;（背吃刀量为0.1mm）
G00 X32.0;（X向退刀）
    X100 Z100;（刀具快速移回起点或换刀点）
M30;（程序结束）
```

**例2**　螺纹类零件2如图3-11所示，试编写数控加工程序。

**1. 零件分析**

该工件为螺纹类零件，主要练习螺纹的编程方法以及切削方法。双线螺纹注意编程方法及加工顺序，以免加工过程中出现乱牙现象。在加工过程中注意工件的伸出量，保证装夹刚性。

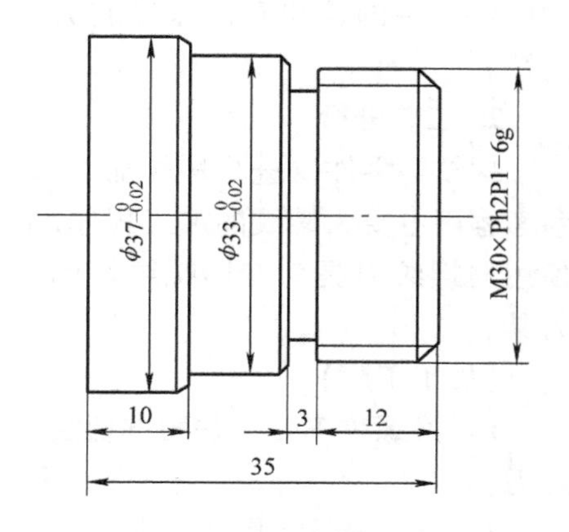

图3-11　螺纹类零件2

**2. 工艺分析**

螺纹类零件仅进行螺纹加工，参考程序主要为螺纹的加工程序，使用的螺纹刀具为专用螺纹切削刀具。

【加工工序】

1）换螺纹车刀，并用试切法对刀。

2）加工螺纹至图样要求。

3）去毛刺，检测工件各项尺寸。

**3. 参考程序**

【工件坐标系原点】工件右端面回转中心。

```
AAA311. MPF；（螺纹切削程序）
G90 G95 G40 G71；（程序初始化）
T1D1；（换螺纹车刀）
M03 S600 M08 F0.2；（主轴正转，n=600r/min，进给量为0.2mm/r）
G00 X32.0 Z3.0；（螺纹导入量δ=3mm）
    X29.2；（X向进刀）
G33 Z-12.0 K1.0 SF=0；（第1刀切削，背吃刀量为0.8mm）
G00 X32.0；（X向退刀）
    Z2.0；（Z向快速定位）
    X28.8；（X向进刀）
G33 Z-12.0 K1.0 SF=0；（背吃刀量为0.4mm）
G00 X32.0；（X向退刀）
    Z2.0；（Z向快速定位）
    X28.7；（X向进刀）
G33 Z-12.0 K1.0 SF=0；（背吃刀量为0.1mm）
G00 X32.0；（X向退刀）
    Z2.0；（Z向快速定位）
    X29.2；（X向进刀）
G33 Z-12.0 K1.0 SF=180.0；　（第二条螺旋线第1刀切削，背吃刀量
```

0.8mm)

G00 X32.0;(X向退刀)

Z2.0;(Z向快速定位)

X28.8;(X向进刀)

G33 Z-12.0 K1.0 SF=180.0;(背吃刀量为0.4mm)

G00 X32.0;(X向退刀)

Z2.0;(Z向快速定位)

X28.7;(X向进刀)

G33 Z-12.0 K1.0 SF=180;(背吃刀量为0.1mm)

G00 X32.0;(X向退刀)

Z2.0;(Z向快速定位)

G00 X100 Z100;(刀具快速移回起点或换刀点)

M30;(程序结束)

**例3** 螺纹类零件3如图3-12所示，试编写数控加工程序。

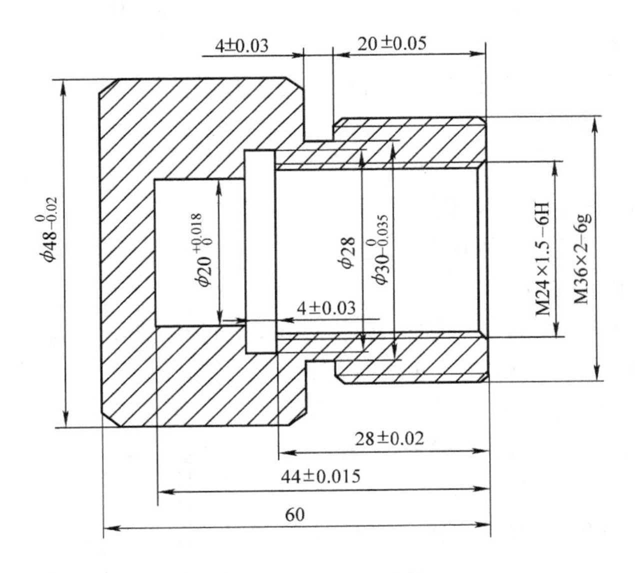


图3-12 螺纹类零件3

**1. 零件分析**

该工件为螺纹类零件，主要练习螺纹的编程方法以及切削方法。加工内螺纹时注意内螺纹刀具的伸出量，以免加过程中出现振纹的解决方法。在加工过程中注意工件的伸出量，保证装夹刚性。

**2. 工艺分析**

螺纹类零件仅进行螺纹加工，参考程序主要为螺纹的加工程序，使用的螺纹刀具为专用螺纹切削刀具。

【加工工序】

1）换螺纹车刀，并用试切法对刀。

2）加工螺纹至图样要求。

3）去毛刺，检测工件各项尺寸。

**3. 参考程序**

【工件坐标系原点】工件右端面回转中心。

AAA312. MPF；（外螺纹切削程序）

G90 G95 G40 G71；（程序初始化）

T1D1；（换外螺纹车刀）

M03 S600 M08 F0.2；（主轴正转，$n=600$r/min，进给量为0.2mm/r）

G00 X38.0 Z2.0；（螺纹导入量$\delta=2$mm）

CYCLE97（2，，0，－22，36，36，2，2，1.3，0.05，0，0，6，2，3，1）；（螺纹切削循环）

G01 X100 Z100；（刀具快速移回起点或换刀点）

M30；（程序结束）

BBB312. MPF；（内螺纹切削程序）

G90 G95 G40 G71；（程序初始化）

T2D2；（换内螺纹车刀）

M03 S600 M08 F0.2；（主轴正转，$n=600$r/min，进给量为0.2mm/r）

G00 X20.0 Z2.0；（螺纹导入量$\delta=2$mm）

CYCLE97（1.5，，0，－22，22.05，22.05，2，2，0.975，0.05，0，0，6，2，4，1）；（螺纹切削循环）

G01 X100 Z100；（刀具快速移回起点或换刀点）

M30；（程序结束）

**例4**　螺纹类零件4如图3-13所示，试编写数控加工程序。

**1. 零件分析**

该工件为螺纹类零件，主要练习螺纹的编程方法以及切削方法。加工锥螺纹时注意

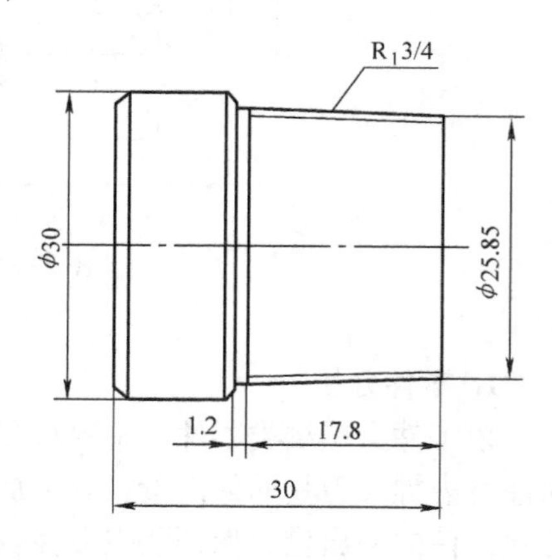


图3-13　螺纹类零件4

编程方法以及使用特点，以免加工过程中出现乱牙现象。在加工过程中注意工件的伸出量，保证装夹刚性。

**2. 工艺分析**

螺纹类零件主要讲解的是螺纹的加工，参考程序主要包括螺纹的加工程序，使用的螺纹刀具为专用螺纹切削刀具。

【加工工序】

1）换螺纹车刀，并用试切法对刀。

2）加工螺纹至图纸要求。

3）去毛刺，检测工件各项尺寸。

**3. 参考程序**

【工件坐标系原点】工件右端面回转中心。

AAA313. MPF；（螺纹切削程序）

G90 G95 G40 G71；（程序初始化）

T1D1；（换螺纹车刀）

M03 S600 M08 F0. 2；（主轴正转，$n$ =600r/min，进给量为0. 2mm/r）

G00 X24. 0 Z2. 0；（螺纹导入量$\delta$ =2mm）

CYCLE97（3，，0，－40，25. 85，26. 96，2，1，0. 975，0. 05，0，0，6，2，3，1）；（螺纹切削循环）

G01 X100 Z100；（刀具快速移回起点或换刀点）

M30；（程序结束）

**例5** 螺纹类零件5如图3-14所示，试编写数控加工程序。

**1. 零件分析**

该工件为螺纹类零件，主要练习螺纹的编程方法以及切削方法。加工梯形螺纹时注意编程方法及刀具的安装等事项，以免加工过程中出现乱牙现象，同时也需要注意在加工过程中刀具的磨损情况。在加工过程中还应注意工件的伸出量，保证装夹刚性。

**2. 工艺分析**

螺纹类零件主要讲解的是螺纹的加工，参考程序主要包括螺纹的加工程序，使用的螺纹刀具为专用螺纹切削刀具。

【加工工序】

1）换螺纹车刀，并用试切法对刀。

2）加工螺纹至图样要求。

3）去毛刺，检测工件各项尺寸。

**3. 参考程序**

【工件坐标系原点】工件右端面回转中心。

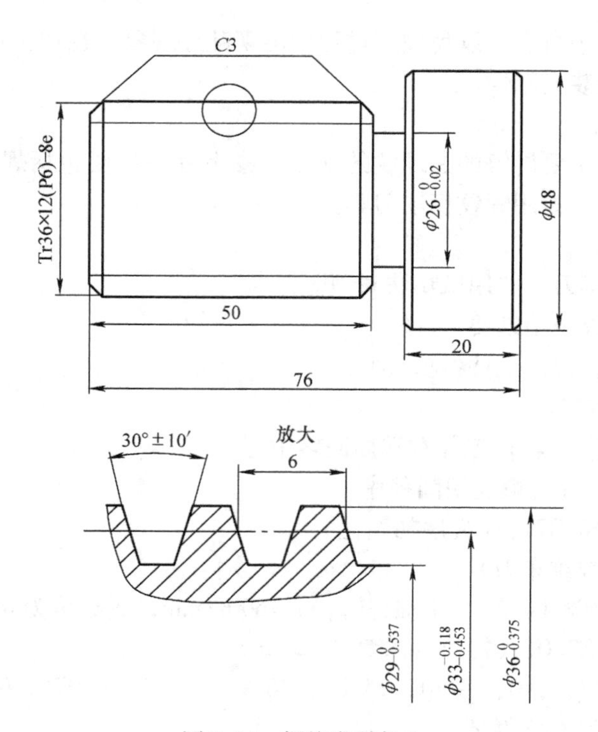


图 3-14　螺纹类零件 5

AAA314. MPF；（螺纹切削程序）

G90 G95 G40 G71；（程序初始化）

T1D1；（换螺纹车刀）

M03 S600 M08 F0. 2；（主轴正转，$n$=600r/min，进给量为 0. 2mm/r）

G00 X38. 0 Z4. 0；（螺纹导入量 $\delta$=4mm）

CYCLE97（12，，0，－53，36，36，4，3，3.5，0.05，0，0，20，2，3，2）；（螺纹切削循环）

G00 X38. 0 Z10. 0；（螺纹导入量 $\delta$=10mm）

CYCLE97（12，，0，－53，36，36，10，3，3.5，0.05，0，0，20，2，3，2）；（螺纹切削循环）

G01 X100 Z100；（刀具快速移回起点或换刀点）

M30；（程序结束）

## 3.5　孔类零件加工编程

**例 1**　孔类零件 1 如图 3-15 所示，试编写数控加工程序。

**1. 零件分析**

该工件为孔类零件，主要练习内孔的编程及切削，同时也要注意在车削内孔时刀具的进给方向。

**2. 工艺分析**

孔类零件主要讲解的是孔的加工，参考程序主要为孔的加工程序，使用的刀具为切削孔的机夹刀，且尺寸符合要求。

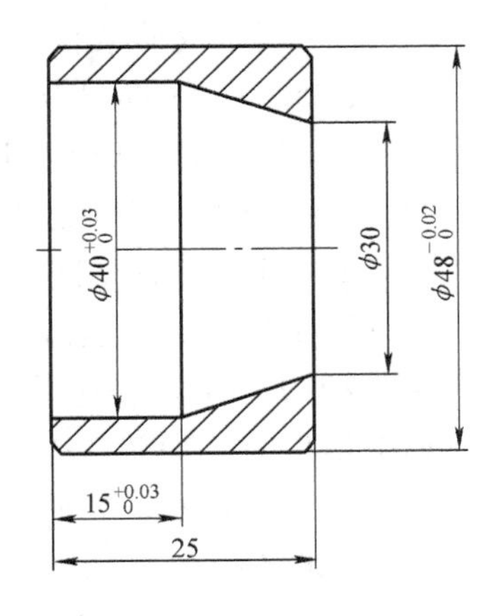


图3-15　孔类零件1

【加工工序】

1）将毛坯校正、夹紧，并用试切法对刀。

2）粗、精加工轮廓，达到图样要求。

3）去毛刺，检测工件各项尺寸。

**3. 参考程序**

【工件坐标系原点】工件左端面回转中心；背刀吃量1.5mm；

```
AAA315. MPF；（内孔加工程序）
G90 G95 G40 G71；（程序初始化）
T1D1（1号刀、1号刀补）
M03 S800 F0.2；（主轴正转，n=800r/min、进给量为0.2mm/r）
G00 X24 Z2.0；（快速定位）
G01 X27；（X向切削进刀）
    Z-26；（Z向切削）
    X26.5；（X向退刀）
G00 Z2.0；（Z向快速退刀）
G01 X29.5；（X向切削进刀）
    Z-26；（Z向切削）
    X29；（X向退刀）
G00 Z2.0；（Z向快速退刀）
G01 X33；（X向切削进刀）
    Z-18；（Z向切削）
    X32.5；（X向退刀）
G00 Z2.0；（Z向快速退刀）
G01 X36；（X向切削进刀）
```

Z－16；（Z向切削）
G00 X35.5；（X向退刀）
Z2.0；（Z向快速切削）
G01 X39；（X向切削进刀）
Z－15；（Z向切削）
X38.5；（X向退刀）
G00 Z2.0；（Z向快速退刀）
G01 X40；（X向切削进刀）
Z－15；（Z向切削）
X30 Z－25；（切削锥度）
Z－26；（Z向切削）
X29.5；（X向退刀）
G00 Z5.0；（Z向快速切削）
X100 Z100；（刀具快速移回起点或换刀点）
M30；（程序结束）

**例2**　孔类零件2如图3-16所示，试编写数控加工程序。

**1. 零件分析**

该工件为孔类零件，主要练习内孔的编程及切削，同时也要注意在车削内孔时刀具的进给方向。本例题主要练习内孔的编程方法，在内轮廓中的圆弧、锥度的编程方法。

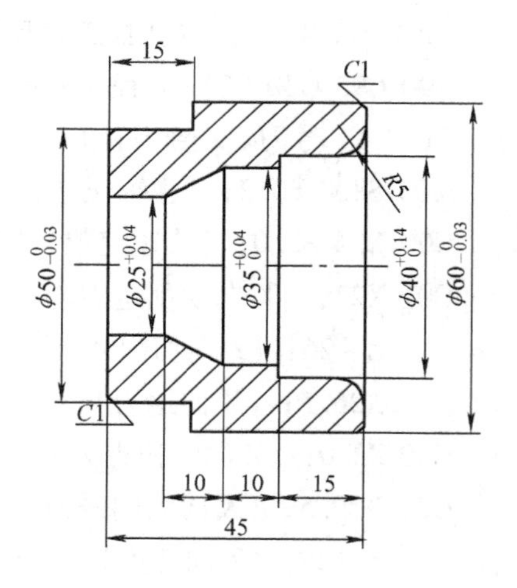

图3-16　孔类零件2

**2. 工艺分析**

孔类零件主要讲解的是孔的加工，参考程序主要为孔的加工程序，使用的刀具为切削孔的机夹刀，且尺寸符合要求。

【加工工序】

1）将毛坯校正、夹紧，并用试切法对刀。

2）粗、精加工轮廓，达到图样要求。

3）去毛刺，检测工件各项尺寸。

**3. 参考程序**

【工件坐标系原点】工件右端面回转中心，背吃刀量1.5mm。

```
AAA316.MPF；（内孔加工程序）
G90 G95 G40 G71；（程序初始化）
T1D1；（1号刀，1号刀补）
M03 S800 F0.2；（主轴正转，n=800r/min，进给量为0.2mm/r）
G00 X24 Z2；（快速定位）
G01 X27；（X向切削进刀）
    Z-30；（Z向切削）
    X26.5；（X向退刀）
G00 Z2；（Z向快速退刀）
G01 X30；（X向切削进刀）
    Z-28；（Z向切削）
    X29；（X向退刀）
G00 Z2；（Z向快速退刀）
G01 X33；（X向切削进刀）
    Z-25；（Z向切削）
    X32.5；（X向退刀）
G00 Z2；（Z向快速退刀）
G01 X36；（X向切削进刀）
    Z-15；（Z向切削）
G00 X35.5；（X向退刀）
    Z2；（Z向快速退刀）
G01 X39；（X向切削进刀）
    Z-15；（Z向切削）
    X38.5；（X向退刀）
G00 Z2；（Z向快速退刀）
G01 X45；（X向切削进刀）
    Z-2.5；（Z向切削）
    X41.5；（X向切削进刀）
    Z2；（Z向快速退刀）
    X50；（X向切削进刀）
G02 X40 Z-5 CR=5；（切削凹圆弧）
G01 Z-15；（Z向切削）
    X35；（X向切削进刀）
    Z-25；（Z向切削）
    X25 Z-35；（切削锥度）
```

Z－46；（Z向切削）

X24.5；（X向退刀）

G00 Z5；（Z向快速退刀）

X100 Z100；（刀具快速移回起点或换刀点）

M30；（程序结束）

**例3** 孔类零件3如图3-17所示，试编写数控加工程序。

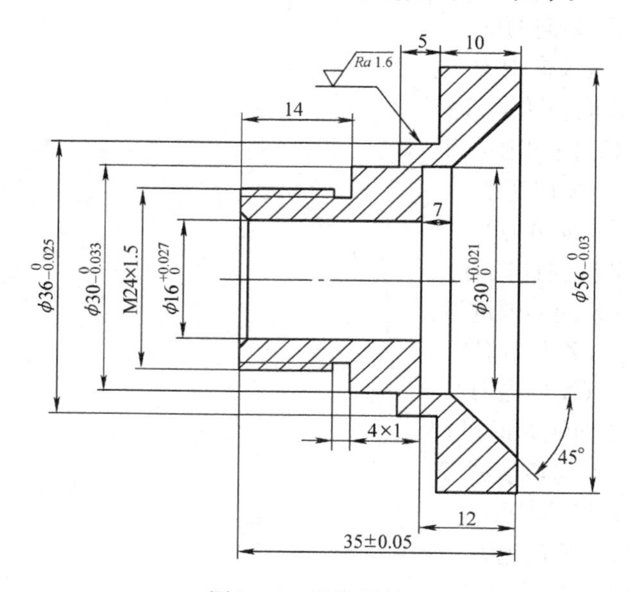


图3-17 孔类零件3

**1. 零件分析**

该工件为孔类零件，主要练习内孔的编程及切削，同时也要注意在车削内孔时刀具的进给方向。本例题主要练习内孔的编程方法、锥度的编程方法等，同时在装夹时注意控制毛坯外伸量，保证装夹刚性。

**2. 工艺分析**

孔类零件主要讲解的是孔的加工，参考程序主要为孔的加工程序，使用的刀具为切削孔的机夹刀，且尺寸符合要求。

【加工工序】

1）将毛坯校正、夹紧，并用试切法对刀。

2）粗、精加工轮廓，达到图样要求。

3）去毛刺，检测工件各项尺寸。

**3. 参考程序**

【工件坐标系原点】工件右端面回转中心。

```
AAA317.MPF;（内孔加工复合循环主程序）
G90 G95 G40 G71;（程序初始化）
T1D1;（1号刀，1号刀补）
M03 S800 F0.2;（主轴正转，n=800r/min，进给量为0.2mm/r）
G00 X40 Z2;（快速定位）
CYCLE95（"L317",2.0,0,0.3,,0.2,0.25,0.05,11,,,0.5）;
（外圆切削循环）
G00 X100 Z100;（刀具快速移回起点或换刀点）
M30;（程序结束）
L317.SPF;（内孔加工复合循环子程序）
G01 X74.73;（X向进刀）
    Z0;（Z向切削进刀）
    X30 Z-13.37;（切削锥度）
    Z-20.37;（Z向切削）
    X16;（X向切削）
    Z-36;（Z向切削）
    X14;（X向切削）
G00 Z2;（Z向快速退刀）
RET;（返回主程序）
```

## 3.6　内/外轮廓加工循环编程

**例1**　轮廓类零件1如图3-18所示，试编写数控加工程序。

**1. 零件分析**

该工件为阶梯轴零件，主要练习外轮廓的循环编程，熟悉指令的使用方法。在练习过程中，注意工件的伸长量，保证装夹刚性。

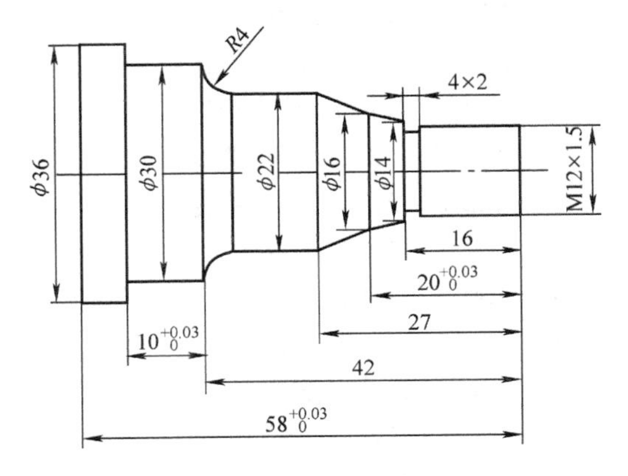


图3-18　轮廓类零件1

**2. 工艺分析**

内/外轮廓循环零件主要包括内、外圆轮廓循环，切槽及螺纹的切削。工艺分析及参考程序如下，均注明工件坐标系原点及加工顺序。

【加工工序】

1）将毛坯校正、夹紧，用外圆端面车刀平右端面，并用试切法对刀。

2）粗、精加工外圆轮廓至图样要求。

3）切螺纹退刀槽。

4）加工螺纹至图样要求。

5）切断保证总长度公差要求。

6）去毛刺，检测工件各项尺寸。

**3. 参考程序**

【工件坐标系原点】工件右端面回转中心。

```
AAA318. MPF；（外圆加工复合循环主程序）
G90 G95 G40 G71；（程序初始化）
T1D1；（1号刀，1号刀补）
M03 S800 F0.2；（主轴正转，n=800r/min，进给量为0.2mm/r）
G00 X40 Z2；（快速定位）
CYCLE95（“L318”，2.0，0，0.3，，0.2，0.25，0.05，9，，，0.5）；（外圆切削循环）
G00 X100 Z100；（刀具快速移回起点或换刀点）
M30；（程序结束）

L318. SPF；（外圆加工复合循环子程序）
G01 X8 ；（X向进给）
    Z0；（Z向切削进刀）
    X10；（X向切削进给）
    X12 Z-1；（倒角）
    Z-16；（Z向切削进给）
    X14；（X向切削进给）
    X16 Z-20；（切削锥度）
    X22 Z-27；（切削锥度）
    Z-38；（Z向进给）
G02 X30 Z-42 CR=4；（切削凹圆弧）
G01 Z-52；（Z向进给）
    X36；（X向进给）
    Z-58；（Z向进给）
    X42；（X向进给）
RET；（返回主程序）
```

BBB318. MPF；（切削螺纹退刀槽）
G90 G95 G40 G71；（程序初始化）
T2D2；（2号刀，2号刀补）
M03 S800 F0.1；（主轴正转，$n=800\text{r/min}$，进给量为0.1mm/r）
G00 X16 Z-16；（快速定位）
G01 X8.2；（X向进给）
X13；（X向进给）
Z-15；（Z向进给）
X8；（X向退刀）
Z-16；（Z向进给）
X16；（X向退刀）
G00 X100 Z100；（刀具快速移回起点或换刀点）
M30；（程序结束）

CCC318. MPF；（切削螺纹）
G90 G95 G40 G71；（程序初始化）
T3D3；（3号刀，3号刀补）
M03 S800；（主轴正转，$n=800\text{r/min}$）
G00 X14 Z2；（快速定位）
CYCLE97（1.5，，0，-12，12，12，2.0，2.0，1.35，0.05，0，0，3，2.0，3，1）；（螺纹切削循环）
G00 X100 Z100；（刀具快速移回起点或换刀点）
M30；（程序结束）

**例2** 轮廓类零件2如图3-19所示，试编写数控加工程序。

**1. 零件分析**

该工件为阶梯轴零件，主要练习外轮廓的循环编程，切螺纹退刀槽及车削螺纹，熟悉指令的使用方法。在练习过程中，注意工件的伸长量，保证装夹刚性。

**2. 工艺分析**

内/外轮廓循环零件主要包括内、外圆轮廓循环，槽及螺纹的切削。工艺分析及参考程序如下，均注明工件坐标系原点及加工顺序。

【加工工序】

1）将毛坯校正、夹紧，用外圆端面车刀平右端面，并用试切法对刀。

2）粗、精加工外圆轮廓至图样要求。

3）切螺纹退刀槽。

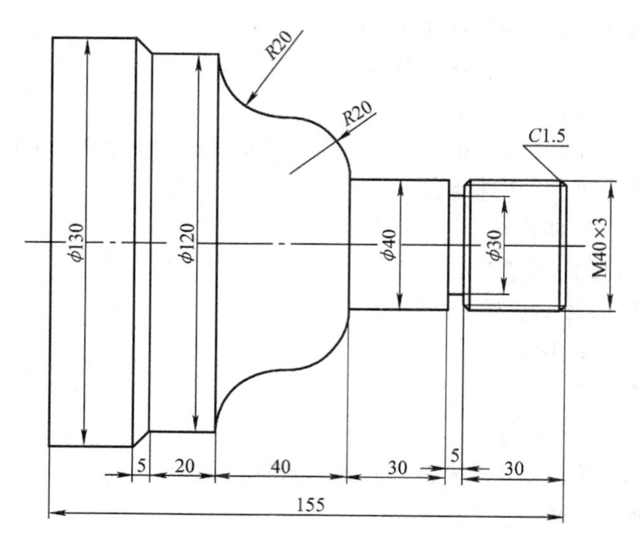


图3-19　轮廓类零件2

4）加工螺纹至图样要求。

5）切断，保证总长度公差要求。

6）去毛刺，检测工件各项尺寸。

**3. 参考程序**

【工件坐标系原点】工件右端面回转中心。

AAA319. MPF；（外圆加工复合循环主程序）

G90 G95 G40 G71；（程序初始化）

T1D1；（1号刀，1号刀补）

M03 S800 F0. 2；（主轴正转，$n$ = 800r/min，进给量为0. 2mm/r）

G00 X135 Z2；（快速定位）

CYCLE95（“L319”，2. 0，0，0. 3，，0. 2，0. 25，0. 05，9，，，0. 5）；（外圆切削循环）

G00 X100 Z100；（刀具快速移回起点或换刀点）

M30；（程序结束）

L319. SPF；（外圆加工复合循环子程序）

G01 X36；（X向进给）

Z0；（Z向切削进刀）

X37；（X向进给）

X40 Z－1. 5；（切削锥度）

```
    Z-65；（Z 向进给）
G03 X80 Z-85 CR=20；（切削凸圆弧）
G02 X120 Z-105 CR=20；（切削凹圆弧）
G01 Z-125；（Z 向进给）
    X130 Z-130；（切削锥度）
    Z-155；（Z 向进给）
    X135；（X 向进给）
RET；（返回主程序）

BBB319.MPF；（切削螺纹退刀槽）
G90 G95 G40 G71；（程序初始化）
T2D2；（2 号刀，2 号刀补）
M03 S800 F0.1；（主轴正转，n=800r/min，进给量为 0.1mm/r）
G00 X42 Z-35；（快速定位）
G01 X30.2；（X 向进给）
    X42；（X 向进给）
    Z-32；（Z 向进给）
    X30；（X 向进给）
    Z-35；（Z 向进给）
    X42；（X 向退刀）
G00 X100 Z100；（刀具快速移回起点或换刀点）
M30；（程序结束）

CCC319.MPF；（切削螺纹）
G90 G95 G40 G71；（程序初始化）
T3D3；（3 号刀，3 号刀补）
M03 S800；（主轴正转，n=800r/min）
G00 X42 Z2；（快速定位）
CYCLE97（3，，0，-32，40，40，2.0，2.0，1.95，0.05，0，0，9，2.0，3，1）；（螺纹切削循环）
G00 X100 Z100；（刀具快速移回起点或换刀点）
M30；（程序结束）
```

**例 3** 轮廓类零件 3 如图 3-20 所示，试编写数控加工程序。

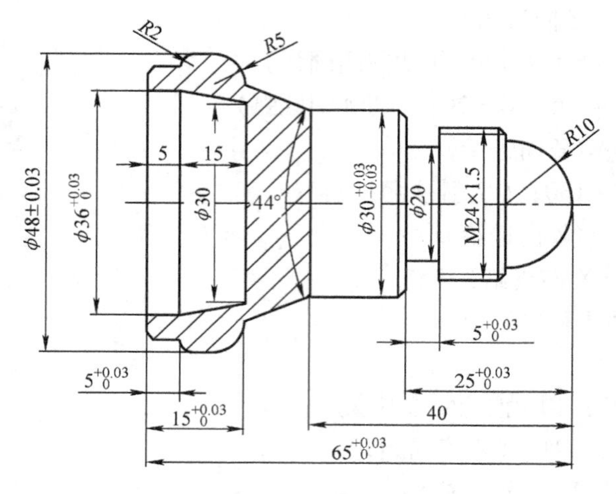


图3-20　轮廓类零件3

**1. 零件分析**

该工件为内/外轮廓循环零件，主要练习外轮廓的循环编程，切螺纹退刀槽及车削螺纹，熟悉指令的使用方法。在练习过程中，注意工件的伸长量，保证装夹刚性。本例题的右端车削结束后，需要调头装夹，这里需要找正。

**2. 工艺分析**

内/外轮廓循环零件主要包括内、外圆轮廓循环，切槽及螺纹的切削。工艺分析及参考程序如下，均注明工件坐标系原点及加工顺序。

【加工工序】

1）将毛坯校正、夹紧，用外圆端面车刀车削右端面，并用试切法对刀。

2）粗、精加工外圆轮廓至图样要求。

3）切螺纹退刀槽。

4）加工螺纹至图样要求。

5）切断并保证总长度公差要求。

6）调头装夹、校正、车削端面且用试切法对刀。

7）粗、精加工外圆轮廓至图样要求。

8）粗、精加工内孔轮廓至图样要求。

9）去毛刺，检测工件各项尺寸。

**3. 参考程序**

【工件坐标系原点】工件右端面回转中心。

AAA320. MPF；（右端外圆加工复合循环主程序）

G90 G95 G40 G71；（程序初始化）

T1D1；（1号刀，1号刀补）

M03 S800 F0.2；（主轴正转，$n = 800$r/min，进给量为0.2mm/r）

G00 X52 Z2；（快速定位）

CYCLE95（“L320”，2.0，0，0.3，，0.2，0.25，0.05，9，，，0.5）；（外圆切削循环）

G00 X100 Z100；（刀具快速移回起点或换刀点）

M30；（程序结束）

L320.SPF；（右端外圆加工复合循环子程序）

G01 X0；（X向进给）

　　Z0；（Z向进给）

G03 X20 Z-10 CR=10；（车削半圆）

G01 X22；（X向进给）

　　X24 Z-12；（车削锥度）

　　Z-25；（Z向进给）

　　X28；（X向进给）

　　X30 Z-26；（倒角）

　　Z-40；（Z向进给）

　　X38 Z-50；（车削锥度）

G03 X48 Z-55 CR=5；（车削凸圆弧）

G01 Z-65；（Z向进给）

　　X52；（X向退刀）

RET；（返回主程序）

BBB320.MPF；（切削螺纹退刀槽）

G90 G95 G40 G71；（程序初始化）

T2D2；（2号刀，2号刀补）

M03 S800 F0.1；（主轴正转，$n = 800$r/min，进给量为0.1mm/r）

G00 X32 Z-25；（快速定位）

G01 X20.2；（X向进给）

　　X26；（X向进给）

　　Z-23；（Z向进给）

　　X20；（X向进给）

　　Z-25；（Z向进给）

　　X32；（X向退刀）

G00 X100 Z100；（刀具快速移回起点或换刀点）

```
M30；（程序结束）

CCC320. MPF；（切削螺纹）
G90 G95 G40 G71；（程序初始化）
T3D3；（3 号刀，3 号刀补）
M03 S800；（主轴正转，n=800r/min）
G00 X24 Z-8；（快速定位）
CYCLE97 （1.5，，0，-22，24，24，2.0，2.0，0.975，0.05，0，0，3，2.0，3，1）；（螺纹切削循环）
G00 X100 Z100；（刀具快速移回起点或换刀点）
M30；（程序结束）
```

【工件坐标系原点】工件左端面回转中心。

```
DDD320. MPF；（左端外圆加工复合循环主程序）
G90 G95 G40 G71；（程序初始化）
T1D1；（1 号刀，1 号刀补）
M03 S800 F0.2；（主轴正转，n=800r/min，进给量为 0.2mm/r）
G00 X52 Z2；（快速定位）
CYCLE95（"L320"，2.0，0，0.3，，0.2，0.25，0.05，9，，，0.5）；
G00 X100 Z100；（刀具快速移回起点或换刀点）
M30；（程序结束）

L320. SPF ；（左端外圆加工复合循环子程序）
G01 X34；（X 向进给）
    Z0；（Z 向进给）
    X42；（X 向进给）
    X44 Z-1；（倒角）
    Z-5；（Z 向进给）
G03 X48 Z-7 CR=2；（切削凸圆弧）
G01 Z-15；（Z 向进给）
    X52；（X 向退刀）
RET；（返回主程序）

EEE320. MPF；（左端内孔加工主程序）
G90 G95 G40 G71；（程序初始化）
```

T4D4；（1号刀，1号刀补）

M03 S800 F0.2；（主轴正转，$n=800$r/min，进给量为0.2mm/r）

G00 X26 Z2；（快速定位）

CYCLE95（"L320"，2.0，0，0.3，，0.2，0.25，0.05，11，，，0.5）；（外圆切削循环）

G00 X100 Z100；（刀具快速移回起点或换刀点）

M30；（程序结束）

L320.SPF；（左端内孔加工子程序）

G01 X36；（X向进给）

Z0；（Z向定位）

Z-5；（Z向进给）

X30 Z-20；（切削锥度）

X26；（X向退刀）

Z2；（Z向退刀）

RET；（返回主程序）

**例4** 轮廓类零件4如图3-21所示，试编写数控加工程序。

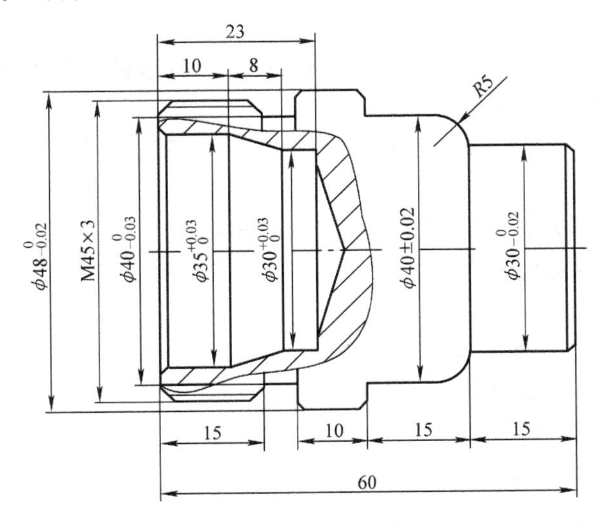


图3-21 轮廓类零件4

**1. 零件分析**

该工件为内/外轮廓循环零件，主要练习外轮廓的循环编程、切螺纹退刀槽及车削螺纹、熟悉指令的使用方法。在练习过程中，注意工件的伸长量，保证装夹刚性。本例题的右端车削结束后，需要调头装夹，这里需要找正。

**2. 工艺分析**

内/外轮廓循环零件主要包括内、外圆轮廓循环，槽及螺纹的切削。工艺分析及参考程序如下，均注明工件坐标系原点及加工顺序。

【加工工序】

1）将毛坯校正、夹紧，用外圆端面车刀车削右端面，并用试切法对刀。

2）粗、精加工外圆轮廓至图样要求。

3）切断保证总长度公差要求。

4）调头装夹、校正，车削端面且用试切法对刀。

5）粗、精加工外圆轮廓至图样要求。

6）切螺纹退刀槽。

7）加工螺纹至图样要求。

8）粗、精加工内孔轮廓至图样要求。

9）去毛刺，检测工件各项尺寸。

**3. 参考程序**

【工件坐标系原点】工件右端面回转中心。

```
AAA321. MPF；（外圆加工复合循环主程序）
G90 G95 G40 G71；（程序初始化）
T1D1；（1号刀，1号刀补）
M03 S800 F0.2；（主轴正转，n=800r/min，进给量为0.2mm/r）
G00 X52 Z2；（快速定位）
CYCLE95（"L321"，2.0，0，0.3，，0.2，0.25，0.05，9，，，0.5）；（外圆切削循环）
G00 X100 Z100；（刀具快速移回起点或换刀点）
M30；（程序结束）

L321. SPF（外圆加工复合循环子程序）
G01 X26；（X向进给）
    Z0；（Z向进给）
    X28；（X向进给）
    X30 Z-1；（倒角）
    Z-15；（Z向进给）
G03 X40 Z-20 CR=5；（切削凸圆弧）
G01 Z-30；（Z向进给）
    X46；（X向进给）
    X48 Z-31；（倒角）
```

```
    Z-60；（Z 向进给）
    X52；（X 向退刀）
RET；（返回主程序）
```

【工件坐标系原点】工件左端面回转中心。

```
BBB321. MPF；（左端外圆加工复合循环主程序）
G90 G95 G40 G71；（程序初始化）
T1D1；（1 号刀，1 号刀补）
M03 S800 F0. 2；（主轴正转，n=800r/min，进给量为 0. 2mm/r）
G00 X52 Z2；（快速定位）
CYCLE95（"L321"，2.0，0，0.3，，0.2，0.25，0.05，9，，，0.5）；（外圆切削循环）
G00 X100 Z100；（刀具快速移回起点或换刀点）
M30；（程序结束）

L321. SPF；（左端外圆加工复合循环子程序）
G01 X35；（X 向进给）
    Z0；（Z 向进给）
    X41；（X 向进给）
    X45 Z-2；（倒角）
    Z-20；（Z 向进给）
    X46；（X 向进给）
    X48 Z-21；（倒角）
    Z-30；（Z 向进给）
    X52；（X 向退刀）
RET；（返回主程序）

CCC321. MPF；（切削螺纹退刀槽主程序）
G90 G95 G40 G71；（程序初始化）
T2D2；（2 号刀，2 号刀补）
M03 S800 F0. 1；（主轴正转，n=800r/min，进给量为 0. 1mm/r）
G00 X52 Z-20；（快速定位）
G01 X40. 2；（X 向进给）
    X48；（X 向退刀）
    Z-18；（Z 向进给）
```

```
        X40；（X向退刀）
        Z-20；（Z向进给）
        X48；（X向退刀）
G00 X100 Z100；（刀具快速移回起点或换刀点）
M30；（程序结束）

DDD321.MPF；（切削螺纹主程序）
G90 G95 G40 G71；（程序初始化）
T4D4；（4号刀，4号刀补）
M03 S800；（主轴正转，n=800r/min）
G00 X46 Z2；（快速定位）
CYCLE97（1.5，，0，-17，45，45，2.0，2.0，0.975，0.05，0，0，3，2.0，3，1）；（螺纹切削循环）
G00 X100 Z100；（刀具快速移回起点或换刀点）
M30；（程序结束）
EEE321.MPF；（左端内孔加工主程序）
G90 G95 G40 G71；（程序初始化）
T3D3；（3号刀，3号刀补）
M03 S800 F0.2；（主轴正转，n=800r/min，进给量为0.2mm/r）
G00 X26 Z2；（快速定位）
CYCLE95（"L321"，2.0，0，0.3，，0.2，0.25，0.05，11，，，0.5）；（外圆切削循环）
G00 X100 Z100；（刀具快速移回起点或换刀点）
M30；（程序结束）

L321.SPF；（左端内孔加工子程序）
G01 X35；（X向进给）
        Z-10；（Z向进给）
        X30 Z-18；（倒角）
        Z-23；（Z向进给）
        X26；（X向进给）
        Z2；（Z向退刀）
RET；（返回主程序）
```

**例5** 轮廓类零件5如图3-22所示，试编写数控加工程序。

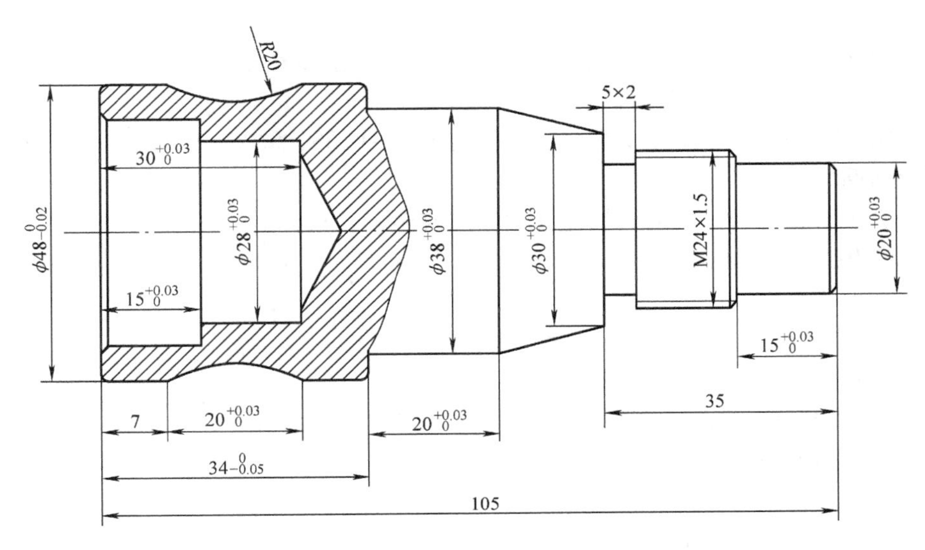


图 3-22　轮廓类零件 5

**1. 零件分析**

该工件为内/外轮廓循环零件，主要练习外轮廓的循环编程，切螺纹退刀槽及车削螺纹，熟悉指令的使用方法。在练习过程中，注意工件的伸长量，保证装夹刚性。本例题的右端车削结束后，需要调头装夹，这里需要找正。

**2. 工艺分析**

内/外轮廓循环零件主要包括内、外圆轮廓循环，切槽及螺纹的切削。工艺分析及参考程序如下，均注明工件坐标系原点及加工顺序。

【加工工序】

1）将毛坯校正、夹紧，用外圆端面车刀车削右端面，并用试切法对刀。

2）粗、精加工外圆轮廓至图样要求。

3）切螺纹退刀槽。

4）加工螺纹至图样要求。

5）切断保证总长度公差要求。

6）调头装夹、校正，车削端面且用试切法对刀。

7）粗、精加工内孔轮廓至图样要求。

8）去毛刺，检测工件各项尺寸。

**3. 参考程序**

【工件坐标系原点】工件右端面回转中心。

AAA322. MPF；（外圆加工复合循环主程序）

G90 G95 G40 G71；（程序初始化）

T1D1；（1号刀，1号刀补）
M03 S800 F0.2；（主轴正转，$n=800$r/min，进给量为0.2mm/r）
G00 X52 Z2；（快速定位）
CYCLE95（“L322”，2.0，0，0.3，，0.2，0.25，0.05，9，，，0.5）；（外圆切削循环）
G00 X100 Z100；（刀具快速移回起点或换刀点）
M30；（程序结束）

L322.SPF；（外圆加工复合循环子程序）
G01 X16；（X向进给）
Z0；（Z向进给）
X18；（X向进给）
X20 Z-1；（倒角）
Z-15；（Z向进给）
X22；（X向进给）
X24 Z-16；（倒角）
Z-35；（Z向进给）
X30；（X向进给）
X38 Z-51；（切削锥度）
Z-71；（Z向进给）
X46；（X向进给）
X48 Z-72；（倒角）
Z-78；（Z向进给）
G02 X48 Z-98 CR=20；（切削凹圆弧）
G01 Z-105；（Z向进给）
X52；（X向退刀）
RET；（返回主程序）

BBB322.MPF；（切削螺纹退刀槽主程序）
G90 G95 G40 G71；（程序初始化）
T2D2；（2号刀，2号刀补）
M03 S800 F0.1；（主轴正转，$n=800$r/min，进给量为0.1mm/r）
G00 X32 Z-35；（快速定位）
G01 X20.2；（X向进给）
X26；（X向退刀）

Z－32；（Z向进给）
X20；（X向进给）
Z－35；（Z向进给）
X26；（X向进给）
G00 X100 Z100；（刀具快速移回起点或换刀点）
M30；（程序结束）

CCC322. MPF；（切削螺纹）
G90 G95 G40 G71；（程序初始化）
T3D3；（3号刀，3号刀补）
M03 S800；（主轴正转，$n=800$r/min）
G00 X24 Z－13；（快速定位）
CYCLE97（1.5，，0，－32，24，24，2.0，2.0，0.975，0.05，0，0，3，2.0，3，1）；（螺纹切削循环）
G00 X100 Z100；（刀具快速移回起点或换刀点）
M30；（程序结束）

【工件坐标系原点】工件左端面回转中心。
DDD322. MPF；（左端内孔加工主程序）
G90 G95 G40 G71；（程序初始化）
T1D1；（1号刀，1号刀补）
M03 S800 F0.2；（主轴正转，$n=800$r/min，进给量为0.2mm/r）
G00 X26 Z2；（快速定位）
CYCLE95（"L322"，2.0，0，0.3，，0.2，0.25，0.05，11，，，0.5）；（外圆切削循环）
G00 X100 Z100；（刀具快速移回起点或换刀点）
M30；（程序结束）

L322. SPF（左端内孔加工子程序）
G01 X32；（X向进给）
X30 Z－1；（倒角）
Z－15；（Z向进给）
X28；（X向进给）
Z－30；（Z向进给）
X26；（X向进给）

RET；（返回主程序）

**例 6**　轮廓类零件 6 如图 3-23 所示，试编写数控加工程序。

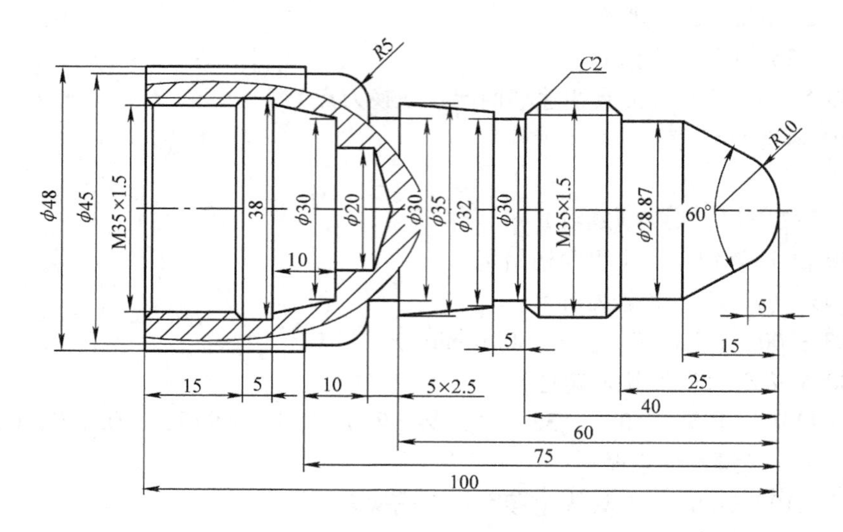


图 3-23　轮廓类零件 6

**1. 零件分析**

该工件为内/外轮廓循环零件，主要练习外轮廓的循环编程、切螺纹退刀槽及车削螺纹，熟悉指令的使用方法。在练习过程中，注意工件的伸长量，保证装夹刚性。本例题的右端车削结束后，需要调头装夹，这里需要找正。

**2. 工艺分析**

内/外轮廓循环零件主要包括内、外圆轮廓循环，切槽及螺纹的切削。工艺分析及参考程序如下，均注明工件坐标系原点及加工顺序。

【加工工序】

1）将毛坯校正、夹紧，用外圆端面车刀车削右端面，并用试切法对刀。

2）粗、精加工外圆轮廓至图样要求。

3）切螺纹退刀槽。

4）加工螺纹至图样要求。

5）切断保证总长度公差要求。

6）调头装夹、校正，车削端面且用试切法对刀。

7）粗、精加工内孔轮廓至图样要求。

8）去毛刺，检测工件各项尺寸。

**3. 参考程序**

【工件坐标系原点】工件右端面回转中心。

AAA323. MPF；（外圆加工复合循环主程序）
G90 G95 G40 G71；（程序初始化）
T1D1；（1号刀，1号刀补）
M03 S800 F0.2；（主轴正转，$n=800$r/min，进给量为0.2mm/r）
G00 X52 Z2；（快速定位）
CYCLE95（“L323”，2.0，0，0.3，，0.2，0.25，0.05，9，，，0.5）；（外圆切削循环）
G00 X100 Z100；（刀具快速移回起点或换刀点）
M30；（程序结束）

L323. SPF；（外圆加工复合循环子程序）
G01 X0；（X向进给）
Z0；（Z向进给）
G03 X17.32 Z-5 CR=10；（切削凸圆弧）
G01 X28.87 Z-15；（切削锥度）
Z-25；（Z向进给）
X31；（X向进给）
X35 Z-27；（倒角）
Z-40；（Z向进给）
X32 Z-45；（切削锥度）
X35 Z-60；（切削锥度）
G03 X45 Z-65 CR=5；（切削凸圆弧）
G01 Z-75；（Z向进给）
X48；（X向进给）
Z-100；（Z向进给）
X52；（X向退刀）
RET；（返回主程序）

BBB323. MPF；（切削螺纹退刀槽主程序）
G90 G95 G40 G71；（程序初始化）
T2D2；（2号刀，2号刀补）
M03 S800 F0.1；（主轴正转，$n=800$r/min，进给量为0.1mm/r）
G00 X37 Z-45；（快速定位）
G01 X30.2；（X向进给）
X37；（X向退刀）

Z－43；（Z 向进给）
X37；（X 向进给）
Z－45；（Z 向进给）
X37；（X 向退刀）
G00 X100 Z100；（刀具快速移回起点或换刀点）
M30；（程序结束）

CCC323. MPF；（切削螺纹主程序）
G90 G95 G40 G71；（程序初始化）
T3D3；（3 号刀，3 号刀补）
M03 S800；（主轴正转，$n = 800\text{r/min}$）
G00 X36 Z－23；（快速定位）
CYCLE97（1.5，，0，－42，35，35，2.0，2.0，0.975，0.05，0，0，3，2.0，3，1）；（螺纹切削循环）
G00 X100 Z100；（刀具快速移回起点或换刀点）
M30；（程序结束）

【工件坐标系原点】工件左端面回转中心。
DDD323. MPF；（左端内孔加工主程序）
G90 G95 G40 G71；（程序初始化）
T1D1；（1 号刀，1 号刀补）
M03 S800 F0.2；（主轴正转，$n = 800\text{r/min}$，进给量为 0.2mm/r）
G00 X18 Z2；（快速定位）
CYCLE95（"L323"，2.0，0，0.3，，0.2，0.25，0.05，11，，，0.5）；（外圆切削循环）
G00 X100 Z100；（刀具快速移回起点或换刀点）
M30；（程序结束）

L323. SPF（左端内孔加工子程序）
G01 X37；（X 向进给）
X35 Z－1；（倒角）
Z－20；（Z 向进给）
X30 Z－30；（切削锥度）
X20；（X 向进给）
Z－36；（Z 向进给）

```
    X18；（X 向退刀）
RET；（返回主程序）

EEE323. MPF；（切削内螺纹主程序）
G90 G95 G40 G71；（程序初始化）
T4D4；（4 号刀，4 号刀补）
M03 S800；（主轴正转，n =800r/min）
G00 X34 Z2；（快速定位）
CYCLE97 (1.5，，0，-17，35，35，2.0，2.0，0.975，0.05，0，0，3，2.0，4，1)；（螺纹切削循环）
G00 X100 Z100；（刀具快速移回起点或换刀点）
M30；（程序结束）
```

## 3.7 参数编程

**例1** 参数编程零件1如图3-24所示，试编写数控加工程序。

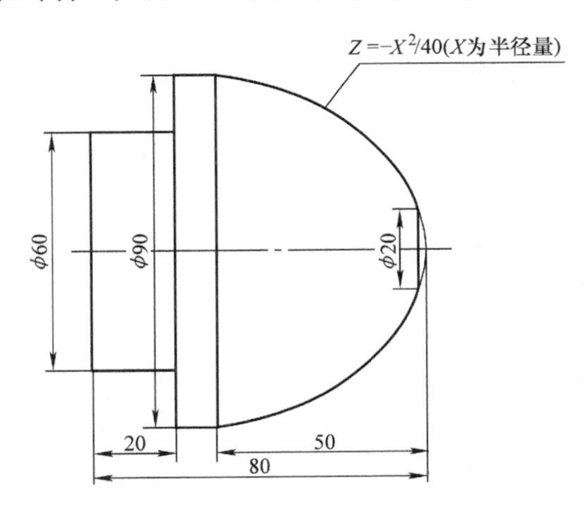


图3-24 参数编程零件1

### 1. 零件分析

该工件为阶梯轴零件，其成品最大直径为90mm，由于直径较小，毛坯可以采用φ95mm的圆柱棒料，加工后切断即可，这样可以节省装夹料头，并保证各加工表面间具有较高的相对位置精度。装夹时注意控制毛坯外伸量，保证装夹刚性。

**2. 工艺分析**

参数编程类零件主要包括抛物线、椭圆等图形，均采用参数方式进行编程。工艺分析及参考程序如下，均注明工件坐标系原点及加工顺序。

【加工工序】

1）将毛坯校正、夹紧，用外圆端面车刀车削右端面，并用试切法对刀。

2）粗、精加工外圆轮廓至图样要求。

3）去毛刺，检测工件各项尺寸。

**3. 参考程序**

本例编程时，采用直线进行拟合其精加工轮廓，以Z坐标作为自变量，X坐标作为因变量。编程时，使用以下变量进行运算：

R1——Z坐标值变量；

R2——X函数值变量（半径量）；

R3——X坐标值变量（直径量）。

【工件坐标系原点】工件右端面回转中心。

```
AAA324. MPF；（右端外圆加工主程序）
G90 G95 G40 G71；（程序初始化）
T1D1；（1号刀，1号刀补）
M03 S800 F0.2；（主轴正转，n=800r/min，进给量为0.2mm/r）
G00 X100 Z2；（快速定位）
CYCLE95（“L324”，2.0，0，0.3，，，0.2，0.05，9，，，0.5）；（外圆切削循环）
G00 X100 Z100；（刀具快速移回起点或换刀点）
M30；（程序结束）

L324. SPF；（右端外圆加工子程序）
R1=0.0；（Z坐标赋初值）
MA1：R2=SQRT（-R1*40.0）；（X计算公式）
R3=R2*2；（拟合曲线轮廓）
G01 X=R3 Z=R1；（R1赋值）
R1=R1-0.2；（Z坐标每次增量-0.2）
IF R1>=-50.0 GOTO MA1；（条件判断）
G01 Z-60；（Z向进给）
G00 X100 Z100；（刀具快速移回起点或换刀点）
M30；（程序结束）
```

**例2** 参数编程零件2如图3-25所示，试编写数控加工程序。

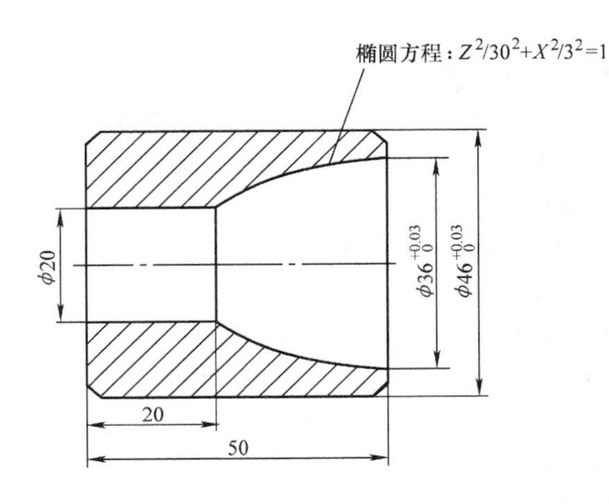


图3-25 参数编程零件2

**1. 零件分析**

该工件为阶梯轴零件，其成品最大直径为46mm，由于直径较小，毛坯可以采用φ48mm的圆柱棒料，加工后切断即可，这样可以节省装夹料头，并保证各加工表面间具有较高的相对位置精度。装夹时注意控制毛坯外伸量，保证装夹刚性。

**2. 工艺分析**

参数编程类零件主要包括抛物线、椭圆等图形，均采用参数编程的方式进行了编程。工艺分析及参考程序如下，均注明工件坐标系原点及加工顺序。

【加工工序】

1）将毛坯校正、夹紧，用外圆端面车刀车削右端面，并用试切法对刀。

2）粗、精加工外圆轮廓至图样要求。

3）去毛刺，检测工件各项尺寸。

**3. 参考程序**

【工件坐标系原点】工件右端面回转中心。

AAA325. MPF；（右端外圆加工主程序）

G90 G95 G40 G71；（程序初始化）

T1D1；（使用1号刀，1号刀补）

M03 S800 F0.1 M08；（主轴正转，$n=800$r/min，进给量为0.1mm/r，切削液开）

G00 X16.0 Z2.0；（快速定位）

CYCLE95（“L325”，2.0，0.3，0.3，0.3，0.5，0.1，0.06，9，0，0.5）；（外圆切削循环）

```
L325. SPF；（加工右端外轮廓子程序）
R1 =90. 0；（椭圆极角赋初值）
MA1：R2 =8. 0 * SIN （R1）；（公式中的 X 坐标值）
R3 =30. 0 * COS （R1）；（工件坐标系中的 Z 坐标）
R4 = R2 * 2 +20. 0；（工件坐标系中的 X 坐标）
G01 X = R4 Z = R3；（拟合曲线轮廓）
R1 = R1 +1. 0；（步长为 1）
IF R1 < =180. 0 GOTO MA1；（有条件跳转）
G01 Z -52. 0；（Z 向进给）
    X16. 0；（X 向退刀）
RET；（返回主程序）
```

**例 3** 参数编程零件 3 如图 3-26 所示，试编写数控加工程序。

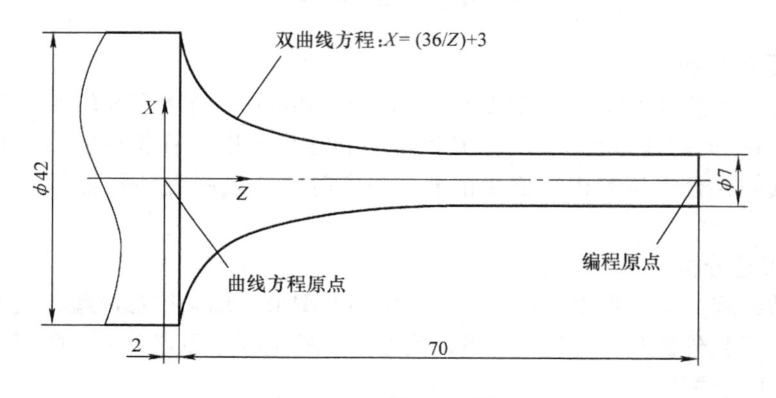


图 3-26 参数编程零件 3

**1. 零件分析**

该工件为阶梯轴零件，其成品最大直径为 42mm，由于直径较小，毛坯可以采用 $\phi$45mm 的圆柱棒料，加工后切断即可，这样可以节省装夹料头，并保证各加工表面间具有较高的相对位置精度。装夹时注意控制毛坯外伸量，保证装夹刚性。

**2. 工艺分析**

参数编程类零件主要包括抛物线、椭圆等图形，均采用参数方式进行编程。工艺分析及参考程序如下，均注明工件坐标系原点及加工顺序。

【加工工序】

1）将毛坯校正、夹紧，用外圆端面车刀车削右端面，并用试切法对刀。

2）粗、精加工外圆轮廓至图样要求。

3）去毛刺，检测工件各项尺寸。

**3. 参考程序**

【工件坐标系原点】工件右端面回转中心。

```
AAA326. MPF；（加工右端轮廓主程序）
G90 G95 G40 G71；（程序初始化）
T1D1；（换外圆车刀）
M03 S800 F0.1 M08；（主轴正转，n=800r/min，进给量为 0.1mm/r）
G00 X44.0 Z2.0；（快速定位）
CYCLE95（"L326"，2.0，0，0.3，，0.2，0.2，0.05，9，，，0.5）；（外圆切削循环）
M30；（程序结束）

L326. SPF；（加工右端外轮廓子程序）
R1 =72.0；（公式中的 Z 坐标值）
MA1：R2 =36/R1（公式中的 X 坐标值）
R3 = R1 - 72；（工件坐标系中的 Z 坐标）
R4 = R2 * 2 + 6.0；（工件坐标系中的 X 坐标）
G01 X=R4 Z=R3；（拟合曲线轮廓）
R1 =R1 - 0.2；（步长 -0.2）
IF R1 > = 2 GOTO MA1；（有条件跳转）
G01 X44.0；（X 向退刀）
RET；（返回主程序）
```

## 3.8　利用子程序编程

**例 1**　子程序编程零件 1 如图 3-27 所示，试编写数控加工程序。

**1. 零件分析**

该工件为阶梯轴零件，其成品最大直径为 49mm，由于直径较小，毛坯可以采用 $\phi$50mm 的圆柱棒料，加工后切断即可，这样可以节省装夹料头，并保证各加工表面间具有较高的相对位置精度。装夹时注意控制毛坯外伸量，保证装夹刚性。

**2. 工艺分析**

子程序类零件主要介绍了如何使用子程序编程以简化或优化程序，使程序更加简洁。

【加工工序】

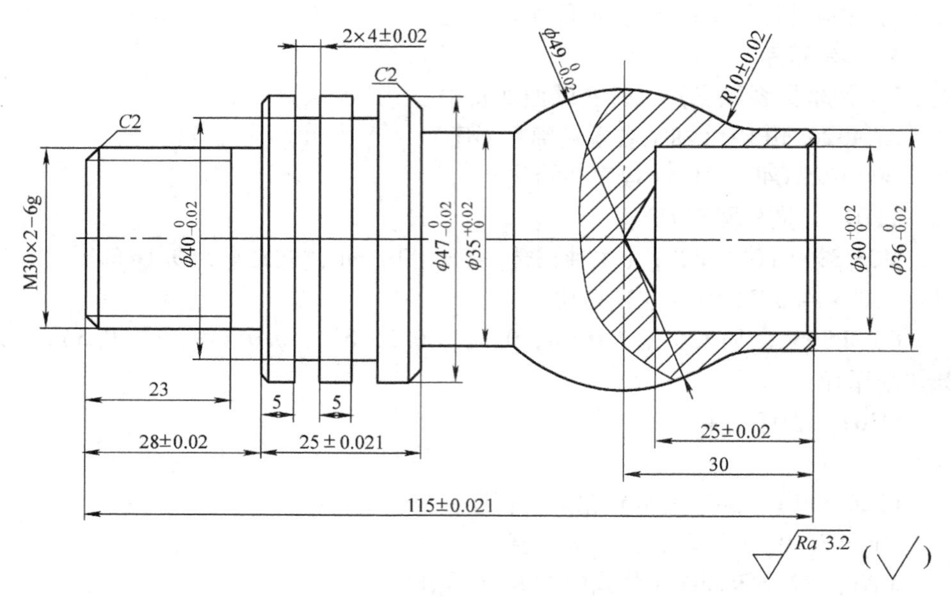


图 3-27　子程序编程零件 1

1）将毛坯校正、夹紧，用外圆端面车刀车削右端面，并用试切法对刀。

2）粗、精加工外圆轮廓至图样要求。

3）去毛刺，检测工件各项尺寸。

**3. 参考程序**

【工件坐标系原点】工件右端面回转中心。

AAA327. MPF；（切槽主程序）

G90 G95 G40 G71；（程序初始化）

T1D1；（换切槽刀，刀宽 3mm）

M03 S800 F0. 1 M08；（主轴正转，$n$ = 800r/min，进给量为 0. 1mm/r）

G00 X52. 0 Z－37. 0；（快速定位）

CYCLE95 （ “L327”，2. 0，0，0. 3，，0. 2，0. 2，0. 05，9，，，0. 5）；（切削第一个槽）

G90 X52. 0 Z－46；（快速定位）

CYCLE95 （ “L327”，2. 0，0，0. 3，，0. 2，0. 2，0. 05，9，，，0. 5）；（切削第二个槽）

M30；（程序结束）

L327. SPF；（槽切削子程序）

G91；
G01 X40.2；（X 向进给）
　　X48；（X 向退刀）
　　W1；（Z 向进给）
　　X40；（X 向进给）
　　W－1；（Z 向进给）
　　X52；（X 向退刀）
RET；（返回主程序）

**例2**　子程序编程零件2如图3-28所示，试编写数控加工程序。

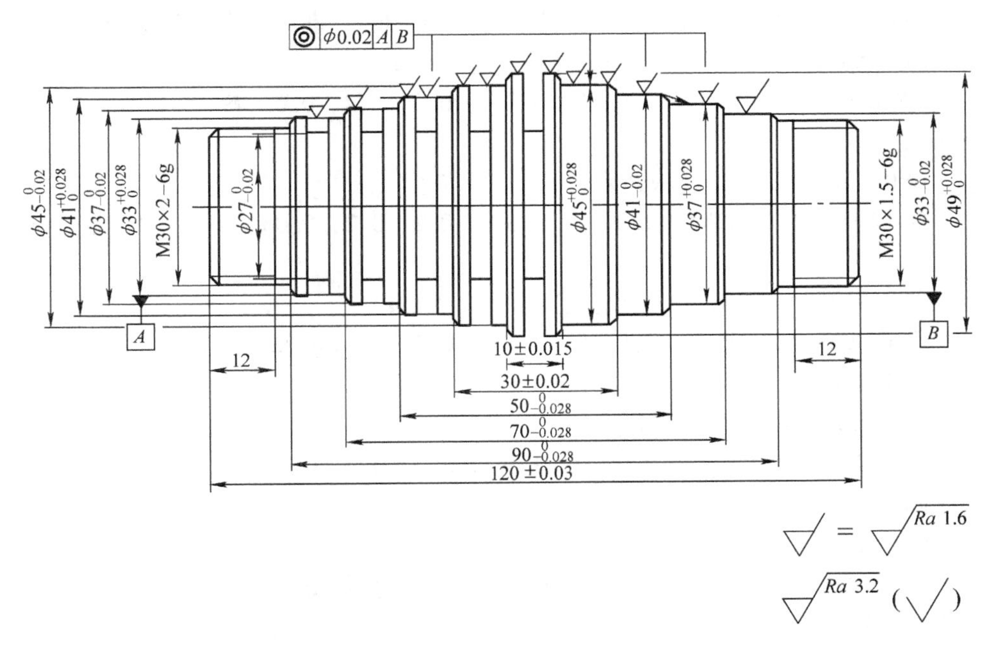


图3-28　子程序编程零件2

**1. 零件分析**

该工件为阶梯轴零件，其成品最大直径为49mm，由于直径较小，毛坯可以采用ϕ50mm的圆柱棒料，加工后切断即可，这样可以节省装夹料头，并保证各加工表面间具有较高的相对位置精度。装夹时注意控制毛坯外伸量，保证装夹刚性。

**2. 工艺分析**

子程序类零件主要介绍了如何使用子程序编程以简化或优化程序，使程序更加简洁。

【加工工序】

1）将毛坯校正、夹紧，用外圆端面车刀车削右端面，并用试切法对刀。

2）粗、精加工外圆轮廓至图样要求。

3）去毛刺，检测工件各项尺寸。

**3. 参考程序**

【工件坐标系原点】工件左端面回转中心。

AAA328. MPF；（切槽主程序）

G90 G95 G40 G71；（程序初始化）

T1D1；（换切槽刀，刀宽3mm）

M03 S800 F0. 1 M08；（主轴正转，$n$=800r/min，进给量为0. 1mm/r）

G00 X52. 0 Z－22. 0；（快速定位）

CYCLE95（“L328”，2. 0，0，0. 3，，0. 2，0. 2，0. 05，9，，，0. 5）；（切削第一个槽）

G90 X52. 0 Z－32；（快速定位）

CYCLE95（“L328”，2. 0，0，0. 3，，0. 2，0. 2，0. 05，9，，，0. 5）；（切削第二个槽）

G90 X52. 0 Z－42；（快速定位）

CYCLE95（“L328”，2. 0，0，0. 3，，0. 2，0. 2，0. 05，9，，，0. 5）；（切削第三个槽）

G90 X52. 0 Z－52；（快速定位）

CYCLE95（“L328”，2. 0，0，0. 3，，0. 2，0. 2，0. 05，9，，，0. 5）；（切削第四个槽）

G90 X52. 0 Z－62；（快速定位）

CYCLE95（“L328”，2. 0，0，0. 3，，0. 2，0. 2，0. 05，9，，，0. 5）；（切削第五个槽）

M30；（程序结束）

L328. SPF；（槽切削子程序）

G91；（绝对值编程）

G01 X27. 2；（X向进给）

　　X50；（X向退刀）

　　W1；（Z向进给）

　　X27；（X向进给）

　　W－1；（Z向进给）

　　X52；（X向退刀）

RET；（返回主程序）

## 3.9　数控车中级工考试样题

**例 1**　如图 3-29 所示，试编写数控加工程序。

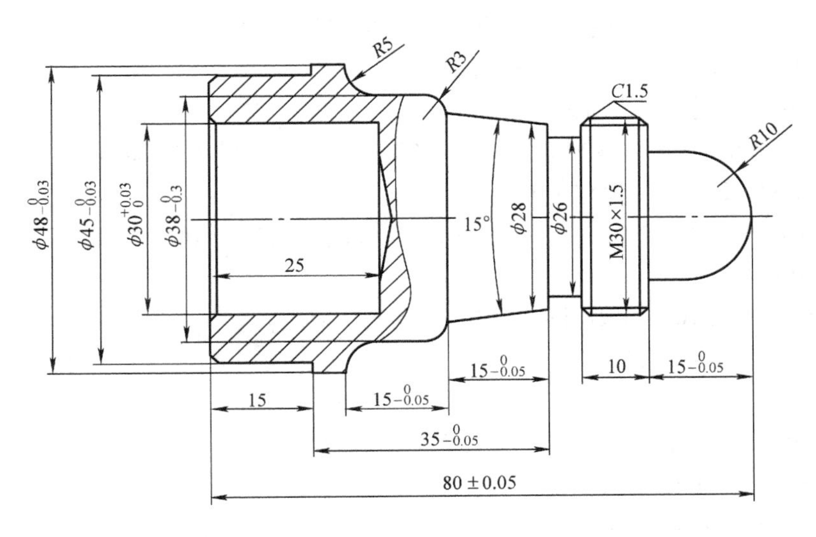


图 3-29　中级工考试样题 1

### 1. 零件分析

该工件为中级工考试样题，主要练习外轮廓的循环编程、切螺纹退刀槽及车削螺纹，熟悉指令的使用方法。在练习过程中，注意工件的伸长量，保证装夹刚性。本例题的右端车削结束后，需要调头装夹，这里需要找正。

### 2. 工艺分析

中级工考试样题主要根据中级工培训大纲出题，均符合数控车工中级工训练的要求。

【加工工序】

1）将毛坯校正、夹紧，用外圆端面车刀车削右端面，并用试切法对刀。

2）粗、精加工外圆轮廓至图样要求。

3）切螺纹退刀槽。

4）加工螺纹至图样要求。

5）切断保证总长度公差要求。

6）调头装夹、校正、车削端面且用试切法对刀。

7）粗、精加工外圆轮廓至图样要求。

8）粗、精加工内孔轮廓至图样要求。

9）去毛刺，检测工件各项尺寸。

**3. 参考程序**

【工件坐标系原点】工件右端面回转中心。

AAA329. MPF；（右端外圆加工复合循环主程序）

G90 G95 G40 G71；（程序初始化）

T1D1；（1 号刀，1 号刀补）

M03 S800 F0. 2；（主轴正转，$n$ = 800r/min，进给量为 0. 2mm/r）

G00 X52 Z2；（快速定位）

CYCLE95（“L329”，2. 0，0，0. 3，，0. 2，0. 25，0. 05，9，，，0. 5）；（外圆切削循环）

G00 X100 Z100；（刀具快速移回起点或换刀点）

M30；（程序结束）

L329. SPF；（右端外圆加工复合循环子程序）

G01 X0；（X 向进给）

Z0；（Z 向进给）

G03 X20 Z－10 CR＝10；（外圆切削循环）

G01 Z－15；（Z 向进给）

X27；（X 向进给）

X30 Z－16. 5；（切削锥度）

Z－25；（Z 向进给）

X28 Z－30；（切削锥度）

X32 Z－45；（切削锥度）

G03 X38 Z－48 CR＝3；（切削凸圆弧）

G01 Z－60；（Z 向进给）

G02 X48 Z－65 CR＝5；（切削凹圆弧）

G01 Z－80；（Z 向进给）

X52；（X 向退刀）

RET；（返回主程序）

BBB329. MPF；（切削螺纹退刀槽主程序）

G90 G95 G40 G71；（程序初始化）

T2D2；（2 号刀，2 号刀补）
M03 S800 F0.1；（主轴正转，$n$ =800r/min，进给量为 0.1mm/r）
G00 X32 Z-30；（快速定位）
G01 X26.2；（X 向进给）
　　X30；（X 向退刀）
　　Z-28；（Z 向进给）
　　X26；（X 向进给）
　　Z-30；（Z 向进给）
　　X32；（X 向进给）
G00 X100 Z100；（刀具快速移回起点或换刀点）
M30；（程序结束）

CCC329. MPF；（切削螺纹主程序）
G90 G95 G40 G71；（程序初始化）
T3D3；（3 号刀，3 号刀补）
M03 S800；（主轴正转，$n$ =800r/min）
G00 X30 Z-13；（快速定位）
CYCLE97（1.5，，0，-27，30，30，2.0，2.0，0.975，0.05，0，0，6，2.0，3，1）；（螺纹切削循环）
G00 X100 Z100；（刀具快速移回起点或换刀点）
M30；（程序结束）

【工件坐标系原点】工件左端面回转中心。
DDD329. MPF；（左端外圆加工复合循环主程序）
G90 G95 G40 G71；（程序初始化）
T1D1；（1 号刀，1 号刀补）
M03 S800 F0.2；（主轴正转，$n$ =800r/min，进给量为 0.2mm/r）
G00 X52 Z2；（快速定位）
CYCLE95（"L329"，2.0，0，0.3，，0.2，0.25，0.05，9，，，0.5）；（外圆切削循环）
G00 X100 Z100；（刀具快速移回起点或换刀点）
M30；（程序结束）

L329. SPF；（左端外圆加工复合循环子程序）
G01 X35；（X 向进给）

Z0；（Z 向进给）
X43；（X 向进给）
X45 Z－1；（倒角）
Z－15；（Z 向进给）
X52；（X 向退刀）
RET；（返回主程序）

EEE329. MPF；（左端内孔加工主程序）
G90 G95 G40 G71；（程序初始化）
T1D1；（1 号刀，1 号刀补）
M03 S800 F0.2；（主轴正转，$n=800$r/min，进给量为 0.2mm/r）
G00 X26 Z2；（快速定位）
CYCLE95（“L329”，2.0，0，0.3，，0.2，0.25，0.05，11，，，0.5）；（外圆切削循环）
G00 X100 Z100；（刀具快速移回起点或换刀点）
M30；（程序结束）

L329. SPF；（左端内孔加工子程序）
G01 X32；（X 向进给）
X30 Z－1；（倒角）
Z－25；（Z 向进给）
X26；（X 向退刀）
RET；（返回主程序）

**例 2** 如图 3-30 所示，试编写数控加工程序。

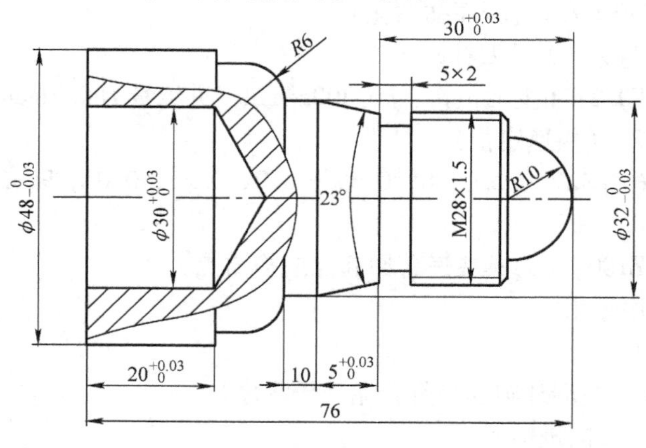


图 3-30 中级工考试样题 2

**1. 零件分析**

该工件为中级工考试样题，主要练习外轮廓的循环编程、切螺纹退刀槽及车削螺纹，熟悉指令的使用方法。在练习过程中，注意工件的伸长量，保证装夹刚性。本例题的右端车削结束后，需要调头装夹，这里需要找正。

**2. 工艺分析**

内/外轮廓循环零件主要包括内、外圆轮廓循环，切槽及螺纹的切削。工艺分析及参考程序如下，均注明工件坐标系原点及加工顺序。

【加工工序】

1）将毛坯校正、夹紧，用外圆端面车刀车削右端面，并用试切法对刀。

2）粗、精加工外圆轮廓至图样要求。

3）切螺纹退刀槽。

4）加工螺纹至图样要求。

5）切断保证总长度公差要求。

6）调头装夹、校正，车削端面且用试切法对刀。

7）粗、精加工内孔轮廓至图样要求。

8）去毛刺，检测工件各项尺寸。

**3. 参考程序**

【工件坐标系原点】工件右端面回转中心。

AAA330. MPF；（外圆加工复合循环主程序）

G90 G95 G40 G71；（程序初始化）

T1D1；（1号刀，1号刀补）

M03 S800 F0.2；（主轴正转，$n=800$r/min，进给量为0.2mm/r）

G00 X52 Z2；（快速定位）

CYCLE95（"L330"，2.0，0，0.3，，0.2，0.25，0.05，9，，，0.5）；（外圆切削循环）

G00 X100 Z100；（刀具快速移回起点或换刀点）

M30；（程序结束）

L330. SPF；（外圆加工复合循环子程序）

G01 X0；（X向进给）

Z0；（Z向进给）

G03 X20 Z-10 CR=10；（切削凸圆弧）

G01 X26；（X向进给）

X28 Z-11；（切削锥度）

Z-30；（Z向进给）

```
    X32 Z-35;(切削锥度)
    Z-45;(Z 向进给)
G03 X44 Z-51 CR=6;(切削凸圆弧)
G01 Z-56;(Z 向进给)
    X48;(X 向进给)
    Z-76;(Z 向进给)
    X52;(X 向退刀)
RET;(返回主程序)

BBB330.MPF;(切削螺纹退刀槽主程序)
G90 G95 G40 G71;(程序初始化)
T2D2;(2 号刀, 2 号刀补)
M03 S800 F0.1;(主轴正转, n=800r/min, 进给量为 0.1mm/r)
G00 X30 Z-30;(快速定位)
G01 X24.2;(X 向进给)
    X30;(X 向退刀)
    Z-28;(Z 向进给)
    X24;(X 向进给)
    Z-30;(Z 向进给)
    X30;(X 向进给)
G00 X100 Z100;(刀具快速移回起点或换刀点)
M30;(程序结束)

CCC330.MPF;(切削螺纹主程序)
G90 G95 G40 G71;(程序初始化)
T3D3;(3 号刀, 3 号刀补)
M03 S800;(主轴正转, n=800r/min)
G00 X30 Z-8;(快速定位)
CYCLE97 (1.5, , 0, -27, 28, 28, 2.0, 2.0, 0.975, 0.05, 0, 0, 3, 2.0, 3, 1);(螺纹切削循环)
G00 X100 Z100;(刀具快速移回起点或换刀点)
M30;(程序结束)

DDD330.MPF;(左端内孔加工主程序)
G90 G95 G40 G71;(程序初始化)
```

T1D1；（1 号刀，1 号刀补）

M03 S800 F0.2；（主轴正转，$n=800$r/min，进给量为 0.2mm/r）

G00 X26 Z2；（快速定位）

CYCLE95（"L330"，2.0，0，0.3，，0.2，0.25，0.05，11，，，0.5）；（外圆切削循环）

G00 X100 Z100；（刀具快速移回起点或换刀点）

M30；（程序结束）

L330.SPF；（左端内孔加工子程序）

G01 X30；（X 向进给）

　Z－20；（Z 向进给）

　X26；（X 向退刀）

　Z2；（Z 向退刀）

RET；（返回主程序）

**例 3**　如图 3-31 所示，试编写数控加工程序。

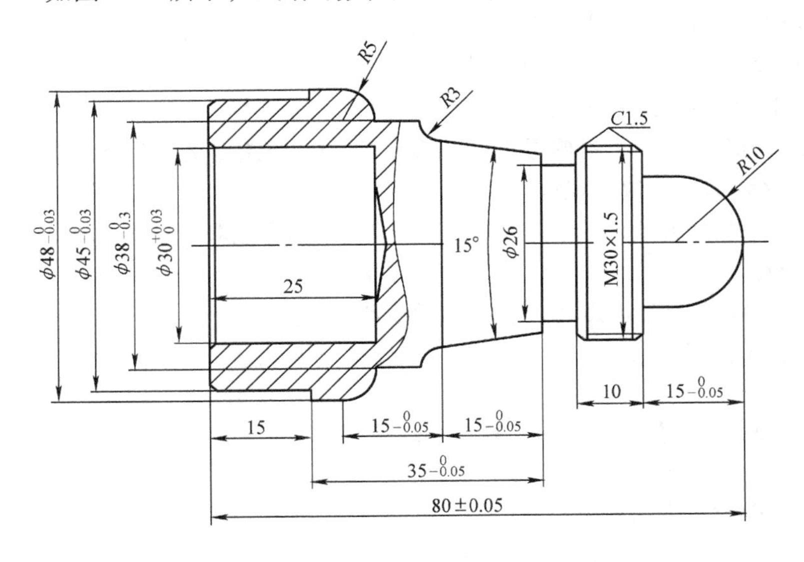


图 3-31　中级工考试样题 3

**1. 零件分析**

该工件为中级工考试样题，主要练习外轮廓的循环编程、切螺纹退刀槽及车削螺纹，熟悉指令的使用方法。在练习过程中，注意工件的伸长量，保证装夹刚性。本例题的右端车削结束后，需要调头装夹，这里需要找正。

**2. 工艺分析**

中级工考试样题主要根据中级工培训大纲进行出题，均符合数控车工中级工训练的要求。

【加工工序】

1）将毛坯校正、夹紧，用外圆端面车刀车削右端面，并用试切法对刀。

2）粗、精加工外圆轮廓至图样要求。

3）切螺纹退刀槽。

4）加工螺纹至图样要求。

5）切断保证总长度公差要求。

6）调头装夹、校正，车削端面且用试切法对刀。

7）粗、精加工外圆轮廓至图样要求。

8）粗、精加工内孔轮廓至图样要求。

9）去毛刺，检测工件各项尺寸。

**3. 参考程序**

【工件坐标系原点】工件右端面回转中心。

```
AAA331. MPF；（右端外圆加工复合循环主程序）
G90 G95 G40 G71；（程序初始化）
T1D1；（1 号刀，1 号刀补）
M03 S800 F0.2；（主轴正转，n=800r/min，进给量为 0.2mm/r）
G00 X52 Z2；（快速定位）
CYCLE95（"L331"，2.0，0，0.3，，0.2，0.25，0.05，9，，，0.5）；（外圆切削循环）
G00 X100 Z100；（刀具快速移回起点或换刀点）
M30；（程序结束）

L331. SPF；（右端外圆加工复合循环子程序）
G01 X0；（X 向进给）
    Z0；（Z 向进给）
G03 X20 Z-10 CR=10；（切削凸圆弧）
G01 Z-15；（Z 向进给）
    X27；（X 向进给）
    X30 Z-16.5；（切削锥度）
    Z-25；（Z 向进给）
    X28 Z-30；（切削锥度）
    X32 Z-45；（切削锥度）
```

```
G02 X38 Z-48 CR=3;（切削凹圆弧）
G01 Z-55;（Z 向进给）
G03 X48 Z-60 CR=5;（切削凸圆弧）
G01 Z-80;（Z 向进给）
    X52;（X 向退刀）
RET;（返回主程序）
```

```
BBB331.MPF;（切削螺纹退刀槽）
G90 G95 G40 G71;（程序初始化）
T2D2;（2 号刀，2 号刀补）
M03 S800 F0.1;（主轴正转，n=800r/min，进给量为 0.1mm/r）
G00 X32 Z-30;（快速定位）
G01 X26.2;（X 向进给）
    X32;（X 向进给）
    Z-28;（Z 向进给）
    X26;（X 向进给）
    Z-30;（Z 向进给）
    X32;（X 向进给）
G00 X100 Z100;（刀具快速移回起点或换刀点）
M30;（程序结束）
```

```
CCC331.MPF;（切削螺纹）
G90 G95 G40 G71;（程序初始化）
T3D3;（3 号刀，3 号刀补）
M03 S800;（主轴正转，n=800r/min）
G00 X30 Z-13;（快速定位）
CYCLE97（1.5，，0，-27，30，30，2.0，2.0，0.975，0.05，0，0，6，2.0，3，1）;（螺纹切削循环）
G00 X100 Z100;（刀具快速移回起点或换刀点）
M30;（程序结束）
```

【工件坐标系原点】工件左端面回转中心。

```
DDD331.MPF;（左端外圆加工复合循环主程序）
G90 G95 G40 G71;（程序初始化）
T1D1;（1 号刀，1 号刀补）
```

M03 S800 F0.2；（主轴正转，$n$=800r/min，进给量为0.2mm/r）

G00 X52 Z2；（快速定位）

CYCLE95（“L331”，2.0，0，0.3，，0.2，0.25，0.05，9，，，0.5）；（外圆切削循环）

G00 X100 Z100；（刀具快速移回起点或换刀点）

M30；（程序结束）

L331.SPF；（左端外圆加工复合循环子程序）

G01 X35；（X向进给）

Z0；（Z向进给）

X43；（X向进给）

X45 Z-1；（倒角）

Z-15；（Z向进给）

X52；（X向退刀）

RET；（返回主程序）

EEE331.MPF；（左端内孔加工主程序）

G90 G95 G40 G71；（程序初始化）

T1D1；（1号刀，1号刀补）

M03 S800 F0.2；（主轴正转，$n$=800r/min，进给量为0.2mm/r）

G00 X26 Z2；（快速定位）

CYCLE95（“L331”，2.0，0，0.3，，0.2，0.25，0.05，11，，，0.5）；（外圆切削循环）

G00 X100 Z100；（刀具快速移回起点或换刀点）

M30；（程序结束）

L331.SPF；（左端内孔加工子程序）

G01 X32；（X向进给）

X30 Z-1；（倒角）

Z-25；（Z向进给）

X26；（X向退刀）

RET；（返回主程序）

**例4** 如图3-32所示，试编写数控加工程序。

**1. 零件分析**

该工件为中级工考试样题，主要练习外轮廓的循环编程、切螺纹退刀槽及车

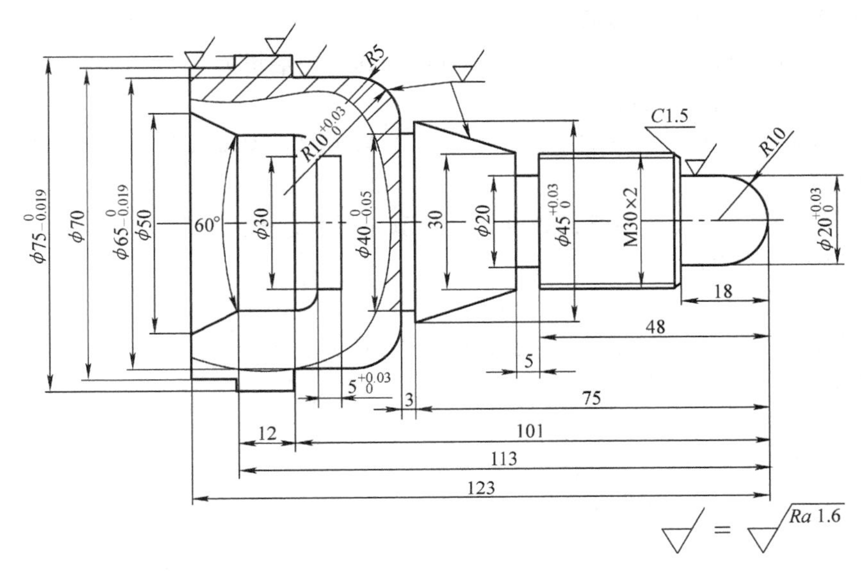


图3-32 中级工考试样题4

削螺纹，熟悉指令的使用方法。在练习过程中，注意工件的伸长量，保证装夹刚性。本例题的右端车削结束后，需要调头装夹，这里需要找正。

**2. 工艺分析**

内/外轮廓循环零件主要包括内、外圆轮廓循环，切槽及螺纹的切削。工艺分析及参考程序如下，均注明工件坐标系原点及加工顺序。

【加工工序】

1）将毛坯校正、夹紧，用外圆端面车刀车削右端面，并用试切法对刀。

2）粗、精加工外圆轮廓至图样要求。

3）切螺纹退刀槽。

4）加工螺纹至图样要求。

5）切断保证总长度公差要求。

6）调头装夹、校正，车削端面且用试切法对刀。

7）粗、精加工外圆轮廓至图样要求。

8）粗、精加工内孔轮廓至图样要求。

9）去毛刺，检测工件各项尺寸。

**3. 参考程序**

【工件坐标系原点】工件右端面回转中心。

AAA332. MPF；（右端外圆加工复合循环主程序）

G90 G95 G40 G71；（程序初始化）

```
T1D1;（1 号刀，1 号刀补）
M03 S800 F0.2;（主轴正转，n=800r/min，进给量为 0.2mm/r）
G00 X78 Z2;（快速定位）
CYCLE95（"L332", 2.0, 0, 0.3, , 0.2, 0.25, 0.05, 9, , , 0.5）;（外圆切削循环）
G00 X100 Z100;（刀具快速移回起点或换刀点）
M30;（程序结束）

L332.SPF;（右端外圆加工复合循环子程序）
G01 X0 ;（X 向进给）
    Z0;（Z 向进给）
G03 X20 Z-10 CR=10;（切削凸圆弧）
G01 Z-18;（Z 向进给）
    X27;（X 向进给）
    X30 Z19.5;（切削锥度）
    Z-53;（Z 向进给）
    X45 Z-75;（切削锥度）
    Z-78;（Z 向进给）
    X50;（X 向进给）
G03 X70 Z-88 CR=10;（切削凸圆弧）
G01 Z-101;（Z 向进给）
    X75;（X 向进给）
    Z-123;（Z 向进给）
    X78;（X 向进给）
RET;（返回主程序）

BBB332.MPF;（切削螺纹退刀槽主程序）
G90 G95 G40 G71;（程序初始化）
T2D2;（2 号刀，2 号刀补）
M03 S800 F0.1;（主轴正转，n=800r/min，进给量为 0.1mm/r）
G00 X32 Z-53;（切削退刀槽）
G01 X20.2;（X 向进给）
    X32;（X 向退刀）
    Z-51;（Z 向进给）
    X20;（X 向进给）
```

```
        Z-53；（Z 向进给）
        X50；（X 向进给）
        Z-78；（Z 向进给）
        X45；（X 向进给）
        X50；（X 向退刀）
    G00 X100 Z100；（刀具快速移回起点或换刀点）
    M30；（程序结束）
```

```
    CCC332. MPF；（切削螺纹）
    G90 G95 G40 G71；（程序初始化）
    T3D3；（3 号刀，3 号刀补）
    M03 S800；（主轴正转，n=800r/min）
    G00 X32 Z-16；（快速定位）
    CYCLE97（2，，0，-50，30，30，2.0，2.0，1.3，0.05，0，0，6，2.0，
3，1）；
    G00 X100 Z100；（刀具快速移回起点或换刀点）
    M30；（程序结束）
```

【工件坐标系原点】工件左端面回转中心。

```
    DDD332. MPF；（左端外圆加工复合循环主程序）
    G90 G95 G40 G71；（程序初始化）
    T1D1；（1 号刀，1 号刀补）
    M03 S800 F0.2；（主轴正转，n=800r/min，进给量为 0.2mm/r）
    G00 X52 Z2.0；（快速定位）
    CYCLE95（"L332"，2.0，0，0.3，，0.2，0.25，0.05，9，，，0.5）；（外
圆切削循环）
    G00 X100 Z100；（刀具快速移回起点或换刀点）
    M30；（程序结束）
```

```
    L332. SPF；（左端外圆加工复合循环子程序）
    G01 X50；（X 向进给）
        Z0；（Z 向进给）
        X70；（X 向进给）
        Z-10；（Z 向进给）
        X75；（X 向进给）
```

```
        Z-13；（Z向进给）
        X78；（X向进给）
    RET；（返回主程序）

    EEE332.MPF；（左端内孔加工主程序）
    G90 G95 G40 G71；（程序初始化）
    T1D1；（1号刀，1号刀补）
    M03 S800 F0.2；（主轴正转，n=800r/min，进给量为0.2mm/r）
    G00 X26 Z2.0；（快速定位）
    CYCLE95（"L332"，2.0，0，0.3，，0.2，0.25，0.05，11，，，0.5）；
（外圆切削循环）
    G00 X100 Z100；（刀具快速移回起点或换刀点）
    M30；（程序结束）

    L332.SPF；（左端内孔加工子程序）
    G01 X50；（X向进给）
        Z0；（Z向进给）
        X40 Z-10；（切削锥度）
        Z-22；（Z向进给）
    G02 X30 Z-27 CR=5；（切削凹圆弧）
    G01 Z-32；（Z向进给）
        X26；（X向进给）
    RET；（返回主程序）
```

**例5** 如图3-33所示，试编写数控加工程序。

**1. 零件分析**

该工件为中级工考试样题，主要练习外轮廓的循环编程、切螺纹退刀槽及车削螺纹，熟悉指令的使用方法。在练习过程中，注意工件的伸长量，保证装夹刚性。本例题的右端车削结束后，需要调头装夹，这里需要找正。

**2. 工艺分析**

中级工考试样题主要根据中级工培训大纲出题，均符合数控车工中级工训练的要求。

【加工工序】

1）将毛坯校正、夹紧，用外圆端面车刀车削右端面，并用试切法对刀。

2）粗、精加工外圆轮廓至图样要求。

3）切螺纹退刀槽。

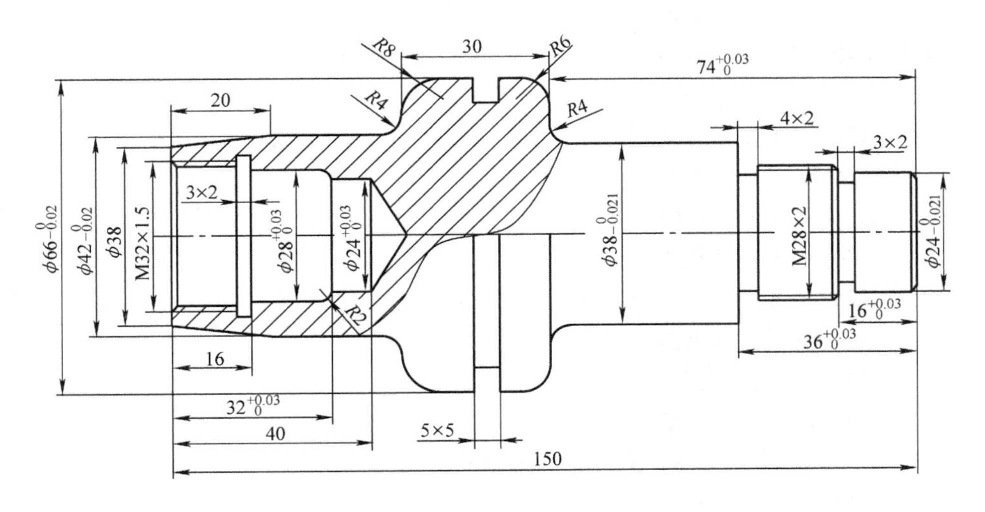


图3-33　中级工考试样题5

4）加工螺纹至图样要求。

5）切断保证总长度公差要求。

6）调头装夹、校正，车削端面且用试切法对刀。

7）粗、精加工外圆轮廓至图样要求。

8）粗、精加工内孔轮廓至图样要求。

9）切螺纹退刀槽。

10）加工内螺纹至图样要求。

11）去毛刺，检测工件各项尺寸。

**3. 参考程序**

【工件坐标系原点】工件右端面回转中心。

AAA333. MPF；（右端外圆加工复合循环主程序）

G90 G95 G40 G71；（程序初始化）

T1D1；（1号刀，1号刀补）

M03 S800 F0.2；（主轴正转，$n=800$r/min，进给量为0.2mm/r）

G00 X70 Z2；（快速定位）

CYCLE95（“L333”，2.0，0，0.3，，0.2，0.25，0.05，9，，，0.5）；（外圆切削循环）

G00 X100 Z100；（刀具快速移回起点或换刀点）

M30；（程序结束）

```
L333. SPF；（右端外圆加工复合循环子程序）
G01 X18；（X 向切削进刀）
    Z0；（Z 向进给）
    X22；（X 向进给）
    X24 Z-1；（倒角）
    Z-16；（Z 向进给）
    X26；（X 向进给）
    X28 Z-17；（切削锥度）
    Z-36；（Z 向进给）
    X38；（X 向进给）
    Z-34；（Z 向进给）
G02 X46 Z-38 CR=4；（切削凹圆弧）
G01 X54；（X 向进给）
G03 X66 Z-80 CR=6；（切削凸圆弧）
G01 Z-150；（Z 向进给）
    X70；（X 向退刀）
RET；（返回主程序）

BBB333. MPF；（切削螺纹退刀槽）
G90 G95 G40 G71；（程序初始化）
T2D2；（2 号刀，2 号刀补）
M03 S800 F0.1；（主轴正转，n=800r/min，进给量为 0.1mm/r）
G00 X39 Z-16；（快速定位）
G01 X20；（X 向进给）
    X30；（X 向退刀）
    Z-36；（Z 向进给）
    X24.2；（X 向进给）
    X30；（X 向进给）
    Z-35；（Z 向进给）
    X24；（X 向进给）
    Z-36；（Z 向进给）
    X30；（X 向进给）
G00 X100 Z100；（刀具快速移回起点或换刀点）
M30；（程序结束）
```

CCC333. MPF；（切削螺纹）
G90 G95 G40 G71；（程序初始化）
T3D3；（3号刀，3号刀补）
M03 S800；（主轴正转，$n$=800r/min）
G00 X28 Z-14；（快速定位）
CYCLE97（2，，0，-34，28，28，2.0，2.0，1.3，0.05，0，0，6，2.0，3，1）；（螺纹切削循环）
G00 X100 Z100；（刀具快速移回起点或换刀点）
M30；（程序结束）

【工件坐标系原点】工件左端面回转中心。
DDD333. MPF；（左端外圆加工复合循环主程序）
G90 G95 G40 G71；（程序初始化）
T1D1；（1号刀，1号刀补）
M03 S800 F0.2；（主轴正转，$n$=800r/min，进给量为0.2mm/r）
G00 X70 Z2；（快速定位）
CYCLE95（"L333"，2.0，0，0.3，，0.2，0.25，0.05，9，，，0.5）；（外圆切削循环）
G00 X100 Z100；（刀具快速移回起点或换刀点）
M30；（程序结束）

L333. SPF；（左端外圆加工复合循环子程序）
G01 X35；（X向进给）
　　Z0；（Z向进给）
　　X38；（Z向进给）
　　X42 Z-20；（切削锥度）
　　Z-42；（Z向进给）
G02 X50 Z-46 CR=4；（切削凹圆弧）
G03 X66 Z-54 CR=8；（切削凸圆弧）
G01 Z-60；（Z向进给）
　　X70；（X向进给）
RET；（返回主程序）

EEE333. MPF；（左端内孔加工主程序）
G90 G95 G40 G71；（程序初始化）

T1D1；（1号刀，1号刀补）
M03 S800 F0.2；（主轴正转，$n$=800r/min，进给量为0.2mm/r）
G00 X20 Z2；（快速定位）
CYCLE95（"L333"，2.0，0，0.3，，0.2，0.25，0.05，11，，，0.5）；（外圆切削循环）
G00 X100 Z100；（刀具快速移回起点或换刀点）
M30；（程序结束）

L333.SPF；（左端内孔加工子程序）
G01 X32；（X向进给）
X30 Z-1；（倒角）
Z-16；（Z向进给）
X28；（X向进给）
Z-30；（Z向进给）
G02 X24 X-32 CR=2；（切削凹圆弧）
G01 Z-40；（Z向进给）
X20；（X向退刀）
RET；（返回主程序）

FFF333.MPF；（切削螺纹）
G90 G95 G40 G71；（程序初始化）
T3D3；（3号刀，3号刀补）
M03 S800；（主轴正转，$n$=800r/min）
G00 X28 Z2；（快速定位）
CYCLE97（1.5，，0，-14，30，30，2.0，1.0，0.975，0.05，0，0，6，2.0，4，1）；（螺纹切削循环）
G00 X100 Z100；（刀具快速移回起点或换刀点）
M30；（程序结束）

**例6** 如图3-34所示，试编写数控加工程序。

**1. 零件分析**

该工件为中级工考试样题，主要练习外轮廓的循环编程、切螺纹退刀槽及车削螺纹，熟悉指令的使用方法。在练习过程中，注意工件的伸长量，保证装夹刚性。本例题的右端车削结束后，需要调头装夹，这里需要找正。

**2. 工艺分析**

中级工考试样题主要根据中级工培训大纲出题，均符合数控车工中级工训练

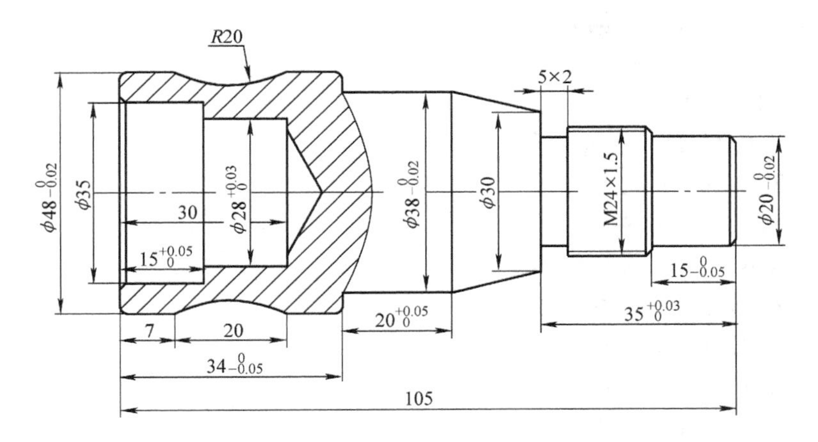


图3-34 中级工考试样题6

的要求。

【加工工序】

1）将毛坯校正、夹紧，用外圆端面车刀车削右端面，并用试切法对刀。

2）粗、精加工外圆轮廓至图样要求。

3）切螺纹退刀槽。

4）加工螺纹至图样要求。

5）切断保证总长度公差要求。

6）调头装夹、校正，车削端面且用试切法对刀。

7）粗、精加工内孔轮廓至图样要求。

8）去毛刺，检测工件各项尺寸。

**3. 参考程序**

【工件坐标系原点】工件右端面回转中心。

AAA334. MPF；（右端外圆加工复合循环主程序）

G90 G95 G40 G71；（程序初始化）

T1D1；（1号刀，1号刀补）

M03 S800 F0.2；（主轴正转，$n=800$r/min，进给量为0.2mm/r）

G00 X52 Z2；（快速定位）

CYCLE95（“L334”，2.0，0，0.3，，0.2，0.25，0.05，9，，，0.5）；（外圆切削循环）

G00 X100 Z100；（刀具快速移回起点或换刀点）

M30；（程序结束）

L334. SPF；（右端外圆加工复合循环子程序）

```
G01 X16；（X 向进给）
    Z0；（Z 向进给）
    X18；（X 向进给）
    X20 Z-1；（倒角）
    Z-15；（Z 向进给）
    X22；（X 向进给）
    X24 Z-26；（切削锥度）
    Z-35；（Z 向进给）
    X30；（X 向进给）
    X38 Z-51；（切削锥度）
    Z-71；（Z 向进给）
    X46；（X 向进给）
    X48 Z-72；（切削锥度）
    Z-78；（Z 向进给）
G02 X48 Z-98 CR=20；（切削凹圆弧）
G01 Z-105；（Z 向进给）
    X52；（X 向退刀）
RET；（返回主程序）

BBB334. MPF；（切削螺纹退刀槽）
G90 G95 G40 G71；（程序初始化）
T2D2；（2 号刀，2 号刀补）
M03 S800 F0.1；（主轴正转，n=800r/min，进给量为 0.1mm/r）
G00 X32 Z-35；（快速定位）
G01 X20.2；（X 向进给）
    X26；（X 向退刀）
    Z-33；（Z 向进给）
    X20；（X 向进给）
    Z-35；（Z 向进给）
    X26；（X 向退刀）
G00 X100 Z100；（刀具快速移回起点或换刀点）
M30；（程序结束）

CCC334. MPF；（切削螺纹）
G90 G95 G40 G71；（程序初始化）
```

T3D3；（3号刀，3号刀补）

M03 S800；（主轴正转，$n$ = 800r/min）

G00 X24 Z－13；（快速定位）

CYCLE97（1.5，，0，－32，24，24，2.0，2.0，0.975，0.05，0，0，6，2.0，3，1）；（螺纹切削循环）

G00 X100 Z100；（刀具快速移回起点或换刀点）

M30；（程序结束）

【工件坐标系原点】工件左端面回转中心。

DDD334.MPF；（左端内孔加工主程序）

G90 G95 G40 G71；（程序初始化）

T1D1；（1号刀，1号刀补）

M03 S800 F0.2；（主轴正转，$n$ = 800r/min，进给量为0.2mm/r）

G00 X26 Z2；（快速定位）

CYCLE95（"L334"，2.0，0，0.3，，0.2，0.25，0.05，11，，，0.5）；（外圆切削循环）

G00 X100 Z100；（刀具快速移回起点或换刀点）

M30；（程序结束）

L334.SPF；（左端内孔加工子程序）

G01 X37；（X向进给）

　　X35 Z－1；（倒角）

　　Z－15；（Z向进给）

　　X28；（X向进给）

　　Z－30；（Z向进给）

　　X26；（X向退刀）

RET；（返回主程序）

**例7**　如图3-35所示，试编写数控加工程序。

**1. 零件分析**

该工件为中级工考试样题，主要练习外轮廓的循环编程、切螺纹退刀槽及车削螺纹，熟悉指令的使用方法。在练习过程中，注意工件的伸长量，保证装夹刚性。本例题的右端车削结束后，需要调头装夹，这里需要找正。

**2. 工艺分析**

中级工考试样题主要根据中级工培训大纲出题，均符合数控车工中级工训练的要求。

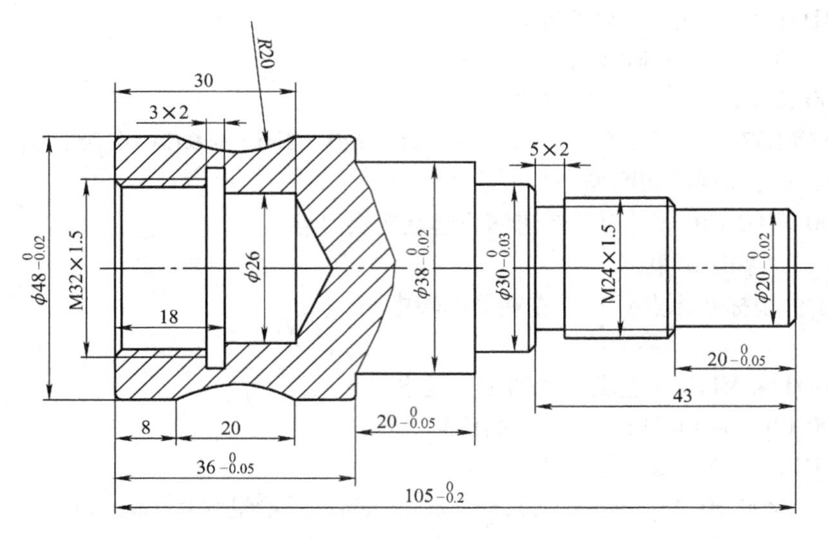


图3-35 中级工考试样题7

【加工工序】

1）将毛坯校正、夹紧，用外圆端面车刀车削右端面，并用试切法对刀。

2）粗、精加工外圆轮廓至图样要求。

3）切螺纹退刀槽。

4）加工螺纹至图样要求。

5）切断保证总长度公差要求。

6）调头装夹、校正，车削端面且用试切法对刀。

7）粗、精加工内孔轮廓至图样要求。

8）切螺纹退刀槽。

9）加工螺纹至图样要求。

10）去毛刺，检测工件各项尺寸。

**3. 参考程序**

【工件坐标系原点】工件右端面回转中心。

AAA335. MPF；（右端外圆加工复合循环主程序）

G90 G95 G40 G71；（程序初始化）

T1D1；（1号刀，1号刀补）

M03 S800 F0. 2；（主轴正转，$n=800$r/min，进给量为0. 2mm/r）

G00 X52 Z2；（快速定位）

CYCLE95（“L335”，2. 0，0，0. 3，，0. 2，0. 25，0. 05，9，，，0. 5）；（外圆切削循环）

```
G00 X100 Z100；（刀具快速移回起点或换刀点）
M30；（程序结束）

L335. SPF；（右端外圆加工复合循环子程序）
G01 X16；（X 向进给）
    Z0；（Z 向进给）
    X18；（X 向进给）
    X20 Z-1；（倒角）
    Z-20；（Z 向进给）
    X22；（X 向进给）
    X24 Z-21；（切削锥度）
    Z-43；（Z 向进给）
    X28；（X 向进给）
    X30 Z-44；（切削锥度）
    Z-50；（Z 向进给）
    X38；（X 向进给）
    Z-70；（Z 向进给）
    X46；（X 向进给）
    X48 Z-71；（切削锥度）
    Z-78；（Z 向进给）
G02 X48 Z-97 CR=20；（切削凹圆弧）
G01 Z-105；（Z 向进给）
    X52；（X 向退刀）
RET；（返回主程序）

BBB335. MPF；（切削螺纹退刀槽）
G90 G95 G40 G71；（程序初始化）
T2D2；（2 号刀，2 号刀补）
M03 S800 F0.1；（主轴正转，n=800r/min，进给量为 0.1mm/r）
G00 X30 Z-43；（快速定位）
G01 X20.2；（X 向进给）
    X26；（X 向退刀）
    Z-41；（Z 向进给）
    X20；（X 向进给）
    Z-43；（Z 向进给）
```

X26；（X向进给）
G00 X100 Z100；（刀具快速移回起点或换刀点）
M30；（程序结束）

CCC335. MPF；（切削螺纹）
G90 G95 G40 G71；（程序初始化）
T3D3；（3号刀，3号刀补）
M03 S800；（主轴正转，$n=800$r/min）
G00 X24 Z-18；（快速定位）
CYCLE97（1.5，，0，-40，24，24，2.0，2.0，0.975，0.05，0，0，6，2.0，3，1）；（螺纹切削循环）
G00 X100 Z100；（刀具快速移回起点或换刀点）
M30；（程序结束）

【工件坐标系原点】工件左端面回转中心。
DDD335. MPF；（左端内孔加工主程序）
G90 G95 G40 G71；（程序初始化）
T1D1；（1号刀，1号刀补）
M03 S800 F0.2；（主轴正转，$n=800$r/min，进给量为0.2mm/r）
G00 X22 Z2；（快速定位）
CYCLE95（"L335"，2.0，0，0.3，，0.2，0.25，0.05，11，，，0.5）；（外圆切削循环）
G00 X100 Z100；（刀具快速移回起点或换刀点）
M30；（程序结束）

L335. SPF；（左端内孔加工子程序）
G01 X33.5；（X向定位）
X30.5 Z-1；（倒角）
Z-18；（Z向进给）
X26；（X向进给）
Z-30；（Z向进给）
X22；（X向退刀）
RET；（返回主程序）

EEE335. MPF；（切削内螺纹）

G90 G95 G40 G71；（程序初始化）

T3D3；（3 号刀，3 号刀补）

M03 S800；（主轴正转，$n=800\text{r/min}$）

G00 X28 Z2；（快速定位）

CYCLE97（1.5，，0，－16，30，30，2.0，1.0，0.975，0.05，0，0，6，2.0，4，1）；（螺纹切削循环）

G00 X100 Z100；（刀具快速移回起点或换刀点）

M30；（程序结束）

**例 8**　如图 3-36 所示，试编写数控加工程序。

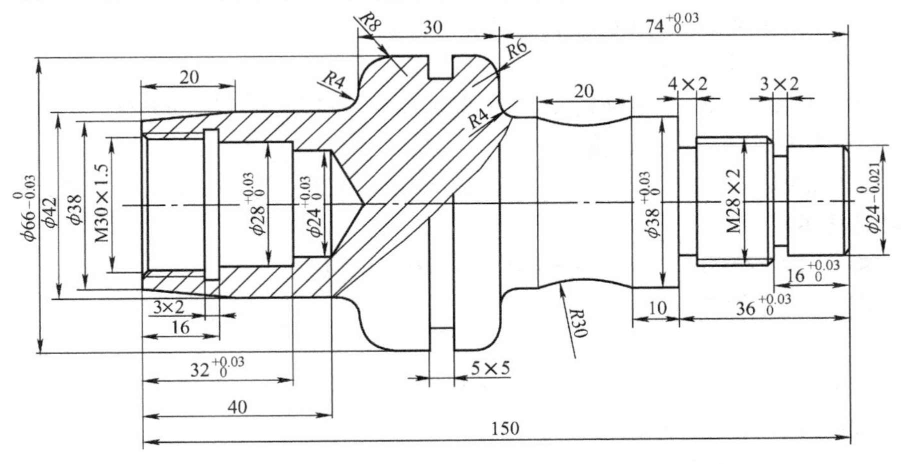


图 3-36　中级工考试样题 8

**1. 零件分析**

该工件为中级工考试样题，主要练习外轮廓的循环编程、切螺纹退刀槽及车削螺纹，熟悉指令的使用方法。在练习过程中，注意工件的伸长量，保证装夹刚性。本例题的右端车削结束后，需要调头装夹，这里需要找正。

**2. 工艺分析**

中级工考试样题主要根据中级工培训大纲出题，均符合数控车工中级工训练的要求。

【加工工序】

1）将毛坯校正、夹紧，用外圆端面车刀车削右端面，并用试切法对刀。

2）粗、精加工外圆轮廓至图样要求。

3）切螺纹退刀槽。

4）加工螺纹至图样要求。

5）切断保证总长度公差要求。

6）调头装夹、校正，车削端面且用试切法对刀。

7）粗、精加工外圆轮廓至图样要求。

8）粗、精加工内孔轮廓至图样要求。

9）切螺纹退刀槽。

10）加工螺纹至图样要求。

11）去毛刺，检测工件各项尺寸。

**3. 参考程序**

【工件坐标系原点】工件右端面回转中心。

AAA336. MPF；（外圆加工复合循环主程序）

G90 G95 G40 G71；（程序初始化）

T1D1；（1号刀，1号刀补）

M03 S800 F0.2；（主轴正转，$n$=800r/min，进给量为0.2mm/r）

G00 X70 Z2；（快速定位）

CYCLE95（"L336"，2.0，0，0.3，，0.2，0.25，0.05，9，，，0.5）；（外圆切削循环）

G00 X100 Z100；（刀具快速移回起点或换刀点）

M30；（程序结束）

L336. SPF；（外圆加工复合循环子程序）

G01 X18；（X向切削进刀）

Z0；（Z向进给）

X22；（X向进给）

X24 Z-1；（倒角）

Z-16；（Z向进给）

X26；（X向进给）

X28 Z-17；（切削锥度）

Z-36；（Z向进给）

X38；（X向进给）

Z-46；（Z向进给）

G02 X38 Z-66 CR=30；（切削凹圆弧）

G01 Z-70；（Z向进给）

G02 X46 Z-74 CR=4；（切削凹圆弧）

G01 X54；（X向进给）

G03 X66 Z-80 CR=6；（切削凸圆弧）

G01 Z-150；（Z向进给）

```
    X70;（X 向退刀）
RET;（返回主程序）

BBB336. MPF;（切削螺纹退刀槽主程序）
G90 G95 G40 G71;（程序初始化）
T2D2;（2 号刀，2 号刀补）
M03 S800 F0. 1;（主轴正转，n =800r/min，进给量为 0. 1mm/r）
G00 X30 Z -16;（快速定位）
G01 X20;（X 向进给）
    X30;（X 向退刀）
    Z -36;（Z 向进给）
    X24. 2;（X 向进给）
    X30;（X 向进给）
    Z -35;（Z 向进给）
    X24;（X 向进给）
    Z -36;（Z 向进给）
    X30;（X 向进给）
G00 X70;（X 向退刀）
    Z -89;（Z 向退刀）
G01 X56. 2;（X 向进给）
    X68;（X 向退刀）
    Z -87;（Z 向进给）
    X56;（X 向进给）
    Z -89;（Z 向进给）
    X68;（X 向退刀）
G00 X100 Z100;（刀具快速移回起点或换刀点）
M30;（程序结束）

CCC336. MPF;（切削螺纹主程序）
G90 G95 G40 G71;（程序初始化）
T3D3;（3 号刀，3 号刀补）
M03 S800;（主轴正转，n =800r/min）
G00 X28 Z -14;（快速定位）
CYCLE97（2，，0，-34，28，28，2.0，2.0，1.3，0.05，0，0，6，2.0，3，1）;（螺纹切削循环）
```

G00 X100 Z100；（刀具快速移回起点或换刀点）
M30；（程序结束）

【工件坐标系原点】工件左端面回转中心。
DDD336. MPF；（左端外圆加工复合循环主程序）
G90 G95 G40 G71；（程序初始化）
T1D1；（1 号刀，1 号刀补）
M03 S800 F0. 2；（主轴正转，$n$ =800r/min，进给量为 0. 2mm/r）
G00 X52 Z2；（快速定位）
CYCLE95（“L336”，2. 0，0，0. 3，，0. 2，0. 25，0. 05，9，，，0. 5）；（外圆切削循环）
G00 X100 Z100；（刀具快速移回起点或换刀点）
M30；（程序结束）

L336. SPF；（左端外圆加工复合循环子程序）
G01 X35；（X 向进给）
Z0；（Z 向进给）
X38；（X 向进给）
X42 Z -20；（切削锥度）
Z -42；（Z 向进给）
G02 X50 Z -46 CR =4；（切削凹圆弧）
G03 X66 Z -54 CR =8；（切削凸圆弧）
G01 Z -60；（Z 向进给）
X70；（X 向退刀）
RET；（返回主程序）

EEE336. MPF；（左端内孔加工主程序）
G90 G95 G40 G71；（程序初始化）
T1D1；（1 号刀，1 号刀补）
M03 S800 F0. 2；（主轴正转，$n$ =800r/min，进给量为 0. 2mm/r）
G00 X20 Z2；（快速定位）
CYCLE95（“L336”，2. 0，0，0. 3，，0. 2，0. 25，0. 05，11，，，0. 5）；（外圆切削循环）
G00 X100 Z100；（刀具快速移回起点或换刀点）
M30；（程序结束）

L336. SPF；（左端内孔加工子程序）
G01 X30；（X向进给）
X28 Z-1；（倒角）
Z-16；（Z向进给）
X28；（X向进给）
Z-32；（Z向进给）
X24；（X向进给）
Z-40；（Z向进给）
X20；（X向退刀）
RET；（返回主程序）

FFF336. MPF；（切削螺纹主程序）
G90 G95 G40 G71；（程序初始化）
T3D3；（3号刀，3号刀补）
M03 S800；（主轴正转，$n=800$r/min）
G00 X28 Z2；（快速定位）
CYCLE97（1.5，，0，-14，28，28，2.0，1.0，0.975，0.05，0，0，6，2.0，4，1）；（螺纹切削循环）
G00 X100 Z100；（刀具快速移回起点或换刀点）
M30；（程序结束）

## 3.10 数控车高级工考试样题

**例1** 如图3-37所示，试编写数控加工程序。

**1. 零件分析**

该工件为高级工考试样题，主要在中级工的基础上进行梯形螺纹、椭圆、双曲线、抛物线、成形面及复杂形状零件的编程练习。在练习过程中，需要调头再次装夹工件。本例题在调头后需要装夹螺纹部分，此时需在加工过程中垫上铜片，以防划伤已加工表面。

**2. 工艺分析**

高级工考试样题主要根据高级工培训大纲出题，均符合数控车工高级工训练的要求。

【加工工序】

1）将毛坯校正、夹紧，用外圆端面车刀车削右端面，并用试切法对刀。

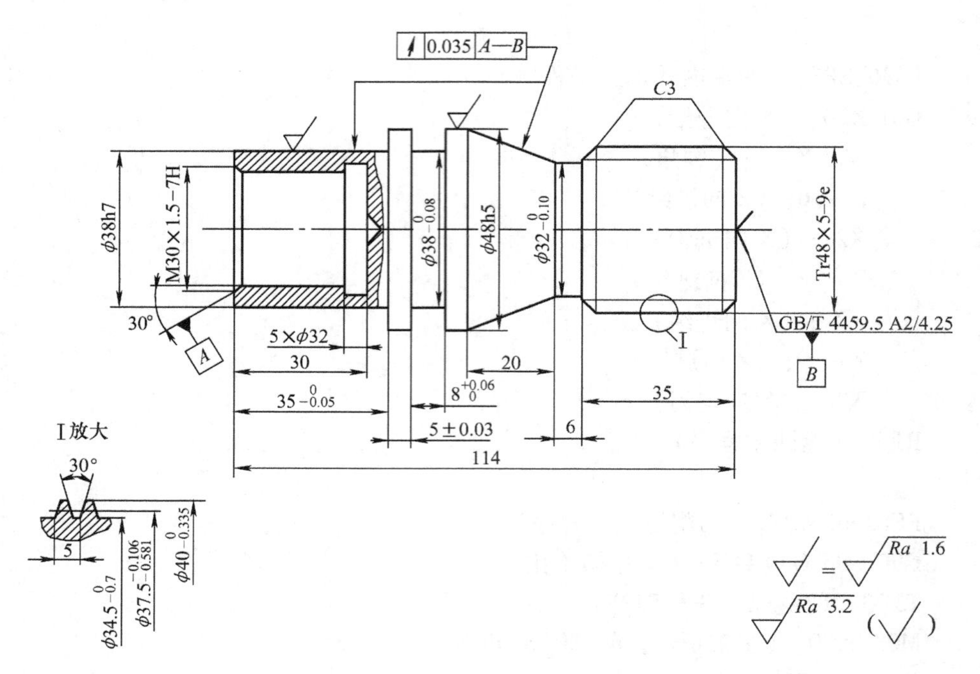


图3-37　高级工考试样题1

2）粗、精加工外圆轮廓至图样要求。

3）切螺纹退刀槽。

4）加工螺纹至图样要求。

5）切断保证总长度公差要求。

6）调头装夹、校正，车削端面且用试切法对刀。

7）粗、精加工外圆轮廓至图样要求。

8）粗、精加工内孔轮廓至图样要求。

9）切螺纹退刀槽。

10）加工螺纹至图样要求。

11）去毛刺，检测工件各项尺寸。

**3. 参考程序**

【工件坐标系原点】工件右端面回转中心。

AAA337. MPF；（外圆加工复合循环主程序）

G90 G95 G40 G71；（程序初始化）

T1D1；（1号刀，1号刀补）

M03 S800 F0. 2；（主轴正转，$n$ = 800r/min，进给量为0. 2mm/r）

G00 X52 Z2；（快速定位）

CYCLE95（“L337”，2. 0，0，0. 3，，0. 2，0. 25，0. 05，9，，，0. 5）；（外

圆切削循环）

```
G00 X100 Z100；（刀具快速移回起点或换刀点）
M30；（程序结束）

L337. SPF；（外圆加工复合循环子程序）
G01 X30；（X 向进给）
    Z0；（Z 向进给）
    X40 Z－3；（切削锥度）
    Z－35；（Z 向进给）
    X32 Z－41；（切削锥度）
    X48 Z－61；（切削锥度）
    Z－114；（Z 向进给）
    X52；（X 向退刀）
RET；（返回主程序）

BBB337. MPF；（切削螺纹退刀槽主程序）
G90 G95 G40 G71；（程序初始化）
T2D2；（2 号刀，2 号刀补）
M03 S800 F0. 1；（主轴正转，n＝800r/min，进给量为 0. 1mm/r）
G00 X42 Z－41；（快速定位）
G01 X32. 2；（X 向进给）
    X42；（X 向退刀）
    Z－38；（Z 向进给）
    X32. 2；（X 向进给）
    X42；（X 向退刀）
    Z－35；（Z 向进给）
    X40；（X 向进给）
    X34 Z－38；（切削锥度）
    X32；（X 向进给）
    Z－41；（Z 向进给）
    X50；（X 向退刀）
    Z－74；（Z 向进给）
    X38. 2；（X 向进给）
    X50；（X 向退刀）
    Z－71；（Z 向进给）
```

X38.2；（X 向进给）
X50；（X 向退刀）
Z-69；（Z 向进给）
X38；（X 向进给）
Z-74；（Z 向进给）
X50；（X 向退刀）
G00 X100 Z100；（刀具快速移回起点或换刀点）
M30；（程序结束）

CCC337.MPF；（螺纹切削程序）
G90 G95 G40 G71；（程序初始化）
T1D1；（换螺纹车刀）
M03 S600 M08 F0.2；（主轴正转，$n=600$r/min，进给量为 0.2mm/r）
G00 X38.0 Z4.0；（螺纹导入量 $\delta=4$mm）
CYCLE97（5，，0，-38，40，40，4，3，3.0，0.05，0，0，15，2，3，1）；（螺纹切削循环）
G01 X100 Z100；（刀具快速移回起点或换刀点）
M30；（程序结束）

调头装夹、找正，车削左端外圆、内孔及螺纹。
【工件坐标系原点】工件左端面回转中心。
DDD337.MPF；（外圆加工复合循环主程序）
G90 G95 G40 G71；（程序初始化）
T1D1；（1 号刀，1 号刀补）
M03 S800 F0.2；（主轴正转，$n=800$r/min，进给量为 0.2mm/r）
G00 X52 Z2；（快速定位）
CYCLE95（"L337"，2.0，0，0.3，，0.2，0.25，0.05，9，，，0.5）；（外圆切削循环）
G00 X100 Z100；（刀具快速移回起点或换刀点）
M30；（程序结束）

L337.SPF；（外圆加工复合循环子程序）
G01 X30；（X 向进给）
Z0；（Z 向进给）
X36；（X 向进给）

X38 Z－1；（倒角）
Z－35；（Z向进给）
X52；（X向退刀）
RET；（返回主程序）

EEE337.MPF；（左端内孔加工主程序）
G90 G95 G40 G71；（程序初始化）
T3D3；（3号刀，3号刀补）
M03 S800 F0.2；（主轴正转，$n$＝800r/min，进给量为0.2mm/r）
G00 X24 Z2；（快速定位）
CYCLE95（"L337"，2.0，0，0.3，，0.2，0.25，0.05，11，，，0.5）；（外圆切削循环）
G00 X100 Z100；（刀具快速移回起点或换刀点）
M30；（程序结束）

L337.SPF；（左端内孔加工子程序）
G01 X36；（X向进给）
Z0；（Z向进给）
X30；（X向进给）
X28 Z－1；（倒角）
Z－30；（Z向进给）
X24；（X向进给）
RET；（返回主程序）

FFF337.MPF；（螺纹切削程序）
G90 G95 G40 G71；（程序初始化）
T2D2；（换内螺纹车刀）
M03 S600 M08 F0.2；（主轴正转，$n$＝600r/min，进给量为0.2mm/r）
G00 X24.0 Z2.0；（螺纹导入量$\delta$＝2mm）
CYCLE97（1.5，，0，－27，28，28，2，2，0.975，0.05，0，0，6，2，4，1）；（螺纹切削循环）
G01 X100 Z100；（刀具快速移回起点或换刀点）
M30；（程序结束）

**例2**　如图3-38所示，试编写数控加工程序。

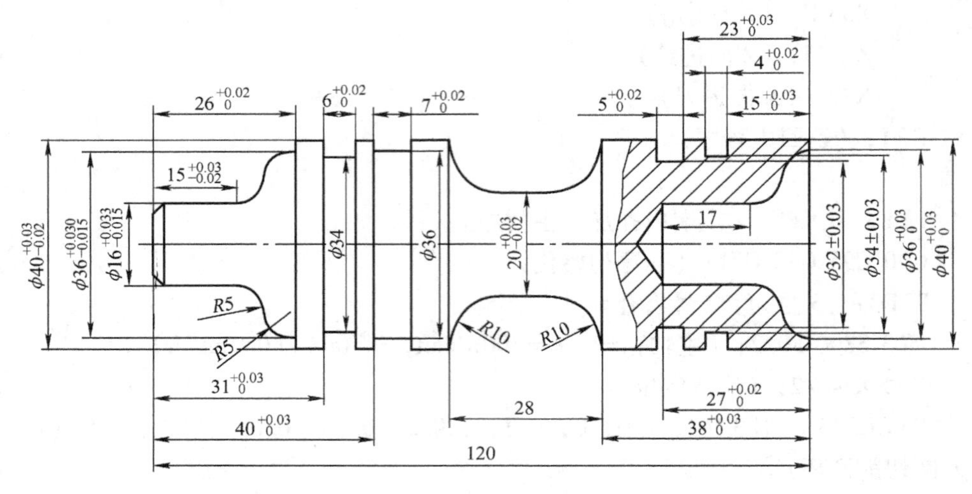

图 3-38 高级工考试样题 2

**1. 零件分析**

该工件为高级工考试样题，主要在中级工的基础上进行精密槽的编程练习。在练习过程中，需要调头再次装夹工件。本例题主要练习一夹一顶加工方法，之后需要在外圆加垫铜片、找正，进行内孔及左端外圆的加工。

**2. 工艺分析**

高级工考试样题主要根据高级工培训大纲出题，均符合数控车工高级工训练的要求。

【加工工序】

1）将毛坯校正、夹紧，用外圆端面车刀车削右端面，并用试切法对刀。

2）粗、精加工外圆轮廓至图样要求。

3）切断保证总长度公差要求。

4）调头装夹、校正，车削端面且用试切法对刀。

5）粗、精加工外圆轮廓至图样要求。

6）粗、精加工内孔轮廓至图样要求。

7）去毛刺，检测工件各项尺寸。

**3. 参考程序**

【工件坐标系原点】工件右端面回转中心。

AAA338. MPF；（外圆加工复合循环主程序）

G90 G95 G40 G71；（程序初始化）

T1D1；（1 号刀，1 号刀补）

M03 S800 F0. 2；（主轴正转，$n$ = 800r/min，进给量为 0. 2mm/r）

G00 X44 Z2；（快速定位）

CYCLE95（"L338"，2.0，0，0.3，，0.2，0.25，0.05，9，，，0.5）；（外圆切削循环）

G00 X100 Z100；（刀具快速移回起点或换刀点）

M30；（程序结束）

L338. SPF；（外圆加工复合循环子程序）

G01 X38；（X 向进给）

Z0；（Z 向进给）

X40 Z－1；（倒角）

Z－100；（Z 向进给）

X44；（X 向退刀）

RET；（返回主程序）

采用圆弧刀具，圆弧半径为 3mm。

BBB338. MPF；（圆弧槽加工复合循环主程序）

G90 G95 G40 G71；（程序初始化）

T2D2；（2 号刀，2 号刀补）

M03 S800 F0. 2；（主轴正转，$n$＝800r/min，进给量为 0. 2mm/r）

G00 X44 Z－38；（快速定位）

CYCLE95（"L338"，2.0，0，0.3，，0.2，0.25，0.05，9，，，0.5）；（外圆切削循环）

G00 X100 Z100；（刀具快速移回起点或换刀点）

M30；（程序结束）

L338. SPF；（圆弧槽加工复合循环子程序）

G01 X40；（X 向进给）

G02 X20 Z－48 CR＝10；（切削凹圆弧）

G01 Z－56；（Z 向进给）

G02 X40 Z－66 CR＝10；（切削凹圆弧）

G01 X44；（X 向退刀）

RET；（返回主程序）

CCC338. MPF；（切削螺纹退刀槽主程序）

G90 G95 G40 G71；（程序初始化）

```
T2D2；（2 号刀，2 号刀补）
M03 S800 F0.1；（主轴正转，n=800r/min，进给量为 0.1mm/r）
G00 X42 Z-19；（快速定位）
G01 X34.2；（X 向进给）
    X42；（X 向退刀）
    Z-18；（Z 向退刀）
    X34；（X 向进给）
    Z-19；（Z 向进给）
    X42；（X 向进给）
    Z-28；（Z 向进给）
    X32.2；（X 向进给）
    X42；（X 向退刀）
    Z-26；（Z 向进给）
    X32；（X 向进给）
    Z-28；（Z 向进给）
    X42；（X 向退刀）
G00 Z-80；（Z 向退刀）
G01 X36.2；（X 向进给）
    X42；（X 向退刀）
    Z-77；（Z 向进给）
    X36.2；（X 向进给）
    X42；（X 向退刀）
    Z-76；（Z 向进给）
    X36；（X 向进给）
    Z-80；（Z 向进给）
    X42；（X 向退刀）
    Z-89；（Z 向进给）
    X34.2；（X 向进给）
    X42；（X 向退刀）
    Z-86；（Z 向进给）
    X34；（X 向进给）
    Z-89；（Z 向进给）
    X42；（X 向退刀）
G00 X100 Z100；（刀具快速移回起点或换刀点）
M30；（程序结束）
```

重新装夹工件，装夹工件右端 $\phi$40mm 外圆且找正，加工右端内孔。

【工件坐标系原点】工件右端面回转中心。

DDD338. MPF；（右端内孔加工主程序）

G90 G95 G40 G71；（程序初始化）

T3D3；（3 号刀，3 号刀补）

M03 S800 F0.2；（主轴正转，$n$ =800r/min，进给量为 0.2mm/r）

G00 X14 Z2；（快速定位）

CYCLE95（“L338”，2.0，0，0.3，，0.2，0.25，0.05，11，，，0.5）；（外圆切削循环）

G00 X100 Z100；（刀具快速移回起点或换刀点）

M30；（程序结束）

L338. SPF；（右端内孔加工子程序）

G01 X36；（X 向进给）

　Z0；（Z 向进给）

G03 X26 Z-5 CR=5；（切削凸圆弧）

G02 X16 Z-10 CR=5；（切削凹圆弧）

G01 Z-27；（Z 向进给）

　X14；（X 向退刀）

RET；（返回主程序）

重新装夹工件，装夹工件左端 $\phi$40mm 外圆且找正，加工左端外圆。

【工件坐标系原点】工件左端面回转中心。

EEE338. MPF；（左端外圆加工复合循环主程序）

G90 G95 G40 G71；（程序初始化）

T1D1；（1 号刀，1 号刀补）

M03 S800 F0.2；（主轴正转，$n$ =800r/min，进给量为 0.2mm/r）

G00 X44 Z2；（快速定位）

CYCLE95（“L338”，2.0，0，0.3，，0.2，0.25，0.05，9，，，0.5）；（外圆切削循环）

G00 X100 Z100；（刀具快速移回起点或换刀点）

M30；（程序结束）

L338. SPF；（左端外圆加工复合循环子程序）

```
G01 X12;（X 向进给）
    Z0;（Z 向进给）
    X14 Z-1;（倒角）
    Z-15;（Z 向进给）
G02 X26 Z-20 CR=5;（切削凹圆弧）
G03 X36 Z-25 CR=5;（切削凸圆弧）
G01 Z-26;（Z 向进给）
    X44;（X 向进给）
RET;（返回主程序）
```

**例 3** 如图 3-39 所示，试编写数控加工程序。

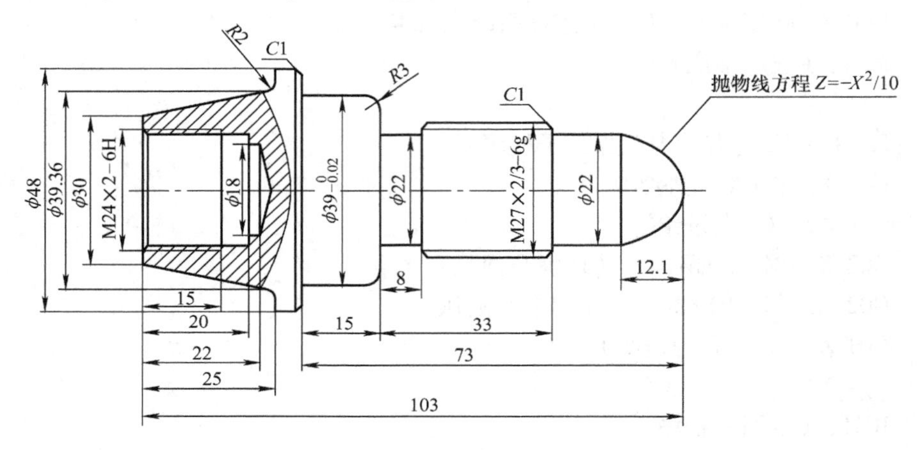


图 3-39 高级工考试样题 3

**1. 零件分析**

该工件为高级工考试样题，主要在中级工的基础上进行抛物线及复杂形状的零件的编程练习。在练习过程中，需要调头再次装夹工件。本例题主要练习抛物线的编程方法以及加工顺序安排、工件安装刚性控制等。

**2. 工艺分析**

高级工考试样题主要根据高级工培训大纲出题，均符合数控车工高级工训练的要求。

【加工工序】

1）将毛坯校正、夹紧，用外圆端面车刀车削右端面，并用试切法对刀。

2）粗、精加工外圆轮廓至图样要求。

3）切螺纹退刀槽。

4）加工螺纹至图样要求。

5）切断保证总长度公差要求。

6）调头装夹、校正，车削端面且用试切法对刀。

7）粗、精加工外圆轮廓至图样要求。

8）粗、精加工内孔轮廓至图样要求。

9）切螺纹退刀槽。

10）加工螺纹至图样要求。

11）去毛刺，检测工件各项尺寸。

**3. 参考程序**

【工件坐标系原点】工件右端面回转中心。

AAA339. MPF；（右端外圆加工主程序）

G90 G95 G40 G71；（程序初始化）

T1D1；（1号刀，1号刀补）

M03 S800 F0.2；（主轴正转，$n$=800r/min，进给量为0.2mm/r）

G00 X52 Z2；（快速定位）

CYCLE95（"L339"，2.0，0，0.3，，，0.2，0.05，9，，，0.5）；（外圆切削循环）

G00 X100 Z100；（刀具快速移回起点或换刀点）

M30；（程序结束）

L339. SPF；（右端外圆加工子程序）

R1=0.0；（Z坐标赋初值）

MA1：R2=SQRT（-R1*10.0）；（X计算公式）

R3=R2*2；（拟合曲线轮廓）

G01 X=R3 Z=R1；（拟合轮廓）

R1=R1-0.2；（步长为-0.2）

IF R1>=-12.10 GOTO MA1；（条件判断）

G01 X52；（X向退刀）

G00 X100 Z100；（刀具快速移回起点或换刀点）

M30；（程序结束）

BBB339. MPF；（右端外圆加工主程序）

G90 G95 G40 G71；（程序初始化）

T1D1；（1号刀，1号刀补）

M03 S800 F0.2；（主轴正转，$n$=800r/min，进给量为0.2mm/r）

G00 X52 Z2；（快速定位）

CYCLE95（"L339"，2.0，0，0.3，，，0.2，0.05，9，，，0.5）；（外圆切削循环）

G00 X100 Z100；（刀具快速移回起点或换刀点）

M30；（程序结束）

L339.SPF；（右端外圆加工子程序）

G01 X22；（X 向进给）

Z－12.9；（Z 向进给）

X25；（X 向进给）

X27 Z－13.9；（切削锥度）

Z－58；（Z 向进给）

X32；（X 向进给）

G03 X38 Z－61 CR＝3；（切削凸圆弧）

G01 Z－73；（Z 向进给）

X46；（X 向进给）

X48 Z－74；（切削锥度）

Z－103；（Z 向进给）

X52；（X 向退刀）

RET；（返回主程序）

CCC339.MPF；（切削螺纹退刀槽主程序）

G90 G95 G40 G71；（程序初始化）

T2D2；（2 号刀，2 号刀补）

M03 S800 F0.1；（主轴正转，$n$＝800r/min，进给量为 0.1mm/r）

G00 X50 Z－58；（快速定位）

G01 X22.2；（X 向进给）

X28；（X 向退刀）

Z－55；（Z 向进给）

X22.2；（X 向进给）

X28；（X 向退刀）

Z－53；（Z 向进给）

X22；（X 向进给）

Z－58；（Z 向进给）

X50；（X 向退刀）

G00 X100 Z100；（刀具快速移回起点或换刀点）

M30；（程序结束）

DDD339. MPF；（切削螺纹主程序）
G90 G95 G40 G71；（程序初始化）
T3D3；（换螺纹车刀）
M03 S600 M08 F0.2；（主轴正转，$n=600$r/min，进给量为0.2mm/r）
G00 X28.0 Z-23.0；（螺纹导入量 $\delta=2$mm）
CYCLE97（1.5，，0，-27，27，27，2，2，0.975，0.05，0，0，6，2，3，1）；（螺纹切削循环）
G01 X100 Z100；（刀具快速移回起点或换刀点）
M30；（程序结束）

调头装夹工件，装夹工件右端 $\phi$38mm 外圆且找正，加工左端外圆。
【工件坐标系原点】工件左端面回转中心。
EEE339. MPF；（右端外圆加工主程序）
G90 G95 G40 G71；（程序初始化）
T1D1；（1号刀，1号刀补）
M03 S800 F0.2；（主轴正转，$n=800$r/min，进给量为0.2mm/r）
G00 X52 Z2；（快速定位）
CYCLE（"L339"，2.0，0，0.3，，，0.2，0.05，9，，，0.5）；（外圆切削循环）
G00 X100 Z100；（刀具快速移回起点或换刀点）
M30；（程序结束）

L339. SPF；（右端外圆加工子程序）
G01 X26；（X向进给）
Z0；（Z向进给）
X30；（X向进给）
X39.63 Z-23；（切削锥度）
G02 X44 Z-24 CR=2；（切削凹圆弧）
G01 X46；（X向进给）
X48 Z-25；（切削锥度）
X52；（X向退刀）
RET；（返回主程序）

FFF339. MPF；（左端内孔加工主程序）

G90 G95 G40 G71；（程序初始化）

T3D3；（3号刀，3号刀补）

M03 S800 F0.2；（主轴正转，$n$=800r/min，进给量为0.2mm/r）

G00 X14 Z2；（快速定位）

CYCLE95（"L339"，2.0，0，0.3，，0.2，0.25，0.05，11，，，0.5）；（外圆切削循环）

G00 X100 Z100；（刀具快速移回起点或换刀点）

M30；（程序结束）

L339. SPF；（左端内孔加工子程序）

G01 X24；（X向进给）

Z0；（Z向进给）

X22；（X向进给）

X20 Z-1；（倒角）

Z-20；（Z向进给）

X18；（X向进给）

Z-22；（Z向进给）

X14；（X向退刀）

RET；（返回主程序）

GGG339. MPF；（切削螺纹主程序）

G90 G95 G40 G71；（程序初始化）

T2D2；（换内螺纹车刀）

M03 S600 M08 F0.2；（主轴正转，$n$=600r/min，进给量为0.2mm/r）

G00 X20.0 Z2.0；（螺纹导入量$\delta$=2mm）

CYCLE97（2，，0，-17，22，22，2，2，1.3，0.05，0，0，6，2，4，1）；（螺纹切削循环）

G01 X100 Z100；（刀具快速移回起点或换刀点）

M30；（程序结束）

**例4** 如图3-40所示，试编写数控加工程序。

**1. 零件分析**

该工件为高级工考试样题，主要在中级工的基础上进行椭圆及成形面、复杂形状零件的编程练习。在练习过程中，需要调头再次装夹工件。本例题在调头后进行外圆轮廓的编程加工，之后要进行偏心的加工，需要进行偏心找正，此时需

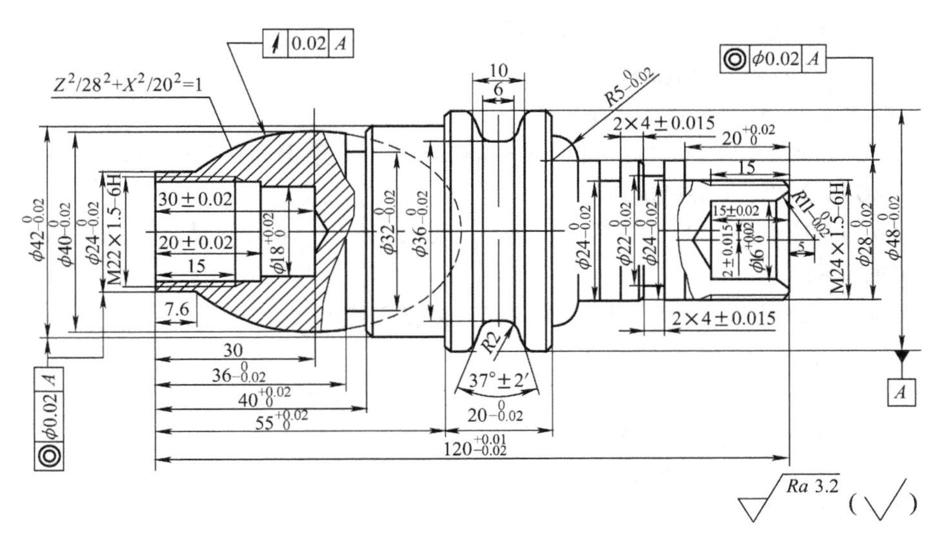

图3-40 高级工考试样题4

在加工过程中垫上铜片，以防划伤已加工表面。

**2. 工艺分析**

高级工考试样题主要根据高级工培训大纲出题，均符合数控车工高级工训练的要求。

【加工工序】

1）将毛坯校正、夹紧，用外圆端面车刀车削右端面，并用试切法对刀。

2）粗、精加工外圆轮廓至图样要求。

3）切削内螺纹退刀槽。

4）加工内螺纹至图样要求。

5）切断保证总长度公差要求。

6）调头装夹、校正，车削端面且用试切法对刀。

7）粗、精加工外圆轮廓至图样要求。

8）切削精密槽。

9）装夹校正偏心。

10）粗、精加工内孔轮廓至图样要求。

11）切螺纹退刀槽。

12）加工螺纹至图样要求。

13）去毛刺，检测工件各项尺寸。

**3. 参考程序**

【工件坐标系原点】工件左端面回转中心。

AAA340. MPF；（外圆加工复合循环主程序）
G90 G95 G40 G71；（程序初始化）
T1D1；（1 号刀，1 号刀补）
M03 S800 F0.2；（主轴正转，$n$ = 800r/min，进给量为 0.2mm/r）
G00 X52 Z2；（快速定位）
CYCLE95（“L340”，2.0，0，0.3，，0.2，0.25，0.05，9，，，0.5）；（外圆切削循环）
G00 X100 Z100；（刀具快速移回起点或换刀点）
M30；（程序结束）

L340. SPF（外圆加工复合循环子程序）
G01 X18；（X 向进给）
Z0；（Z 向进给）
X22；（X 向进给）
X24 Z-1；（倒角）
Z-7.6；（Z 向进给）
X42；（X 向进给）
Z-55；（Z 向进给）
X46；（X 向进给）
X48 Z-56；（切削锥度）
Z-80；（Z 向进给）
X52；（X 向退刀）
RET；（返回主程序）

BBB340. MPF；（椭圆加工主程序）
G90 G95 G40 G71；（程序初始化）
T1D1；（1 号刀，1 号刀补）
M03 S800 F0.2；（主轴正转，$n$ = 800r/min，进给量为 0.2mm/r）
G00 X52 Z-7.6；（快速定位）
CYCLE95（“L340”，2.0，0，0.3，，0.2，0.25，0.05，9，，，0.5）；（外圆切削循环）
G00 X100 Z100；（刀具快速移回起点或换刀点）
M30；（程序结束）

L340. SPF；（加工右端外轮廓子程序）

```
    X24; (X向进给)
    R1 =90.0; (椭圆极角赋初值)
    MA1:R2 =20.0 * SIN (R1); (公式中的X坐标值)
    R3 =28.0 * COS (R1); (工件坐标系中的Z坐标)
    R4 = R2 * 2 +20.0; (工件坐标系中的X坐标)
G01 X = R4 Z = R3; (拟合曲线轮廓)
    R1 =R1 +1.0; (R1赋值)
    IF R1 < =180.0 GOTO MA1; (有条件跳转)
G01 Z -40.0; (Z向进给)
    X52.0; (X向退刀)
RET; (返回主程序)

CCC340.MPF; (切削槽主程序)
G90 G95 G40 G71; (程序初始化)
T2D2; (2号刀, 2号刀补)
M03 S800 F0.1; (主轴正转, n =800r/min, 进给量为0.1mm/r)
G00 X44 Z -40; (快速定位)
G01 X32.2; (X向进给)
    X44; (X向退刀)
    Z -39; (Z向退刀)
    X32; (X向进给)
    Z -40; (Z向退刀)
    X52; (X向退刀)
    Z -68; (Z向退刀)
    X41; (X向进给)
    X50; (X向退刀)
    Z -65; (Z向退刀)
    X41; (X向进给)
    X50; (X向退刀)
    Z -72; (Z向退刀)
    X48; (X向进给)
G03 X44 Z -70 CR =2; (切削凸圆弧)
G01 X40 Z -68; (切削锥度)
G02 X36 Z -66 CR =2; (切削凹圆弧)
G01 Z -65; (Z向进给)
```

X50；（X 向进给）
Z－61；（Z 向进给）
X48；（X 向进给）
G02 X44 Z－63 CR＝2；（切削凹圆弧）
G01 X40 Z－65；（切削锥度）
G03 X36 Z－67 CR＝2；（切削凸圆弧）
Z－68；（Z 向进给）
X50；（X 向退刀）
G00 X100 Z100；（刀具快速移回起点或换刀点）
M30；（程序结束）

DDD340. MPF；（左端内孔加工主程序）
G90 G95 G40 G71；（程序初始化）
T3D3；（3 号刀，3 号刀补）
M03 S800 F0. 2；（主轴正转，$n$＝800r/min，进给量为 0. 2mm/r）
G00 X14 Z2；（快速定位）
CYCLE95（“L340”，2. 0，0，0. 3，，0. 2，0. 25，0. 05，11，，，0. 5）；（外圆切削循环）
G00 X100 Z100；（刀具快速移回起点或换刀点）
M30；（程序结束）

L340. SPF；（左端内孔加工子程序）
G01 X24；（X 向进给）
Z0；（Z 向进给）
X22；（X 向进给）
X20 Z－1；（倒角）
Z－20；（Z 向进给）
X18；（X 向进给）
Z－30；（Z 向进给）
X14；（X 向退刀）
RET；（返回主程序）

EEE340. MPF；（螺纹切削主程序）
G90 G95 G40 G71；（程序初始化）
T2D2；（换内螺纹车刀）

M03 S600 M08 F0.2；（主轴正转，$n=600$r/min，进给量为 0.2mm/r）

G00 X16.0 Z2.0；（螺纹导入量 $\delta=2$mm）

CYCLE97（1.5，，0，－17，20，20，2，2，0.975，0.05，0，0，6，2，4，1）；（螺纹切削循环）

G01 X100 Z100；（刀具快速移回起点或换刀点）

M30；（程序结束）

重新装夹工件，装夹工件左端 $\phi$42mm 外圆且找正，加工右端外圆。

【工件坐标系原点】工件右端面回转中心。

FFF340.MPF；（外圆加工复合循环主程序）

G90 G95 G40 G71；（程序初始化）

T1D1；（1 号刀，1 号刀补）

M03 S800 F0.2；（主轴正转，$n=800$r/min，进给量为 0.2mm/r）

G00 X52 Z2；（快速定位）

CYCLE95（"L340"，2.0，0，0.3，，0.2，0.25，0.05，9，，，0.5）；（螺纹切削循环）

G00 X100 Z100；（刀具快速移回起点或换刀点）

M30；（程序结束）

L340.SPF；（外圆加工复合循环子程序）

G01 X24；（X 向进给）

　Z0；（Z 向进给）

　X28 Z－2；（倒角）

　Z－40；（Z 向进给）

G03 X55 Z－45 CR＝5；（切削凸圆弧）

G01 X46；（X 向进给）

　X48 Z－46；（倒角）

　Z－55；（Z 向进给）

　X52；（X 向退刀）

RET；（返回主程序）

GGG340.MPF；（切削槽主程序）

G90 G95 G40 G71；（程序初始化）

T2D2；（2 号刀，2 号刀补）

M03 S800 F0.1；（主轴正转，$n=800$r/min，进给量为 0.1mm/r）

G00 X30 Z-28；（快速定位）
G01 X24.2；（X 向进给）
　　X30；（X 向退刀）
　　Z-27；（Z 向进给）
　　X24；（X 向进给）
　　Z-28；（Z 向进给）
　　X30；（X 向退刀）
G00 X100 Z100；（刀具快速移回起点或换刀点）
M30；（程序结束）

【工件坐标系原点】工件右端面回转中心。
HHH340.MPF；（外圆加工复合循环主程序）
G90 G95 G40 G71；（程序初始化）
T1D1；（1 号刀，1 号刀补）
M03 S800 F0.2；（主轴正转，$n$=800r/min，进给量为 0.2mm/r）
G00 X52 Z2；（快速定位）
CYCLE95（“L340”，2.0，0，0.3，，0.2，0.25，0.05，9，，，0.5）；（外圆切削循环）
G00 X100 Z100；（刀具快速移回起点或换刀点）
M30；（程序结束）

L340.SPF（外圆加工复合循环子程序）
G01 X20；（X 向进给）
　　Z0；（Z 向进给）
　　X24 Z-2；（倒角）
　　Z-20；（Z 向进给）
　　X30；（X 向退刀）
RET；（返回主程序）

III340.MPF；（切削槽主程序）
G90 G95 G40 G71；（程序初始化）
T2D2；（2 号刀，2 号刀补）
M03 S800 F0.1；（主轴正转，$n$=800r/min，进给量为 0.1mm/r）
G00 X30 Z-36；（快速定位）
G01 X24.2；（X 向进给）

```
        X30；（X向退刀）
        Z-35；（Z向定位）
        X24；（X向进给）
        Z-36；（Z向进给）
        X30；（X向退刀）
    G00 X100 Z100；（刀具快速移回起点或换刀点）
    M30；（程序结束）

    JJJ340.MPF；（螺纹切削主程序）
    G90 G95 G40 G71；（程序初始化）
    T1D1；（换外螺纹车刀）
    M03 S600 M08 F0.2；（主轴正转，n=600r/min，进给量为0.2mm/r）
    G00 X26.0 Z2.0；（螺纹导入量δ=2mm）
    CYCLE97（1.5，，0，-17，24，24，2，2，0.975，0.05，0，0，6，2，3，1）；（螺纹切削循环）
    G01 X100 Z100；（刀具快速移回起点或换刀点）
    M30；（程序结束）

    KKK340.MPF；（左端内孔加工主程序）
    G90 G95 G40 G71；（程序初始化）
    T3D3；（3号刀，3号刀补）
    M03 S800 F0.2；（主轴正转，n=800r/min，进给量为0.2mm/r）
    G00 X14 Z2；（快速定位）
    CYCLE95（"L340"，2.0，0，0.3，，0.2，0.25，0.05，11，，，0.5）；（外圆切削循环）
    G00 X100 Z100；（刀具快速移回起点或换刀点）
    M30；（程序结束）

    L340.SPF；（左端内孔加工子程序）
    G01 X24；（X向进给）
        Z0；（Z向进给）
        X19.6；（X向进给）
    G03 X16 Z-2.55 CR=11；（切削凸圆弧）
    G01 Z-15；（Z向进给）
        X14；（X向退刀）
    RET；（返回主程序）
```

# 附　　录

## 附录 A　常用材料及刀具切削参数推荐值

附表 A-1　硬质合金刀具切削用量推荐表

| 刀具材料 | 工件材料 | 粗加工 | | | 精加工 | | |
|---|---|---|---|---|---|---|---|
| | | 切削速度 $v_c$/(mm/min) | 进给量 $f$/(mm/r) | 背吃刀量 $a_p$/mm | 切削速度 $v_c$/(mm/min) | 进给量 $f$/(mm/r) | 背吃刀量 $a_p$/mm |
| 硬质合金或涂层硬质合金 | 碳素钢 | 220 | 0.2 | 3 | 260 | 0.1 | 0.4 |
| | 低合金钢 | 180 | 0.2 | 3 | 220 | 0.1 | 0.4 |
| | 高合金钢 | 120 | 0.2 | 3 | 160 | 0.1 | 0.4 |
| | 铸铁 | 80 | 0.2 | 3 | 120 | 0.1 | 0.4 |
| | 不锈钢 | 80 | 0.2 | 2 | 60 | 0.1 | 0.4 |
| | 钛合金 | 40 | 0.2 | 1.5 | 150 | 0.1 | 0.4 |
| | 灰铸铁 | 120 | 0.2 | 2 | 120 | 0.15 | 0.5 |
| | 球墨铸铁 | 100 | 0.2<br>0.3 | 2 | 120 | 0.15 | 0.5 |
| | 铝合金 | 1600 | 0.2 | 1.5 | 1600 | 0.1 | 0.5 |

附表 A-2　常用切削用量推荐表

| 工件材料 | 加工内容 | 背吃刀量 $a_p$/mm | 切削速度 $v_c$/(mm/min) | 进给量 $f$/(mm/r) | 刀具材料 |
|---|---|---|---|---|---|
| 碳素钢 $R_m$ >600MPa | 粗加工 | 5~7 | 60~80 | 0.2~0.4 | YT 类 |
| | 粗加工 | 2~3 | 80~120 | 0.2~0.4 | |
| | 精加工 | 2~6 | 120~150 | 0.1~0.2 | |
| 碳素钢 $R_m$ >600MPa | 钻中心孔 | / | 500~800 | 钻中心孔 | W18Cr4V |
| | 钻孔 | / | 25~30 | 钻孔 | |
| | 切断 | / | 70~110 | 0.1~0.2 | YT 类 |

（续）

| 工件材料 | 加工内容 | 背吃刀量 $a_p$/mm | 切削速度 $v_c$/(mm/min) | 进给量 $f$/(mm/r) | 刀具材料 |
| --- | --- | --- | --- | --- | --- |
| 碳素钢 $R_m>600$MPa | （宽度<5mm） | | | | |
| 铸铁 硬度<200HBW | 粗加工 | / | 50~70 | 0.2~0.4 | YG 类 |
| | 精加工 | / | 70~100 | 0.1~0.2 | |
| | 切断（宽度<5mm） | / | 50~70 | 0.1~0.2 | |
| | 切断（宽度<5mm） | / | 50~70 | 0.1~0.2 | |

**附表 A-3　按表面粗糙度选择进给量的参考值**

| 工件材料 | 表面粗糙度 $Ra$/μm | 切削速度范围 $v_c$/(m/min) | 刀尖圆弧半径 $r_\varepsilon$/mm | | |
| --- | --- | --- | --- | --- | --- |
| | | | 0.5 | 1.0 | 2.0 |
| | | | 进给量 $f$/(mm/r) | | |
| 铸铁、青铜 铝合金 | >5 ~ 10 | 不限 | 0.25~0.40 | 0.40~0.50 | 0.50~0.60 |
| | >2.5 ~ 5 | | 0.15~0.25 | 0.25~0.40 | 0.40~0.60 |
| | >1.25 ~ 2.5 | | 0.10~0.15 | 0.15~0.20 | 0.20~0.35 |

**附表 A-4　高速工具钢钻头钻削不同材料的切削用量选择**

| 加工材料 | | 硬度 | | 切削速度 $v_c$/(m/min) | 钻头直径/mm | | | | | 钻头螺旋角 /(°) | 钻尖角 /(°) |
| --- | --- | --- | --- | --- | --- | --- | --- | --- | --- | --- | --- |
| | | HBW | HRC | | <3 | 3~6 | 6~13 | 13~19 | 19~20 | | |
| | | | | | 进给量 $f$/(mm/r) | | | | | | |
| 铝合金 | | 45~105 | 62 | 105 | 0.08 | 0.15 | 0.25 | 0.4 | 0.48 | 32~42 | 90~118 |
| 铜及铜合金 | 高加工性 | 124 | 10~70 | 60 | 0.08 | 0.15 | 0.25 | 0.4 | 0.48 | 15~40 | 118 |
| | 低加工性 | 124 | 10~70 | 20 | 0.08 | 0.15 | 0.25 | 0.4 | 0.48 | 0~25 | 118 |
| 镁及镁合金 | | 50~90 | 52 | 45~120 | 0.08 | 0.15 | 0.25 | 0.4 | 0.48 | 25~35 | 118 |
| 锌合金 | | 80~100 | 41~62 | 75 | 0.08 | 0.15 | 0.25 | 0.4 | 0.48 | 32~42 | 118 |
| 碳素钢 | $w$（C）=0.25% | 125~175 | 71~88 | 24 | 0.08 | 0.13 | 0.2 | 0.26 | 0.32 | 25~35 | 118 |
| | $w$（C）=0.5% | 175~225 | 88~89 | 20 | 0.08 | 0.13 | 0.2 | 0.26 | 0.32 | 25~35 | 118 |
| | $w$（C）=0.9% | 175~225 | 88~89 | 17 | 0.08 | 0.13 | 0.2 | 0.26 | 0.32 | 25~35 | 118 |
| 工具钢 | | 196 | 94 | 18 | 0.08 | 0.13 | 0.2 | 0.26 | 0.32 | 25~35 | 118 |

（续）

| 加工材料 | | 硬度 | | 切削速度 $v_c$/(m/min) | 钻头直径/mm | | | | | 钻头螺旋角/(°) | 钻尖角/(°) |
|---|---|---|---|---|---|---|---|---|---|---|---|
| | | HBW | HRC | | <3 | 3~6 | 6~13 | 13~19 | 19~20 | | |
| | | | | | 进给量 $f$/(mm/r) | | | | | | |
| 灰铸铁 | 软 | 120~150 | 80 | 43~46 | 0.08 | 0.15 | 0.25 | 0.4 | 0.48 | 20~30 | 118 |
| | 中硬 | 160~220 | 80~97 | 24~34 | 0.08 | 0.13 | 0.2 | 0.26 | 0.32 | 14~25 | 90~118 |
| 合金钢 | $w$(C) = 0.12% ~0.25% | 175~225 | 88~98 | 21 | 0.08 | 0.15 | 0.2 | 0.4 | 0.48 | 25~35 | 90~118 |
| | $w$(C) = 0.30% ~0.65% | 175~225 | 88~98 | 15~18 | 0.05 | 0.09 | 0.15 | 0.21 | 0.26 | 25~35 | 118 |
| 可锻铸铁 | | 112~126 | 71 | 27~37 | 0.08 | 0.13 | 0.2 | 0.26 | 0.32 | 20~30 | 90~118 |
| 球墨铸铁 | | 190~225 | 98 | 18 | 0.08 | 0.13 | 0.2 | 0.26 | 0.32 | 14~25 | 90~118 |
| 塑料 | | — | — | 30 | 0.08 | 0.13 | 0.2 | 0.26 | 0.32 | 15~25 | 118 |
| 硬橡胶 | | — | — | 30~90 | 0.05 | 0.09 | 0.15 | 0.21 | 0.26 | 10~20 | 90~118 |
| 不锈钢 | 奥氏体 | 135~185 | 75~90 | 17 | 0.15 | 0.09 | 0.15 | 0.21 | 0.26 | 25~35 | 118~135 |
| | 铁素体 | 135~185 | 75~90 | 20 | 0.15 | 0.09 | 0.15 | 0.21 | 0.26 | 25~35 | 118~135 |
| | 马氏体 | 135~185 | 75~88 | 20 | 0.08 | 0.15 | 0.25 | 0.4 | 0.48 | 25~35 | 118~135 |
| | 析出硬化 | 150~200 | 82~94 | 15 | 0.05 | 0.09 | 0.15 | 0.21 | 0.26 | 25~35 | 118~135 |

**附表 A-5　硬质合金钻头钻削不同材料的切削用量选择**

| 工件材料 | 抗拉强度 $R_m$/MPa | 硬度 HBW | 钻头直径 $D_c$/mm | | | | 切削液 |
|---|---|---|---|---|---|---|---|
| | | | 5~10 | 11~30 | 5~10 | 11~30 | |
| | | | 进给量 $f$/(mm/r) | | 切削速度 $v_c$/(m/min) | | |
| 工具钢 | 1000 | 300 | 0.08~0.12 | 0.12~0.2 | 35~40 | 40~45 | 非水溶性切削液 |
| | 1800~1900 | 500 | 0.04~0.15 | 0.05~0.08 | 8~11 | 11~14 | |
| | 2300 | 575 | <0.02 | <0.03 | <6 | 7~10 | |
| 镍铬钢 | 1000 | 300 | 0.08~0.12 | 0.12~0.2 | 35~40 | 40~45 | |
| | 1400 | 420 | 0.04~0.05 | 0.05~0.08 | 15~20 | 20~25 | |
| 铸钢 | 500~600 | — | 0.08~0.12 | 0.12~0.2 | 35~38 | 38~40 | |
| 不锈钢 | — | — | 0.08~0.12 | 0.12~0.2 | 25~27 | 27~35 | |
| 热处理钢 | 1200~1800 | — | 0.02~0.07 | 0.05~0.15 | 20~30 | 25~30 | |
| 耐热钢 | — | — | 0.01~0.05 | 0.05~0.1 | 3~6 | 5~8 | |
| 灰铸铁 | — | 200 | 0.2~0.3 | 0.3~0.5 | 40~45 | 45~60 | 干切或乳化液 |

（续）

| 工件材料 | 抗拉强度 $R_m$/MPa | 硬度 HBW | 钻头直径 $D_c$/mm | | | | 切削液 |
|---|---|---|---|---|---|---|---|
| | | | 5～10 | 11～30 | 5～10 | 11～30 | |
| | | | 进给量 $f$/(mm/r) | | 切削速度 $v_c$/(m/min) | | |
| 合金铸铁 | — | 230～350 | 0.03～0.07 | 0.05～0.1 | 20～40 | 25～45 | 非水溶性切削液或乳化液 |
| | — | 350～400 | 0.03～0.05 | 0.04～0.08 | 8～20 | 10～25 | |
| 冷硬铸铁 | — | — | 0.02～0.05 | 0.02～0.05 | 5～8 | 6～10 | |
| 可锻铸铁 | — | — | 0.2～0.4 | 0.2～0.4 | 35～38 | 38～40 | 干切或乳化液 |
| 高强度可锻铸铁 | — | — | 0.12～0.2 | 0.12～0.2 | 35～38 | 38～40 | |
| 黄铜 | — | — | 0.1～0.2 | 0.1～0.2 | 70～100 | 90～100 | |
| 铸造青铜 | — | — | 0.09～0.2 | 0.09～0.2 | 50～70 | 55～75 | |
| 铝 | — | — | 0.3～0.8 | 0.3～0.8 | 250～270 | 270～300 | 干切或汽油 |

**附表 A-6　锪钻加工不同材料的切削用量选择**

| 工件材料 | 高速工具钢锪钻 | | 硬质合金锪钻 | |
|---|---|---|---|---|
| | 进给量 $f$/(mm/r) | 切削速度 $v_c$/(m/min) | 进给量 $f$/(mm/r) | 切削速度 $v_c$/(m/min) |
| 铝 | 0.13～0.38 | 120～245 | 0.15～0.30 | 150～245 |
| 黄铜 | 0.13～0.25 | 45～90 | 0.15～0.30 | 120～210 |
| 软铸铁 | 0.13～0.18 | 37～43 | 0.15～0.30 | 90～107 |
| 软钢 | 0.08～0.13 | 23～26 | 0.10～0.20 | 76～90 |
| 合金钢及工具钢 | 0.08～0.13 | 12～24 | 0.10～0.20 | 55～60 |

**附表 A-7　硬质合金外圆车刀切削用量的参考值**

| 工件材料 | 热处理状态 | $a_p$=0.3～2mm | $a_p$=2～6mm | $a_p$=6～10mm |
|---|---|---|---|---|
| | | $f$=0.08～0.3mm/r | $f$=0.3～0.6mm/r | $f$=0.6～1mm/r |
| | | $v_c$/(m/min) | | |
| 低碳钢、易切削钢 | 热轧 | 0.008 $D_c$ | 1.00$D_c$ | 1.00 $D_c$ |
| 中碳钢 | 热轧 | 0.008 $D_c$ | 0.8 $D_c$ | 0.8 $D_c$ |
| | 调质 | 0.008 $D_c$ | 0.8 $D_c$ | 0.8 $D_c$ |
| 合金结构钢 | 热轧 | 0.008 $D_c$ | 1.00 $D_c$ | 1.00 $D_c$ |
| | 调质 | 0.008 $D_c$ | 0.8 $D_c$ | 0.8 $D_c$ |
| 工具钢 | 退火 | 0.008 $D_c$ | 0.8 $D_c$ | 0.8 $D_c$ |

（续）

| 工件材料 | 热处理状态 | $a_p=0.3\sim2$mm | $a_p=2\sim6$mm | $a_p=6\sim10$mm |
|---|---|---|---|---|
| | | $f=0.08\sim0.3$mm/r | $f=0.3\sim0.6$mm/r | $f=0.6\sim1$mm/r |
| | | $v_c$/(m/min) | | |
| 灰铸铁 | <190 HBW | 0.008 $D_c$ | 0.8 $D_c$ | 0.8 $D_c$ |
| | 190～225 HBW | 0.020 $D_c$ | 1.00 $D_c$ | 1.00 $D_c$ |
| 高锰钢 | — | 0.010 $D_c$ | 0.90 $D_c$ | 0.90 $D_c$ |
| 铜及铜合金 | — | 0.008 $D_c$ | 0.8 $D_c$ | 0.8 $D_c$ |
| 铝及铝合金<br>铸铝合金 | — | 0.010 $D_c$ | 0.8 $D_c$ | 0.8 $D_c$ |
| | | 0.012 $D_c$ | 1.00 $D_c$ | 1.00 $D_c$ |

注：$D_c$为钻头直径。

**附表 A-8 硬质合金车刀粗车外圆、端面的切削用量参考值**

| 工件材料 | 车刀刀杆尺寸 $\frac{B}{mm}\times\frac{h}{mm}$ | 工件直径 $d_w$/mm | 背吃刀量 $a_p$/mm ≤3 | 3～5 | 5～8 | 8～12 | >129 |
|---|---|---|---|---|---|---|---|
| | | | 进给量$f$/(mm/r) | | | | |
| 碳素结构钢、合金结构钢及耐热钢 | 16×25 | 20 | 0.3～0.4 | — | — | — | — |
| | | 40 | 0.4～0.5 | 0.3～0.4 | — | — | — |
| | | 60 | 0.5～0.7 | 0.4～0.6 | 0.3～0.5 | — | — |
| | | 100 | 0.6～0.9 | 0.5～0.7 | 0.5～0.6 | 0.4～0.8 | — |
| | | 400 | 0.8～1.2 | 0.7～1.0 | 0.6～0.8 | 0.5～0.6 | — |
| 碳素结构钢、合金结构钢及耐热钢 | 20×30<br>25×25 | 20 | 0.3～0.4 | — | — | — | — |
| | | 40 | 0.4～0.5 | 0.3～0.4 | — | — | — |
| | | 60 | 0.5～0.7 | 0.5～0.7 | 0.4～0.6 | — | — |
| | | 100 | 0.8～1.0 | 0.7～0.9 | 0.5～0.7 | 0.4～0.7 | — |
| | | 400 | 1.2～1.4 | 1.0～1.2 | 0.8～1.0 | 0.6～0.9 | 0.4～0.6 |
| | 25×40 | 60 | 0.6～0.9 | 0.5～0.8 | 0.4～0.7 | — | — |
| | | 100 | 0.8～1.2 | 0.7～1.1 | 0.6～0.9 | 0.5～0.8 | — |
| | | 1000 | 1.2～1.5 | 1.1～1.5 | 0.9～1.2 | 0.8～1.0 | 0.7～0.8 |
| 铸铁及钢合金 | 16×25 | 40 | 0.4～0.5 | — | — | — | — |
| | | 60 | 0.5～0.8 | 0.5～0.8 | 0.4～0.6 | — | — |
| | | 100 | 0.8～1.2 | 0.7～1.0 | 0.6～0.8 | 0.5～0.7 | — |
| | | 400 | 1.0～1.4 | 1.0～1.2 | 0.8～1.0 | 0.6～0.8 | — |

（续）

| 工件材料 | 车刀刀杆尺寸 $\frac{B}{mm}\times\frac{h}{mm}$ | 工件直径 $d_w$/mm | 背吃刀量 $a_p$/mm | | | | |
|---|---|---|---|---|---|---|---|
| | | | ≤3 | 3~5 | 5~8 | 8~12 | >129 |
| | | | 进给量 f/(mm/r) | | | | |
| 铸铁及钢合金 | 20×30<br>25×25 | 40 | 0.4~0.5 | — | — | — | — |
| | | 60 | 0.5~0.9 | 0.5~0.8 | 0.4~0.7 | — | — |
| | | 100 | 0.9~1.3 | 0.8~1.2 | 0.7~1.0 | 0.5~0.8 | — |
| | | 400 | 1.2~1.8 | 1.2~1.6 | 1.0~1.3 | 0.9~1.1 | 0.7~0.9 |
| | 25×40 | 60 | 0.6~0.8 | 0.5~0.8 | 0.4~0.7 | — | — |
| | | 100 | 1.0~1.4 | 0.9~1.2 | 0.8~1.0 | 0.6~0.9 | — |
| | | 1000 | 1.5~2.0 | 1.2~1.8 | 1.0~1.4 | 1.0~1.2 | 0.8~1.0 |

# 附录B　FANUC数控车床常用NC代码

附表B-1　常用G代码及功能

| G代码 | 分组 | 功能说明 | G代码 | 分组 | 功能说明 |
|---|---|---|---|---|---|
| *G00 | 01 | 快速定位（快速移动） | G42 | 07 | 刀尖半径偏置（右侧） |
| *G01 | 01 | 直线切削 | G50 | 00 | 修改工件坐标；设置主轴最大转速 |
| G02 | 01 | 顺时针切圆弧（CW，顺时针） | G52 | 00 | 设置局部坐标系 |
| G03 | 01 | 逆时针切圆弧（CCW，逆时针） | G53 | 00 | 选择机床坐标系 |
| G04 | 00 | 暂停（Dwell） | G70 | 00 | 精加工循环 |
| G09 | 00 | 停于精确的位置 | G71 | 00 | 内外径粗切循环 |
| G20 | 06 | 寸制输入 | G72 | 00 | 台阶粗切循环 |
| G21 | 06 | 米制输入 | G73 | 00 | 成形重复循环 |
| G22 | 04 | 内部行程限位有效 | G74 | 00 | Z向步进钻削 |
| G23 | 04 | 内部行程限位无效 | G75 | 00 | X向切槽 |
| G27 | 00 | 返回参考点校验 | G76 | 00 | 切螺纹循环 |
| G28 | 00 | 自动返回参考点 | *G90 | 01 | 内外径切削循环 |
| G29 | 00 | 自动从参考点返回 | G92 | 01 | 切螺纹循环 |
| G30 | 00 | 回到第二、三、四参考点 | G94 | 01 | 台阶切削循环 |
| G32 | 01 | 切螺纹 | G96 | 12 | 恒线速度控制 |
| *G40 | 07 | 取消刀尖半径偏置 | G97 | 12 | 恒线速度控制取消 |
| G41 | 07 | 刀尖半径偏置（左侧） | *G98 | 10 | 固定循环返回起始点 |

注：1. 00组的G代码是非模态的，这些G代码只在它们所在的程序段中起作用。

2. 其他组别的G代码为模态代码，此类代码一经设定一直有效，直到被同组G代码取代。

3. 标有*号的G代码是上电时的初始状态。对于G01和G00、G90上电时的初始状态由参数决定。

附表 B-2 M代码功能表

| M指令 | 功能说明 | M指令 | 功能说明 |
| --- | --- | --- | --- |
| M00 | 程序停止 | M06 | 刀具交换 |
| M01 | 程序选择性停止 | M08 | 切削液开启 |
| M02 | 程序结束 | M09 | 切削液关闭 |
| M03 | 主轴正转 | M30 | 程序结束，返回开头 |
| M04 | 主轴反转 | M98 | 调用子程序 |
| M05 | 主轴停止 | M99 | 子程序结束 |

# 附录C SIEMENS数控车床常用NC代码

附表 C-1 G准备功能指令代码及编程应用

| G代码 | 是否模态 | 功能说明 | 编程 |
| --- | --- | --- | --- |
| G00 | Y (a) | 快速点定位 | G00 X_ Y_ Z_ |
| G01 | Y (a) | 直线插补 | G01 X_ Y_ Z_ F_ |
| G02 | Y (a) | 顺时针圆弧插补 | G02 X_ Y_ I_ J_ F_ （两点圆心）<br>G02 X_ Y_ CR =_ F_ （两点半径）<br>G02 X_ Y_ AR =_ F_ （两点角度）<br>G02 I_ J_ AR =_ F_ （一点圆心角度） |
| G03 | Y (a) | 逆时针圆弧插补 | 与G02同 |
| G04 | N | 暂停时间 | G04F_ 或 G04S_ 应放在单独的程序段 |
| G05 | Y (a) | 三点圆弧插补 | G05 X_ Y_ Z_ IX =_ JY =_ KZ =_ |
| G17 | Y (b) | X/Y平面 | 只对圆弧编程和刀具半径补偿有效，对直线插补不起作用 |
| G18 | Y (b) | Z/X平面 | |
| G19 | Y (b) | Y/Z平面 | |
| G40 | Y (c) | 刀具半径补偿方式取消 | |
| G41 | Y (c) | 刀具半径左补偿 | |
| G42 | Y (c) | 刀具半径右补偿 | |
| G53 | N | 程序段方式取消零点偏置 | |
| G54 | Y (d) | 工件坐标系 | |
| G55 | Y (d) | | |
| G56 | Y (d) | | |
| G57 | Y (d) | | |

（续）

| G 代码 | 是否模态 | 功 能 说 明 | 编　程 |
| --- | --- | --- | --- |
| G70 | Y（e） | 寸制尺寸 | |
| G71 | Y（e） | 米制尺寸 | |
| G74 | N | 自动回零指令 | G74 X_ Y_ Z_ |
| G90 | Y（f） | 绝对坐标 | |
| G91 | Y（f） | 相对坐标 | |
| G158 | Y | 可编程的偏置 | G158 X_ Y_ Z_ ；<br>成对出现；后边不带坐标表示取消 |
| G258 | Y | 可编程的旋转 | G258 RPL = _ ；成对出现，<br>后边不带角度表示取消 |
| G259 | Y | 附加可编程的旋转 | G259 RPL = _ |
| D | Y | 刀具半径补偿号 | |
| F | Y | 进给率 | |
| I | | 插补参数 | 圆弧圆心相对于圆弧起点的坐标值 |
| J | | 插补参数 | |
| K | | 插补参数 | |
| N | | 程序段号 | |
| P | | 子程序调用次数 | |
| RET | | 子程序结束 | |
| S | Y | 主轴转速 | |
| T | Y | 刀具号 | |
| X | | 坐标轴 | |
| Y | | | |
| Z | | | |
| AR | | 圆心角角度 | |
| CR | | 圆弧插补半径 | |
| CHF | | 倒直角长度 | G01 X_ Y_ CHF = _ |
| IX | | 三点圆弧编程的中间点坐标 | |
| JY | | | |
| KZ | | | |
| RND | | 倒圆角半径 | G01 X_ Y_ Z_ RND = _ |
| RPL | | 旋转角度 | |

（续）

| G 代码 | 是否模态 | 功能说明 | 编　程 |
| --- | --- | --- | --- |
| SIN | | 正弦 | SIN（角度） |
| COS | | 余弦 | COS（角度） |
| TAN | | 正切 | TAN（角度） |
| SQRT | | 开平方 | SQRT（数字） |
| R0 ~ R299 | | 计算参数 | R0 ~ R99 可以自由使用<br>R100 ~ R249 作为加工循环中的参数<br>R250 ~ R299 加工循环参数的内部计算参数 |
| GOTOB | | 向后跳转指令 | |
| GOTOF | | 向前跳转指令 | |
| IF | | 跳转条件 | = = 等于<br>< > 不等于<br>> 大于<br>< 小于<br>> = 大于等于<br>< = 小于等于 |

注：括号中的 a ~ f 表示组别，例如注（a）的所有代码为同一组代码。

**附表 C-2　常用辅助功能 M 指令及功能**

| M 指令 | 功能说明 | M 指令 | 功能说明 |
| --- | --- | --- | --- |
| M00 | 程序停止 | M07 | 切削液开 |
| M01 | 条件程序停止 | M08 | 切削液开 |
| M03 | 主轴正转 | M09 | 切削液关 |
| M04 | 主轴反转 | M02 | 程序结束 |
| M05 | 主轴停止 | M30 | 程序结束并返回程序头 |

# 参 考 文 献

[1] 刘靖华，陈继振．数控加工技术［M］．北京：高等教育出版社，2002.
[2] 聂秋根，陈光明．数控加工实用技术［M］．北京：电子工业出版社，2007.
[3] 杨伟群．数控工艺培训教程［M］．北京：清华大学出版社，2002.
[4] 沈建峰．数控编程 200 例［M］．北京：中国电力出版社，2008.
[5] 王爱玲．数控机床加工工艺［M］．北京：机械工业出版社，2006.
[6] 何佳兵．数控加工自动编程［M］．北京：化学工业出版社，2006.
[7] 蒋建强．数控编程技术 228 例［M］．北京：科学出版社，2007.
[8] 沈建峰，金玉峰．数控编程 200 例［M］．北京：中国电力出版社，2008 .
[9] 李晓晖，等．精通 SINUMERIK 802D 数控铣削编程［M］．北京：机械工业出版社，2008.
[10] 徐衡，FANUC 系统数控铣床和加工中心培训教程［M］．北京：化学工业出版社，2007 .